詳解 ディープラーニング

TensorFlow・Kerasによる時系列データ処理

巣籠 悠輔［著］

cover image:
-strizh- / Shutterstock.com

本書のサポートサイト

本書で作成したプログラムコードの配布

https://github.com/yusugomori/deeplearning-tensorflow-keras

本書に関する追加情報・正誤表等の提供

https://book.mynavi.jp/supportsite/detail/9784839962517.html

はじめに

ここ最近、ディープラーニングがますます有名になり、研究やビジネスへの応用もますます活発になってきました。今や「人工知能」という言葉を新聞やテレビで目にしない日はないのではないでしょうか。実際、ディープラーニングが話題になりだした2012年頃と比較すると、ディープラーニングのモデルであるニューラルネットワークを簡単に実装できる便利なライブラリが次々と開発されオープンソース化されているために、当時とは比べものにならないくらい個人でも簡単にディープラーニングを実装して試すことができるようになりました。

一方で、ディープラーニングと聞くと、まだまだ

- 興味はあるが、数式や理論が難しそうなのでなかなかとっつけない
- たくさんライブラリがあるが、どれに手を付ければよいのかわからない
- 少しライブラリを触ってみたが、内部で何が起きているのかわからないまま試している

という声をたくさん聞くのも事実です。そこで本書では、ディープラーニング、ニューラルネットワークについての予備知識がなくても学習を進められるよう、ゼロから丁寧に理論および実装について説明していきます。実装には、Python (3.x) を用います。ディープラーニングを実装するのに最も人気のある言語と言ってよいでしょう。ディープラーニング向けのライブラリには、TensorFlow (1.0) および Keras (2.0) を用います。いずれも海外を中心に高い人気を博しているライブラリです。

また、本書は時系列データ処理をするためのディープラーニングのアルゴリズムに焦点を当てているのも特徴の1つです。ディープラーニングが有名となるきっかけの1つとなった画像認識コンペ ILSVRC▶[1] もそうですが、ディープラーニングと画像認識の相性は非常によく、その成果で話題になるものには画像認識の分野が多く見受けられます。一方、研究においてはもちろんそれ以外の分野に関しても活発に取り組まれており、特に私たちが話す自然言語処理をはじめとした時系列データの分析では大きな進展を見せています。本書では時系列データを扱うモデルについても基本から応用まで理論および実装を丁寧に説明しているため、

- ディープラーニングについて何となく分かってはいるけれど、もう少し理解を深めたい
- 画像認識ではなく、時系列データを分析するためのモデルについても学びたい

という方にとっても、学びの役に立つのではないかと思います。

▶1 http://image-net.org/challenges/LSVRC/

本書の構成

本書は、6つの章からなっています。まず**第1章**では、ニューラルネットワークの理論を学習する上で必要となる数学の知識について簡単におさらいします。続く**第2章**では、実装に向けてのPython開発環境のセットアップ、およびPythonライブラリの簡単な使い方を扱います。

第3章からは、いよいよニューラルネットワークの学習に入っていきます。**第3章**ではニューラルネットワークの基本形について学び、**第4章**ではディープニューラルネットワーク、いわゆるディープラーニングについて学んでいきます。通常のニューラルネットワークと何が違うのか、どのようなテクニックが用いられているのか、実装を交えて理解していきます。**第5章**と**第6章**では、時系列データを扱うためのモデルであるリカレントニューラルネットワークについて詳しく学んでいきます。**第5章**では、リカレントニューラルネットワークの基本形を、簡単なデータ例を用いて理論・実装について学び、**第6章**では、リカレントニューラルネットワークの応用例について扱っていきます。

目次

第1章 数学の準備

ニューラルネットワークのアルゴリズムを理解するには、ある程度の数学は避けて通れません。具体的には、大きく分けて２つの数学の知識が必要となります。１つは**偏微分**、もう１つは**線形代数**です。しかし、身構える必要はまったくありません。どちらも特別高度な知識が必要というわけではなく、基本的な公式さえ覚えておけば問題ないからです。そして、逆に言ってしまうと、この２つさえ押さえておけば、どんなにアルゴリズムが複雑になろうとも、順を追うことで、きちんと理解できるはずです。

そこで本章では、ニューラルネットワークの学習を始めるための事前準備として、偏微分と線形代数の基本を学んでいくことにしましょう。すでに数学の知識をお持ちの方は、本章を読み飛ばし、**第２章**に進んでもかまいません。

1.1 偏微分

1.1.1 導関数と偏導関数

一般的に「微分」と言った場合、y' や $f'(x)$ といった表記が頭に思い浮かぶ場合も多いのではないでしょうか。確かにこれは間違いではありませんが、もう少し厳密に書くと、例えば関数 $y=f(x)$ を微分するとは、

$$f'(x) = \lim_{\Delta x \to 0} \frac{f(x+\Delta x) - f(x)}{\Delta x} \tag{1.1}$$

で表される計算を行うことです。そしてこの $f'(x)$ のことを $y=f(x)$ の**導関数**あるいは**微分**と呼びます▶1。表記としては、$f'(x)$ と書くこともあれば、

$$\frac{dy}{dx},\ \frac{d}{dx}f(x) \tag{1.2}$$

などで表すこともあります。この微分を行うにあたって重要なのは、関数 $y=f(x)$ の変数が x 1つであることです。

一方、偏微分とは、「多変数関数」のことです。すなわち、変数を2つ以上持つ関数に対して、いずれか1つの変数のみに関して微分することを言います▶2。まずは簡単な例を考えてみましょう。2つの変数 x, y からなる関数 $z=f(x,y)=x^2+3y+1$ がある場合、それぞれ x, y に関する偏微分は下式のようになります。

$$\frac{\partial z}{\partial x}=2x \tag{1.3}$$

$$\frac{\partial z}{\partial y}=3 \tag{1.4}$$

式を見ても分かるように、偏微分では、記号は d ではなく ∂ を用います。あるいは、f_x, f_y などといった書き方をする場合もあります。

もちろん、定義式も存在します。式(1.1)に対して、2変数関数 $z=f(x,y)$ の場合、各変数に関する偏微分はそれぞれ下記で表されます。

$$\frac{\partial z}{\partial x}=\lim_{\Delta x\to 0}\frac{f(x+\Delta x,y)-f(x,y)}{\Delta x} \tag{1.5}$$

$$\frac{\partial z}{\partial y}=\lim_{\Delta y\to 0}\frac{f(x,y+\Delta y)-f(x,y)}{\Delta y} \tag{1.6}$$

これらに先ほどの例を当てはめてみると、

▶1 導関数あるいは微分を求める操作のこと自体も「微分」と呼びます。紛らわしさを避けるため、本書では「導関数」という表現のみを用い、「微分」と言う場合は後者の導関数を求める操作のことを指すものとします。

▶2 偏微分に対し、変数が1つの関数における $\frac{d}{dx}f(x)$ で表される微分のことを**常微分**とも呼びます。

$$\begin{aligned}\frac{\partial z}{\partial x} &= \lim_{\Delta x \to 0} \frac{(x+\Delta x)^2 + 3y + 1 - (x^2 + 3y + 1)}{\Delta x} \\ &= \lim_{\Delta x \to 0} \frac{2x\Delta x + \Delta x^2}{\Delta x} \\ &= 2x \end{aligned} \tag{1.7}$$

$$\begin{aligned}\frac{\partial z}{\partial y} &= \lim_{\Delta y \to 0} \frac{x^2 + 3(y+\Delta y) + 1 - (x^2 + 3y + 1)}{\Delta y} \\ &= \lim_{\Delta y \to 0} \frac{3\Delta y}{\Delta y} \\ &= 3 \end{aligned} \tag{1.8}$$

となり、確かに式 (1.3)、(1.4) と一致することが確認できます。

2 変数の場合だけでなく、もっと変数が増えた場合はどうでしょうか。偏微分の定義式を一般系に拡張してみましょう。n 個の変数 x_i $(i = 1, ..., n)$ からなる多変数関数 $u = f(x_1, ..., x_i, ..., x_n)$ があった場合、変数 x_i に関する偏微分は下式のようになります。

$$\frac{\partial u}{\partial x_i} = \lim_{\Delta x_i \to 0} \frac{f(x_1, ..., x_i + \Delta x_i, ..., x_n) - f(x_1, ..., x_i, ..., x_n)}{\Delta x_i} \tag{1.9}$$

これを導関数に対して**偏導関数**とも呼びます。一般系にすることによって見た目はやや複雑になりましたが、やっていることは 2 変数の場合と変わりません。あくまでも、どれか 1 つの変数のみに関して微分をしているだけです。

1.1.2 微分係数と偏微分係数

さて、微分や偏微分の定義式はこれまでに述べたとおりなのですが、微分と聞くと、「接線の傾き」が連想される場合も多いかもしれません。確かに、例えば定数 $x = a$ における関数 $y = f(x)$ の接線の傾きは、$f'(a)$ と一致します。なぜ $f'(a)$ が接線の傾きになるのでしょうか。これは式 (1.1) に沿って考えるとイメージしやすいでしょう。式 (1.1) に $x = a$ を代入すると、

$$f'(a) = \lim_{\Delta x \to 0} \frac{f(a+\Delta x) - f(a)}{\Delta x} \tag{1.10}$$

となりますが[3]、Δx がまだ 0 よりも十分に大きい場合、これは接線の傾きではなく、あくまでも2点 $(a, f(a))$, $(a + \Delta x, f(a + \Delta x))$ 間における変化の割合となります。グラフを描いてみると、**図 1.1** のようになります。

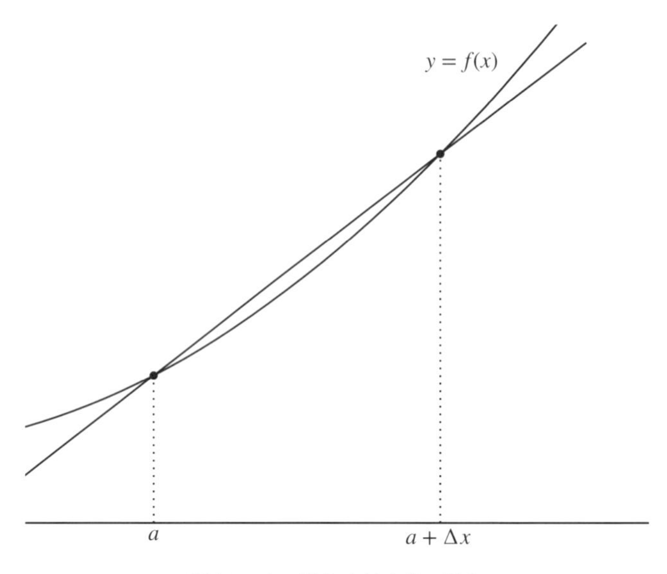

図 1.1　Δx が 0 より大きい場合

ここから $\Delta x \to 0$ と極限をとっていくことによって、$(a + \Delta x, f(a + \Delta x))$ が $(a, f(a))$ に近づいていき、最終的に $f'(a)$ が接線の傾きと一致することになります。**図 1.2** がそのイメージ図です。ここで求められる $f'(a)$ のことを、関数 $y = f(x)$ の $x = a$ における**微分係数**と呼びます。式 (1.10) のように、$\Delta x \to 0$ とすることで微分係数を求めてもよいですし、あるいは先に導関数 $f'(x)$ を求め、x に a を代入することで求めても問題ありません。いずれにしても、微分係数が、ある定数における関数 $y = f(x)$ の勾配を表していることが分かると思います。

それでは、偏微分の場合はどうなるでしょうか。偏微分は、複数の変数のうちどれか1つの変数のみに関して微分することを指していました。ということは、直観的には各変数に対する「接線の傾き」を求めることになりそうです。そして、この考えはあながち間違いではありません。簡単な例として、2次曲面（放物面）$z = f(x, y) = x^2 + y^2$ の場合について考えてみましょう。これは、**図 1.3** のようになります。

▶3　あるいは、

$$f'(a) = \lim_{x \to a} \frac{f(x) - f(a)}{x - a}$$

として考えるのも同じことを表します。

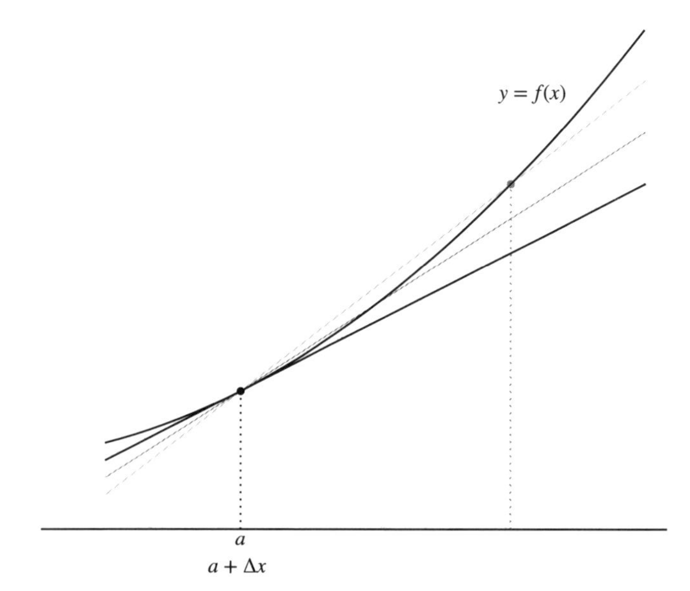

図 1.2 $\Delta x \to 0$ としていった場合

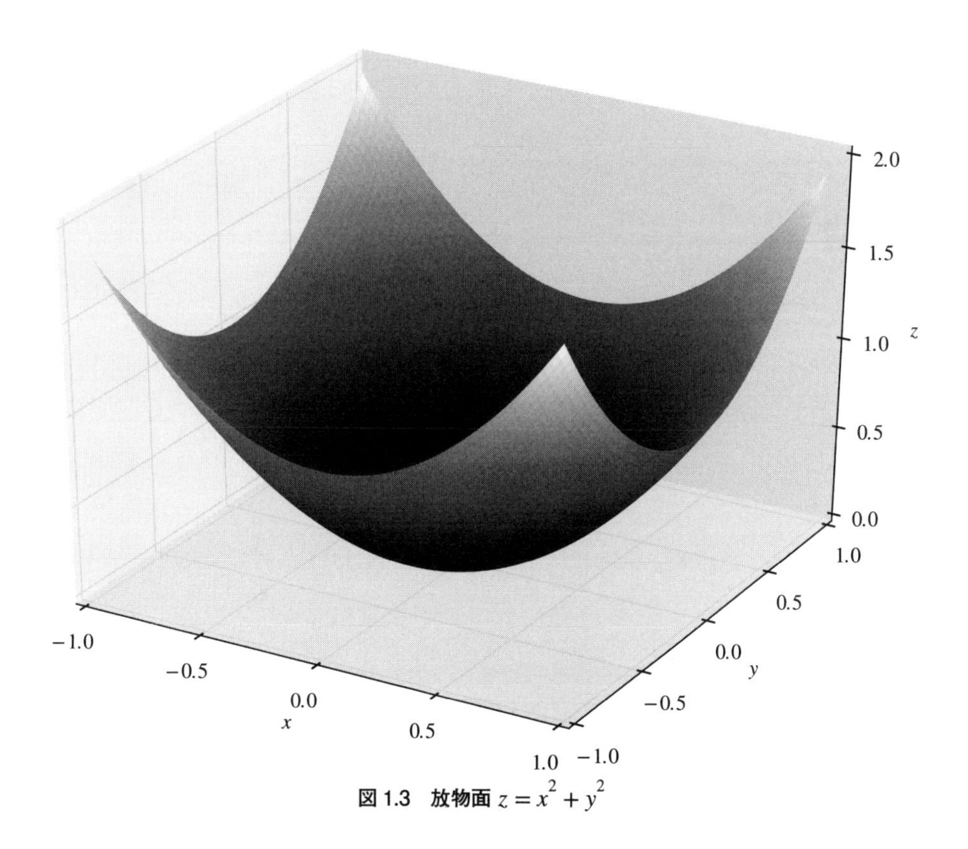

図 1.3 放物面 $z = x^2 + y^2$

x に関して偏微分する場合、y を任意の値で固定して考えることができるので、z は結局 $z = g(x) := x^2 + b^2$ となり、放物線の形となります。この微分係数を求めると、

$$
\begin{aligned}
g'(a) &= \lim_{\Delta x \to 0} \frac{g(a + \Delta x) - g(a)}{\Delta x} \\
&= \lim_{\Delta x \to 0} \frac{f(a + \Delta x, b) - f(a, b)}{\Delta x} \\
&= 2a
\end{aligned}
\tag{1.11}
$$

となるので、結局、

$$
\frac{\partial z}{\partial x}(a, b) = 2a \tag{1.12}
$$

が求められ、$z = f(x, y)$ の点 (a, b) における x に関する**偏微分係数**が得られます。これは、放物面 z を $y = b$ の平面で切ったときの $x = a$ における微分係数ですから、$z = f(x, y)$ の x 方向の勾配を表していることになります。y に関して偏微分したときも然りです。

1.1.3　偏微分の基本公式

一般的な（1 変数関数の）微分のときと同様、偏微分に関しても基本的な算術演算子を用いた公式を導出できます。2 変数関数の場合を考えてみましょう。 変数 x, y からなる関数 $f(x, y), g(x, y)$ があるとすれば、下記の公式が成り立ちます。

● **和・差**

$$
\frac{\partial}{\partial x}\left(f(x, y) \pm g(x, y)\right) = \frac{\partial}{\partial x} f(x, y) \pm \frac{\partial}{\partial x} g(x, y) \tag{1.13}
$$

● **積**

$$
\frac{\partial}{\partial x}\left(f(x, y)\, g(x, y)\right) = \left(\frac{\partial}{\partial x} f(x, y)\right) g(x, y) + f(x, y) \left(\frac{\partial}{\partial x} g(x, y)\right) \tag{1.14}
$$

● **商**

$$
\frac{\partial}{\partial x}\left(\frac{f(x, y)}{g(x, y)}\right) = \frac{\left(\frac{\partial}{\partial x} f(x, y)\right) g(x, y) - f(x, y) \left(\frac{\partial}{\partial x} g(x, y)\right)}{\left(g(x, y)\right)^2} \tag{1.15}
$$

● **定数倍**（c は定数）

$$\frac{\partial}{\partial x} c\, f(x,y) = c\frac{\partial}{\partial x} f(x,y) \tag{1.16}$$

ここでは、式 (1.13) 〜 (1.16) のすべての公式を導出はしませんが、試しに式 (1.13) の和・差の公式だけ導出してみましょう。式 (1.5) でも書いた偏微分の定義にのっとることで、簡単に求めることができます。

和・差の公式の導出

$$\begin{aligned}
\frac{\partial}{\partial x}(f(x,y) \pm g(x,y)) &= \lim_{\Delta x \to 0} \frac{(f(x+\Delta x,y) \pm g(x+\Delta x,y)) - (f(x,y) \pm g(x,y))}{\Delta x} \\
&= \lim_{\Delta x \to 0} \frac{(f(x+\Delta x,y) - f(x,y)) \pm (g(x+\Delta x) - g(x,y))}{\Delta x} \\
&= \lim_{\Delta x \to 0} \frac{f(x+\Delta x,y) - f(x,y)}{\Delta x} \pm \lim_{\Delta x \to 0} \frac{g(x+\Delta x,y) - g(x,y)}{\Delta x} \\
&= \frac{\partial}{\partial x} f(x,y) \pm \frac{\partial}{\partial x} g(x,y)
\end{aligned} \tag{1.17}$$

同様にして、残りの公式も求めることができます。

1.1.4 合成関数の偏微分

1.1.3 項で取り上げた公式に加え、理解しておくべき重要な公式に、合成関数の（偏）微分があります。関数 $y = f(u)$ および $u = g(x)$ のとき、$y = f(g(x))$ となりますが、これを**合成関数**と呼びました。このとき、合成関数の導関数は、

$$\frac{dy}{dx} = \frac{dy}{du} \cdot \frac{du}{dx} \left(= f'(g(x)) \cdot g'(x)\right) \tag{1.18}$$

で表されます。導出は後述するとして、まずは簡単な例を考えてみましょう。

$$y = \log \frac{1}{x} \tag{1.19}$$

を微分するとどうなるでしょうか。この場合、

$$y = \log u \tag{1.20}$$

$$u = \frac{1}{x} \tag{1.21}$$

となるので、

$$\frac{dy}{du} = \frac{1}{u} \tag{1.22}$$

$$\frac{du}{dx} = -\frac{1}{x^2} \tag{1.23}$$

より、

$$\begin{aligned} \frac{dy}{dx} &= \frac{1}{u} \cdot \left(-\frac{1}{x^2}\right) \\ &= -\frac{1}{x} \end{aligned} \tag{1.24}$$

が得られます。このように、合成関数の導関数がそれぞれの導関数の積の形で与えられることを**連鎖律** (chain rule) と呼びます。

多変数関数の場合も連鎖律が成り立ちます。多変数関数 z および u_i $(i = 1, ..., n)$ が下式で与えられるとします。

$$z = f(u_1, ..., u_i, ..., u_n) \tag{1.25}$$

$$u_i = g_i(x_1, ..., x_k, ..., x_m) \tag{1.26}$$

このとき、合成関数の偏微分は、

$$\begin{aligned}\frac{\partial z}{\partial x_k} &= \frac{\partial f}{\partial u_1}\frac{\partial u_1}{\partial x_k} + \cdots + \frac{\partial f}{\partial u_n}\frac{\partial u_n}{\partial x_k} \\ &= \sum_{i=1}^{n} \frac{\partial f}{\partial u_i}\frac{\partial u_i}{\partial x_k}\end{aligned} \tag{1.27}$$

となります。単純な例として、まずは $z = f(g(x, y))$ を考えてみましょう。これは、式(1.27)において $n = 1$ とした場合なので、

$$\frac{\partial z}{\partial x} = \frac{\partial z}{\partial g}\frac{\partial g}{\partial x} \tag{1.28}$$

$$\frac{\partial z}{\partial y} = \frac{\partial z}{\partial g}\frac{\partial g}{\partial y} \tag{1.29}$$

となります。では $z = f(g(x, y), h(x, y))$ の場合はどうでしょうか。今度は $n = 2$ となるので、

$$\frac{\partial z}{\partial x} = \frac{\partial z}{\partial g}\frac{\partial g}{\partial x} + \frac{\partial z}{\partial h}\frac{\partial h}{\partial x} \tag{1.30}$$

$$\frac{\partial z}{\partial y} = \frac{\partial z}{\partial g}\frac{\partial g}{\partial y} + \frac{\partial z}{\partial h}\frac{\partial h}{\partial y} \tag{1.31}$$

が得られることが分かるかと思います。

公式として覚えておくべきことは以上になります。連鎖律はニューラルネットワークの理論で頻繁に用いるので、しっかりと頭に入れておきましょう。また、式(1.18)の1変数のときの合成関数の導関数は次ページにまとめてあります。式(1.30)および(1.31)で表される2変数関数の合成関数の偏導関数の導出については、ここでは説明していない**全微分**について知っておかなければならないので、次節で発展トピックとしてまとめてあります。興味のある方は目を通してみてください。

連鎖律の導出（1 変数の場合）

$y = f(g(x)), u = g(x)$ のとき、

$$\begin{aligned}\frac{dy}{dx} &= \lim_{\Delta x \to 0} \frac{f(g(x+\Delta x)) - f(g(x))}{\Delta x} \\ &= \lim_{\Delta x \to 0} \left(\frac{f(g(x+\Delta x)) - f(g(x))}{g(x+\Delta x) - g(x)} \cdot \frac{g(x+\Delta x) - g(x)}{\Delta x} \right)\end{aligned} \tag{1.32}$$

ここで、$\Delta u := g(x + \Delta x) - g(x)$ とおくと、$\Delta x \to 0$ のとき $\Delta u \to 0$ であることより、式 (1.32) は結局

$$\begin{aligned}\frac{dy}{dx} &= \lim_{\Delta x \to 0} \left(\frac{f(u+\Delta u) - f(u)}{\Delta u} \cdot \frac{g(x+\Delta x) - g(x)}{\Delta x} \right) \\ &= \lim_{\Delta u \to 0} \frac{f(u+\Delta u) - f(u)}{\Delta u} \cdot \lim_{\Delta x \to 0} \frac{g(x+\Delta x) - g(x)}{\Delta x} \\ &= \frac{dy}{du} \cdot \frac{du}{dx}\end{aligned} \tag{1.33}$$

となり、連鎖率が求められます。

1.1.5 発展 全微分

2 変数関数 $z = f(x, y)$ を考えてみましょう。このとき、点 (a, b) で $z = f(x, y)$ が**全微分可能**であるとは、

$$f(x, y) = f(a, b) + (x - a)A + (y - b)B + \sqrt{(x-a)^2 + (y-b)^2}\,\alpha(x, y) \tag{1.34}$$

と書けることを表します。ただし、A, B は定数、関数 $\alpha(x, y)$ は (a, b) で連続かつ $\alpha(a, b) = 0$ となるものとします。定数 A, B はそれぞれ $f_x(a, b)$ および $f_y(a, b)$ に等しいことがこの定義より分かるかと思います。

ここで、(x, y) が点 (a, b) から $(a + \Delta x, b + \Delta y)$ に（微小）変化するときの関数値の変動量を Δz とすると、

$$\Delta z = f(a + \Delta x, b + \Delta y) - f(a, b) \tag{1.35}$$

であるので、式 (1.34) は、この Δz が

$$\frac{\partial z}{\partial x}\Delta x + \frac{\partial z}{\partial y}\Delta y \tag{1.36}$$

とほぼ等しい (=**第 1 次近似**) ということを示しています。よって、Δx および Δy が十分に小さいとき、

$$dz = \frac{\partial z}{\partial x}dx + \frac{\partial z}{\partial y}dy \tag{1.37}$$

と書け、この dz を $z = f(x, y)$ の**全微分**と呼びます。

また、実は (常) 微分可能であることの必要十分条件も式 (1.34) と同様の形式で書くことができます。関数 $y = f(x)$ が $x = a$ で微分可能であるとき、

$$f(x) = f(a) + (x - a)A + (x - a)\,\alpha(x) \tag{1.38}$$

と表せます。ただし、A は定数、関数 $\alpha(x)$ は $x = a$ で連続かつ $\alpha(a) = 0$ を満たすものとします。このとき、定数 A は $f'(a)$ と一致します。

これらにより、$x = g(t), y = h(t)$ における合成関数 $z = f(x, y)$ の微分が下式で得られることが分かります。

$$\frac{dz}{dt} = \frac{\partial z}{\partial x}\frac{dx}{dt} + \frac{\partial z}{\partial y}\frac{dy}{dt} \tag{1.39}$$

この連鎖律を導出してみましょう。

連鎖律の導出 (2 変数の場合)

$t = c$ において、$x = g(c) = a, y = h(t) = b$ とすると、式 (1.38) より、

$$g(t) - a = g'(c)(t - c) + (t - c)\,\alpha(t) \tag{1.40}$$

$$h(t) - b = h'(c)(t - c) + (t - c)\,\beta(t) \tag{1.41}$$

と表すことができます。ただし、$\alpha(t), \beta(t)$ はともに $t=c$ で連続で、$\alpha(c)=0, \beta(c)=0$ となるものです。

また、式 (1.34) より、

$$f(x,y) = f(a,b) + \frac{\partial f}{\partial x}(a,b)\,(x-a) + \frac{\partial f}{\partial y}(a,b)\,(y-b) + \sqrt{(x-a)^2+(y-b)^2}\,\gamma(x,y) \tag{1.42}$$

と書くことができます。ここで、$\gamma(x,\ y)$ は点 $(a,\ b)$ で連続で $\gamma(a,\ b)=0$ となるものです。式 (1.40)、(1.41) を式 (1.42) に代入すると、

$$\begin{aligned} f(g(t),h(t)) \quad &= \quad f(a,b) + (t-c)\left(\frac{\partial f}{\partial x}(a,b)\,g'(c) + \frac{\partial f}{\partial y}(a,b)\,h'(c)\right) \\ &\quad +(t-c)\left(\frac{\partial f}{\partial x}(a,b)\,\alpha(t) + \frac{\partial f}{\partial y}(a,b)\,\beta(t) + \gamma(g(t),h(t))\right) \end{aligned} \tag{1.43}$$

が得られます。よって、式 (1.38) と形を比較することで、

$$\frac{dz}{dt}(c) = \frac{\partial f}{\partial x}(a,b)\,g'(c) + \frac{\partial f}{\partial y}(a,b)\,h'(c) \tag{1.44}$$

となることが分かり、式 (1.39) が成り立つことが示されました。

式 (1.30) および (1.31) で与えられる連鎖律も、x あるいは y のいずれか一方を固定して考えることで、上記の導出と同じ手順で求めることができます。

1.2 線形代数

線形代数では、ベクトルおよび行列の演算を扱います。と言っても、ニューラルネットワークの理論では、あくまでも式の記述や式変形を簡潔に扱うためにベクトルや行列が必要となるだけで、**ベクトル空間**や**固有空間**といった応用分野については把握していなくても問題ありません。本書でも、式の理解に必要となる最低限のトピックのみを扱っていきます。

1.2.1　ベクトル

1.2.1.1　● ベクトルの基本

まずはベクトルの基本から見ていきましょう。実数 $a_1, ..., a_n$ があるとき▶4、ベクトルは

$$\boldsymbol{a} = \begin{pmatrix} a_1 \\ a_2 \\ \vdots \\ a_n \end{pmatrix} \tag{1.45}$$

あるいは

$$\vec{a} = (a_1 \ a_2 \ \cdots \ a_n) \tag{1.46}$$

で表されますが、厳密には $\boldsymbol{a}$ を n 項**縦ベクトル**、$\vec{a}$ を n 項**横ベクトル**と呼びます。本書では、特に断りがない限り、「ベクトル」と書いた場合は前者の縦ベクトルのことを指すものとし、$\boldsymbol{a} \in \mathrm{R}^n$ と表します（R は実数全体）。ベクトルに対し、例えば $a_i \in \mathrm{R}$ のような数のことを**スカラー**と呼びます。また、ベクトル $\boldsymbol{a}$ の第 i 番目の数 a_i を $\boldsymbol{a}$ の**第 i 成分**と言います。成分がすべて 0 のベクトルのことを**ゼロベクトル**と呼び、$\boldsymbol{0}$ で表します。

1.2.1.2　● ベクトルの和とスカラー倍

ベクトルどうしの演算はどうでしょうか。下記の 2 つのベクトル

$$\boldsymbol{a} = \begin{pmatrix} a_1 \\ a_2 \\ \vdots \\ a_n \end{pmatrix}, \boldsymbol{b} = \begin{pmatrix} b_1 \\ b_2 \\ \vdots \\ b_n \end{pmatrix}$$

があったとき、ベクトルの和およびスカラー倍はそれぞれ次ページのように定義されます。

▶4　ベクトル自体は複素数も扱えますが、ニューラルネットワークでは複素数は扱わないので、ここでは実数としています。成分がすべて実数のベクトルを**実ベクトル**、複素数のベクトルを**複素ベクトル**と呼ぶこともあります。

● **和**

$$\boldsymbol{a}+\boldsymbol{b}=\begin{pmatrix} a_1+b_1 \\ a_2+b_2 \\ \vdots \\ a_n+b_n \end{pmatrix} \tag{1.47}$$

● **スカラー倍**

$c \in \mathrm{R}$ に対して、

$$c\boldsymbol{a}=\begin{pmatrix} ca_1 \\ ca_2 \\ \vdots \\ ca_n \end{pmatrix} \tag{1.48}$$

また、$(-1)\boldsymbol{a}$ は $-\boldsymbol{a}$ と記し、$\boldsymbol{a}+(-1)\boldsymbol{b}$ は $\boldsymbol{a}-\boldsymbol{b}$ と記します。厳密な定義ではこのようになりますが、実際の計算上は「ベクトルどうしの足し算・引き算」と考えてもかまいません。

上記の定義より、下記が成り立ちます。

1. $(\boldsymbol{a}+\boldsymbol{b})+\boldsymbol{c}=\boldsymbol{a}+(\boldsymbol{b}+\boldsymbol{c})$ （結合律）
2. $\boldsymbol{a}+\boldsymbol{b}=\boldsymbol{b}+\boldsymbol{a}$ （可換律）
3. $\boldsymbol{a}+0=0+\boldsymbol{a}=\boldsymbol{a}$
4. $\boldsymbol{a}+(-\boldsymbol{a})=(-\boldsymbol{a})+\boldsymbol{a}=0$
5. $c(\boldsymbol{a}+\boldsymbol{b})=c\boldsymbol{a}+c\boldsymbol{b}$
6. $(c+d)\boldsymbol{a}=c\boldsymbol{a}+d\boldsymbol{a}$
7. $(cd)\boldsymbol{a}=c(d\boldsymbol{a})$
8. $1\boldsymbol{a}=\boldsymbol{a}$

ただし、$\boldsymbol{a}, \boldsymbol{b}, \boldsymbol{c} \in \mathrm{R}^n$, $\mathrm{c}, \mathrm{d} \in \mathrm{R}$ です。

1.2.1.3 ●ベクトルの内積

2つのベクトル $\boldsymbol{a} \in \mathrm{R}^n$ および $\boldsymbol{b} \in \mathrm{R}^n$ があるとき、成分ごとの積の和をベクトルの**内積**と呼び、$\boldsymbol{a} \cdot \boldsymbol{b}$ で表します。式で書くと、

$$\boldsymbol{a} \cdot \boldsymbol{b} = \sum_{i=1}^{n} a_i b_i \tag{1.49}$$

となります。内積はベクトルではなく、スカラーになることに注意してください。例えば $n = 2$、すなわち

$$\boldsymbol{a} = \begin{pmatrix} a_1 \\ a_2 \end{pmatrix}, \boldsymbol{b} = \begin{pmatrix} b_1 \\ b_2 \end{pmatrix}$$

のとき、内積 $\boldsymbol{a} \cdot \boldsymbol{b} = a_1 b_1 + a_2 b_2$ が得られます。

また、内積に対して、単純にベクトル $\boldsymbol{a}$ と $\boldsymbol{b}$ の各要素を掛け合わせたものを**要素積**と呼び、$\boldsymbol{a} \odot \boldsymbol{b}$ などで書き表したりします。すなわち、

$$\boldsymbol{a} \odot \boldsymbol{b} = \begin{pmatrix} a_1 b_1 \\ a_2 b_2 \\ \vdots \\ a_n b_n \end{pmatrix} \tag{1.50}$$

となります。

1.2.2 行列

1.2.2.1 ● 行列の基本

まずは、行列に関する用語についてひととおり確認しましょう。**行列**とは、m, n を自然数としたとき、

$$A = \begin{pmatrix} a_{11} & a_{12} & \cdots & a_{1n} \\ a_{21} & a_{22} & \cdots & a_{2n} \\ \vdots & \vdots & \ddots & \vdots \\ a_{m1} & a_{m2} & \cdots & a_{mn} \end{pmatrix} \tag{1.51}$$

で表される $m \times n$ 個の $a_{ij} \in \mathrm{R}$ を長方形に並べたもののことを指します[5]。また、これを略記して $A = (a_{ij})$ と書くときもあります。この a_{ij} のことを A の **(i, j) 成分**と呼びます。成分がすべて0の行列のことを**ゼロ行列**と呼び、O で表します。

$m = n$ のとき、$n \times n$ 行列 A を**正方行列**あるいは **n 次行列**と呼びます。このとき、a_{ii} $(i = 1, ..., n)$ を行列 A の**対角成分**と呼びます。また、対角成分以外がすべて 0 であるような行列を**対角行列**と呼び、特に、その対角成分がすべて 1 であるような $n \times n$ 行列を n 次の**単位行列**と呼びます。単位行列は E_n あるいは I_n で表します。

行列はベクトルの並びと見ることもできます。行列 A に対して、

$$\vec{a}_i = (a_{i1} \ a_{i2} \ \cdots \ a_{in}) \quad (i = 1, ..., m) \tag{1.52}$$

を第 i **行ベクトル**と呼び、

$$\boldsymbol{a}_j = \begin{pmatrix} a_{1j} \\ a_{2j} \\ \vdots \\ a_{mj} \end{pmatrix} \quad (j = 1, ..., n) \tag{1.53}$$

を第 j **列ベクトル**と呼びます。

1.2.2.2 ● 行列の和とスカラー倍

では、行列の演算について見ていきましょう。行列 $A = (a_{ij})$ および $B = (b_{ij})$ を同じ $m \times n$ 行列とすると、行列の和およびスカラー倍は下記で定義されます。

● **和**

$$A + B = (a_{ij} + b_{ij}) \tag{1.54}$$

● **スカラー倍**

$c \in \mathrm{R}$ に対して、

$$cA = (ca_{ij}) \tag{1.55}$$

▶5 ベクトルのときと同様、行列も複素数を扱えますが、ニューラルネットワークでは実行列のみを考えても問題ないので、ここでは実数としています。a_{ij} がすべて実数である行列を**実行列**、複素数である行列を**複素行列**と呼びます。

また、A に対し $-A = (-a_{ij})$ と記し、$A + (-B)$ を $A - B$ と書きます。すなわち、ベクトルのときと同様、行列も「足し算・引き算」が行えると考えても問題ありません。

上記の定義より、下記が成り立ちます。

1. $A + B = B + A$　（交換法則）
2. $(A + B) + C = A + (B + C)$　（結合法則）
3. $A + O = O + A = A$
4. $A + (-A) = (-A) + A = O$
5. $c(A + B) = cA + cB$
6. $(c + \mathrm{d})A = cA + \mathrm{d}A$
7. $c(dA) = (cd)A$
8. $1A = A$

ただし、$A, B, C \in \mathrm{R}^{m \times n}$, $\mathrm{c}, \mathrm{d} \in \mathrm{R}$ です。

1.2.2.3 ● 行列の積

和やスカラー倍のときと異なり、行列の積は少し注意が必要です。まずは行列の積の定義を見てみましょう。$m \times n$ 行列 $A = (a_{ij})$ および $n \times l$ 行列 $B = (b_{jk})$ があるとき、積 AB は下記で定義されます。

$$AB = (c_{ik}) \tag{1.56}$$

ただし、

$$\begin{aligned} c_{ik} &= a_{i1}b_{1k} + a_{i2}b_{2k} + \cdots + a_{in}b_{nk} \\ &= \sum_{j=1}^{n} a_{ij}b_{jk} \ \ (i = 1, ..., m, \ \ k = 1, ..., l) \end{aligned} \tag{1.57}$$

です。行列の各要素で書いてみると、

$$\begin{pmatrix} a_{11} & a_{12} & \cdots & a_{1n} \\ \vdots & \vdots & & \vdots \\ \boldsymbol{a_{i1}} & \boldsymbol{a_{i2}} & \boldsymbol{\cdots} & \boldsymbol{a_{in}} \\ \vdots & \vdots & & \vdots \\ a_{m1} & a_{m2} & \cdots & a_{mn} \end{pmatrix} \begin{pmatrix} b_{11} & \cdots & \boldsymbol{b_{1k}} & \cdots & b_{1l} \\ b_{21} & \cdots & \boldsymbol{b_{2k}} & \cdots & b_{2l} \\ \vdots & & \boldsymbol{\vdots} & & \vdots \\ b_{n1} & \cdots & \boldsymbol{b_{nk}} & \cdots & b_{nl} \end{pmatrix} = \begin{pmatrix} c_{11} & \cdots & c_{1k} & \cdots & c_{1l} \\ \vdots & & \vdots & & \vdots \\ c_{i1} & \cdots & \boldsymbol{c_{ik}} & \cdots & c_{il} \\ \vdots & & \vdots & & \vdots \\ c_{m1} & \cdots & c_{mk} & \cdots & c_{ml} \end{pmatrix} \tag{1.58}$$

となります(式(1.57)に相当する部分を太字で書いています)。AB は $m \times l$ 行列になることに注意してください。ぱっと見、行列の積は複雑な式をしていますが、行列 A, B をそれぞれ

$$A = \begin{pmatrix} \vec{a}_1 \\ \vdots \\ \vec{a}_i \\ \vdots \\ \vec{a}_m \end{pmatrix}, \quad B = \begin{pmatrix} \boldsymbol{b}_1 & \cdots & \boldsymbol{b}_k & \cdots & \boldsymbol{b}_l \end{pmatrix} \tag{1.59}$$

と、n 次行ベクトル $\vec{a}_i\ (i = 1, ..., m)$ および n 次列ベクトル $\boldsymbol{b}_k\ (k = 1, ..., l)$ の並びと見ると、

$$AB = (\vec{a}_i \cdot \boldsymbol{b}_k) \ \ (i = 1, ..., m,\ k = 1, ..., l) \tag{1.60}$$

で表されるので、AB は各行・列ベクトルの内積が成分になっている行列であることが分かります▶6。

よって、$m \times n$ 行列 A と $k \times l$ 行列 B の積 AB は、$n = k$ のときのみ求めることができ、このとき AB は $m \times l$ 行列になります。つまり、AB が定義できても BA が定義できるとは限らず、またどちらも定義できたとしても $AB = BA$ が成り立つとは限りません。むしろ、$AB \neq BA$ となるのが一般的です。

例を見てみましょう。行列 A, B が式(1.61)で与えられるとき、

▶6 一方、(サイズが同じ)行列の成分ごとの積をとることによって得られる行列の積のことを**アダマール積**と呼びます。ベクトルも行あるいは列の大きさが1の行列とみなすと、ベクトルの要素積もアダマール積であると考えることができます。

$$A = \begin{pmatrix} 1 & 2 & 3 \\ 4 & 5 & 6 \end{pmatrix},\ B = \begin{pmatrix} 1 \\ 2 \\ 3 \end{pmatrix} \tag{1.61}$$

A は 2×3 行列、B は 3×1 行列なので、積 AB は下記のとおり 2×1 行列となります。

$$AB = \begin{pmatrix} 14 \\ 32 \end{pmatrix} \tag{1.62}$$

一方、このとき BA は定義できません。また、

$$C = \begin{pmatrix} 1 & 2 \\ 3 & 4 \end{pmatrix},\ D = \begin{pmatrix} 4 & 3 \\ 2 & 1 \end{pmatrix} \tag{1.63}$$

のとき、

$$CD = \begin{pmatrix} 8 & 5 \\ 20 & 13 \end{pmatrix},\ DC = \begin{pmatrix} 13 & 20 \\ 5 & 8 \end{pmatrix} \tag{1.64}$$

となり、$CD \neq DC$ となることが確認できます。

ただし、行列の積については結合法則が成り立ちます。すなわち、$m \times n$ 行列 A、$n \times l$ 行列 B、$l \times r$ 行列 C があったとき、

$$(AB)C = A(BC) \tag{1.65}$$

となることが、それぞれの行列の成分を比較すると分かるかと思います。

また、分配法則も成り立ちます。$m \times n$ 行列 A、$n \times l$ 行列 B, C、$l \times r$ 行列 D があったとき、

$$A(B + C) = AB + BC \tag{1.66}$$

$$(B + C)D = BD + CD \tag{1.67}$$

を満たします。

1.2.2.4 ● 正則行列と逆行列

n 次正方行列 A, B があったとき、一般的には $AB \neq BA$ であることはすでに述べました。しかし、例えば n 次単位行列を I としたとき、$AI = IA = A$ が成り立つことはすぐに分かるかと思います。つまり、I は数の 1 と同じような役割を果たします。

では次に、「$\frac{1}{A}$」となるような行列 B、すなわち $AB = BA = I$ を満たす行列 B が存在するかを考えてみましょう。例えば

$$A = \begin{pmatrix} 3 & -2 \\ -2 & 1 \end{pmatrix},\ B = \begin{pmatrix} -1 & -2 \\ -2 & -1 \end{pmatrix} \tag{1.68}$$

のとき、

$$AB = BA = \begin{pmatrix} 1 & 0 \\ 0 & 1 \end{pmatrix} = I \tag{1.69}$$

が得られます。このように、$AB = BA = I$ なる行列 B が存在するような行列 A のことを**正則行列**と呼びます。また、行列 B のことを A の**逆行列**と呼び、A^{-1} で表します。もし行列 B, B' がそれぞれ $BA = I$ および $AB' = I$ を満たせば、

$$B = BI = B(AB') = (BA)B' = IB' = B' \tag{1.70}$$

となるので、A の逆行列 A^{-1} は一意に定まります。

では次に、行列の積の逆行列について考えてみましょう。n 次正方行列 A, B に対して、$(AB)^{-1}$ はどうなるでしょうか。これは、A, B がともに正則行列ならば、

$$(AB)(B^{-1}A^{-1}) = A(BB^{-1})A^{-1} = AA^{-1} = I \tag{1.71}$$

が成り立つので、積 AB も正則行列となり、$(AB)^{-1} = B^{-1}A^{-1}$ が導かれます。また、$AA^{-1} = A^{-1}A = I$ より、A^{-1} は正則行列で、その逆行列 $(A^{-1})^{-1} = A$ が得られます。

1.2.2.5 ● 転置行列

行列を扱う際に重要となる概念に、**転置行列**があります。これは $m \times n$ 行列 $A = (a_{ij})$ の 行と列を入れ替えて得られる $n \times m$ 行列のことであり、A^T あるいは ${}^tA$ と記します。要素を書いてみ

ると、

$$A = \begin{pmatrix} a_{11} & a_{12} & \cdots & a_{1n} \\ a_{21} & a_{22} & \cdots & a_{2n} \\ \vdots & \vdots & \ddots & \vdots \\ a_{m1} & a_{m2} & \cdots & a_{mn} \end{pmatrix} \tag{1.72}$$

に対し、

$$A^T = \begin{pmatrix} a_{11} & a_{21} & \cdots & a_{m1} \\ a_{12} & a_{22} & \cdots & a_{m2} \\ \vdots & \vdots & \ddots & \vdots \\ a_{1n} & a_{2n} & \cdots & a_{mn} \end{pmatrix} \tag{1.73}$$

と表すことができます。例えば、

$$A = \begin{pmatrix} 1 & 2 & 3 \\ 4 & 5 & 6 \end{pmatrix} \tag{1.74}$$

のとき、

$$A^T = \begin{pmatrix} 1 & 4 \\ 2 & 5 \\ 3 & 6 \end{pmatrix} \tag{1.75}$$

となります。$A^T = A$ となる行列のことを**対称行列**と呼びます。

転置行列の定義より、下記がそれぞれ成り立ちます。

1. A, B がともに $m \times n$ 行列のとき、$(A + B)^T = A^T + B^T$
2. $(cA)^T = c\,A^T$
3. $(A^T)^T = A$
4. n 次正方行列 A が正則行列のとき、$(A^T)^{-1} = (A^{-1})^T$
5. A が $m \times n$ 行列、B が $n \times l$ 行列のとき、$(AB)^T = B^T A^T$

1.3 まとめ

本章では、ディープラーニング、ニューラルネットワークの理論を学んでいくための準備として、偏微分および線形代数について、基本的な定義や公式を見てきました。どちらもモデルの理解には欠かせない分野です。

偏微分とは、多変数関数に対して、いずれか１つの変数のみに関して微分することであると述べました。偏導関数や偏微分係数の定義について学び、四則演算の基本公式を確認しました。また、偏微分を学ぶ上で欠かせないのが、合成関数の微分です。これを連鎖律と呼びました。１変数の場合と多変数の場合とで、それぞれ連鎖律の公式を導出しました。

線形代数では、ベクトルおよび行列の定義や公式について学びました。和とスカラー倍の公式、およびベクトルの内積や行列の積の式について確認しました。行列の積は、各行列の行ベクトルおよび列ベクトルの内積が成分となっています。また、線形代数で欠かせない逆行列や転置行列についても学びました。

ここで扱った数学の理論には、本書では一部説明を省略しているものや、より厳密さが求められる部分もあります。より詳細について知りたい、しっかりと数学の理論について学びたいという方は、文献 [1] [2] [3] あたりを参考にしてください。

本章では理論に向けての準備をしましたが、次の**第２章**では、実装に向けての準備として、Python 環境の構築と、ライブラリを用いた計算について扱っていきます。

第１章の参考文献

[1] 杉浦 光夫 . 解析入門 I. *東京大学出版会* , 1980.

[2] 杉浦 光夫 . 解析入門 II. *東京大学出版会* , 1985.

[3] 齋藤 正彦 . 線型代数入門 . *東京大学出版会* , 1966.

第2章 Pythonの準備

ディープラーニングの分野では日々研究が活発に行われており、多くのモデルが考案されていますが、いずれのモデルもあくまでもアルゴリズムとして記述されるものなので、どんなプログラミング言語でも実装できるはずです。事実、Python、Java、C、C++、Lua、R など、いくつもの種類の言語による実装が GitHub[1] などウェブ上で公開されています。その中でも、Python は最も人気が高く、個人から企業まで多くの開発現場で採用されていると言ってよいでしょう[2]。人気の理由はいくつかあるかと思いますが、そのうちのいくつかを挙げてみましょう。

- スクリプト言語による実装の手軽さ
- Python 用数値計算ライブラリの充実
- Python 用ディープラーニング向けライブラリの充実

ライブラリとは、ある程度のまとまった処理を、他のプログラムから参照し、使い回せるようにしたもののことです。Python では便利なライブラリがたくさん提供されており、うまくライブラリを使いこなすことで、自分で実装しなければならないコードの記述量を減らし、効率よく開発を進めることができます。

そこで、本章では、ディープラーニングのアルゴリズムを実装するための準備として、Python 環境の構築をはじめとして、Python の基本から代表的なライブラリの使い方までひととおり見ていくことにしましょう。Python にすでに詳しい方は、『**2.1 Python 2 と Python 3**』と『**2.3 Python の**

▶ 1 https://github.com/

▶ 2 試しに GitHub で "deep learning" を検索すると、実装されている言語ごとのリポジトリ数（プロジェクト数）が確認でき、人気の度合いを測ることができます。2017 年 1 月時点で、Python が約 2,100、次に Jupyter Notebook が約 1,050、Matlab が約 250 となっており、Python による実装が群を抜いています。

基本』までは読み飛ばしてしまってかまいません。本章でも説明していきますが、本書では、実装にPython 3を使用します。

2.1 Python 2とPython 3

Pythonの公式サイト▶3には、Pythonに関する最新ニュースやPythonの基本的な構文や文法など、さまざまな情報がまとまっています。Pythonのインストーラも公式サイトからダウンロードできますが、ダウンロードページ▶4を見ると、2017年1月時点で、Python 2.7.13とPython 3.6.0の2種類がダウンロードできるようになっています。この2つは何が違うのでしょうか。

2.7.13や3.6.0といった数字は、リリースされているPythonのバージョン番号を表しています。これはPython自体も改善やバグの修正などによりどんどんアップデートされているためで、区切られた3つの数字を頭から**メジャー**、**マイナー**、**マイクロ**バージョンと呼びます。つまり、Pythonでは2と3の大きく2つのメジャーバージョンが提供されていることになります。このバージョン番号の表記はPythonだけに限らず、他のプログラミング言語やソフトウェア、アプリケーションにも用いられており、メジャーバージョンの変更は大きな仕様変更を意味しています。

一般的には、古いバージョンのものはサポートされなくなってしまう場合が多いので、より新しい(バージョン番号が大きい)ものを用いることが推奨されています。Pythonに関しても同様で、いくつかのPython 2の構文がPython 3では仕様が変わり、互換性がなくなっています。例えば`"hello, world!"`という文字列を出力する場合、Python 2では以下のように書きますが、

```
print "hello, world!"
```

Python 3では、`"()"`を付けないとエラーが起きてしまいます。

```
print("hello, world!")
```

また、公式サイトのWiki上▶5にも、

> Python 2.x is legacy, Python 3.x is the present and future of the language

---

▶3　`https://www.python.org/`

▶4　`https://www.python.org/downloads/`

▶5　`https://wiki.python.org/moin/Python2orPython3`

すなわち「Python 2.xは**レガシー**(遺産)で、Python 3.xがPythonの今そして未来である」と書かれています。

なので、素直に考えると「Python 2をインストールする意味はないのでは?」と思うかもしれません。しかし、Python 3による実装を進める上で、厄介な問題がありました。大きな問題の1つは、ライブラリのバージョン互換性です。ライブラリによってはPython 2にしか対応しておらず、特にPython 3リリースされたばかりのときは、多くのライブラリがPython 3に対応していませんでした。そして、幸か不幸か、Python 3.0がリリースされた2008年以降もPython 2.xのバージョンアップが行われていたために、Python 3への対応がなかなか進まず、Python 2のほうが実装しやすいという状況が長く続いていました。ようやく主要なライブラリの多くがPython 3にも対応するようになりましたが、

- (まだ)Python 2にしか対応していないライブラリを使いたい
- Python 2でずっと開発をしてきたために、Python 3へ移行する(書き直す)開発コストが莫大となり、なかなか移行できない

といった理由から、まだまだPython 2へのニーズが高いのが現状です。

本書でもいくつかのライブラリを用いて実装をしますが、いずれもPython 3に対応しているものなので、本書ではPython 3による実装を進めていきます。

2.2 Anacondaディストリビューション

Python 3のインストールは、もちろん公式サイトからインストーラをダウンロードすることでも実行できるのですが、この場合だと、使いたいライブラリをその都度別途インストールする必要が出てきてしまいます。もちろん、毎回インストールをすれば問題なく開発を進めることはできるのですが、いちいちインストール作業が発生するのはなかなか手間です。

そこで活用するのがPythonの**ディストリビューション**です。これはあらかじめいくつかの主要なライブラリがインストールされた状態のPythonであり、インストール作業の手間が省けます。特に、Continuum Analytics社▶6が提供する**Anaconda**ディストリビューションは、数値計算を行うための主要なライブラリを網羅しており、ディープラーニングの実装を効率的に進めるのに役立ちます。本書でも、Anacondaがインストールされている前提で実装を進めていくので、まずはAnacondaをインストールしてみましょう。

Anacondaは、Windows、Mac、Linuxいずれの OSにおいても公式サイトからインストーラが

▶6 https://www.continuum.io/

ダウンロードできます。ダウンロードページ[7]から対応するOSのインストーラをダウンロードすることで、GUI上で開発環境を整えることができます。インストーラはPython 3.xとPython 2.xバージョン(2017年1月時点でPython 3.5およびPython 2.7)とが配布されているかと思いますが、Python 3.xを選択してください。また、インストール中、設定に関していくつか聞かれるかもしれませんが、基本はデフォルトの設定のままで問題ありません。

ただし、特に開発環境に関してこだわりがない場合はこれで問題ないのですが、Mac(およびLinux)の場合は、実はインストーラ経由でセットアップをするのはあまりお勧めできません。本節の最後に、Mac、Linuxでの開発環境のセットアップについてまとめてあるので、そちらを参考にしてください。

Python(Anaconda)が無事にインストールされていれば、コマンドプロンプトあるいはターミナルで

```
$ python --version
```

を実行すると、

```
Python 3.5.2 :: Anaconda 4.2.0 (x86_64)
```

と結果が表示されるのが確認できます。これでPython 3のインストールは完了です。本書ではこれ以降、特に断りがなければ、Pythonと書いたときはPython 3を表すものとします。

Macの場合

MacにはHomebrewという専用のパッケージ管理ツールがあります。まずはこれをインストールしましょう。公式サイト[8]にも書いてあるとおり、下記のコマンドを実行するだけでインストールできます。

```
$ /usr/bin/ruby -e "$(curl -fsSL
   https://raw.githubusercontent.com/Homebrew/install/master/install)"
```

Homebrewをインストールすると、brewというコマンドにより、多くのライブラリやパッケージを簡単にインストールできるようになります。例えば、指定したURLのファイルをダウンロードできるwgetというコマンドは、デフォルトではMacには入っていませんが、

▶7 https://www.continuum.io/downloads

▶8 http://brew.sh/

```
$ brew install wget
```

と入力するだけで wget が使えるようになります。Macでは、何か開発まわりで必要なライブラリなどが発生した場合は、基本的にHomebrewでインストールするのがよいでしょう。

非常に便利なHomebrewですが、Anacondaをインストーラ経由で入れてしまうと、環境設定が競合してしまう場合があり、HomebrewあるいはAnacondaが動作しなくなってしまう可能性があります。LinuxでもHomebrewではありませんが、他のパッケージをインストールした場合に何かしら競合する場合があります。この問題を避けるための方法が下記となります。

MacおよびLinuxの場合

Pythonには、**pyenv**▶9というバージョン管理ツールがあります。pyenvを使うことで、1台のマシンに複数のバージョンのPythonをインストールし、使い分けることができるようになります。例えば、同じマシンでPython 2.7と3.5のプロジェクトを開発しなければならない場合に便利です▶10。

本来pyenvはこのようにバージョン管理のために用いるものですが、pyenv経由だと、ユーザー環境下にPythonがインストールされるため、マシンの環境に影響を与えることなくPythonを入れることができます。そして、pyenvでもAnacondaをインストールできるので、MacやLinuxではpyenv経由でインストールするのがよいでしょう。Macの場合は

```
$ brew install pyenv
```

Linuxの場合は

```
$ git clone https://github.com/yyuu/pyenv.git ~/.pyenv
```

によりpyenvがインストールされ、

```
$ echo 'export PYENV_ROOT="${HOME}/.pyenv"' >> ~/.bash_profile
$ echo 'export PATH="${PYENV_ROOT}/bin:$PATH"' >> ~/.bash_profile
$ echo 'eval "$(pyenv init -)"' >> ~/.bash_profile

$ exec $SHELL
```

▶9 https://github.com/yyuu/pyenv

▶10 pyenvはPythonのバージョンごとの切り替えですが、同じバージョンでもさらにプロジェクトごとにPython環境を切り替えることができる**virtualenv**というツールも存在します。本書ではvertualenvについては扱いません。

とすると、pyenvの読み込みが完了します（ただし、シェルにZshを使っている場合は ~/.bash_profile を ~/.zshrc と書き換えてください）。

pyenvがインストールできたら、pyenv install --list を実行すると、インストール可能なPythonの一覧が表示されます。

```
$ pyenv install --list
Available versions:
  2.1.3
  ...
  3.6.0
  ...
  anaconda3-4.1.1
  anaconda3-4.2.0
  ironpython-dev
  ...
```

インストールしたいバージョン（ディストリビューション）が見つかったら、pyenv install <バージョン名> を実行します。今回はAnaconda（の最新版）をインストールしたいので、下記のコマンドを実行します。

```
$ pyenv install anaconda3-4.2.0
Downloading Anaconda3-4.2.0-MacOSX-x86_64.sh...
-> https://repo.continuum.io/archive/Anaconda3-4.2.0-MacOSX-x86_64.sh
...
```

pyenv経由でインストールしたPythonのバージョン一覧は、pyenv versions で確認できます。

```
$ pyenv versions
* system
  anaconda3-4.2.0
```

先頭に "*" が付いているものが現在マシンにデフォルトで適用されているバージョンになります。バージョンの切り替えを行う場合は、pyenv global <バージョン名> を実行します。

```
$ pyenv global anaconda3-4.2.0

$ pyenv versions
  system
* anaconda3-4.2.0
```

となり、バージョンが切り替わったのが確認できます。また、特定のディレクトリ（プロジェクト）下にのみ別のバージョンを適用したい場合は、対象となるディレクトリで pyenv local <バージョン名> と入力します。例えば tmp というディレクトリを作り、そこでは system バージョンを使いたい場合は、

```
$ mkdir tmp
$ cd tmp
$ pyenv local system
```

とします。また、現在のディレクトリでどの Python のバージョンが適用されているのか確認するには、pyenv version を実行します。

```
$ pyenv version
system
```

このとき、ディレクトリのファイル一覧を確認してみると、

```
$ ls -a
.
..
.python-version
```

となっており、.python-version というファイルが生成されていることが分かります。この中身を見てみると、

```
$ cat .python-version
system
```

これが pyenv で用いるバージョンを指定していることが分かります。

2.3 Python の基本

2.3.1 Python プログラムの実行

Python のプログラムは、Python **インタプリタ**を通して実行されます。プログラムを実行するには、実装を記述したスクリプト名（通常は拡張子が .py の名前で保存されたファイルのパス）を python コマンドに渡してあげるだけです。プログラムのコンパイルなどは必要ありません。例えば

hello_world.pyというスクリプトが同じディレクトリにあり、その中身が

```
print("hello, world!")
```

だったとしましょう。このスクリプトを実行するには、

```
$ python hello_world.py
```

とするだけです。hello, world! という文字列が出力として表示されるのが確認できるかと思います。

このように、「ファイルにプログラムを記述 → そのファイル名を指定して実行」という流れが基本になりますが、Python インタプリタは**対話モード**で起動することもできます。単純に python コマンドを実行すると、

```
$ python
Python 3.5.2 |Anaconda 4.2.0 (x86_64)| (default, Jul  2 2016, 17:52:12)
[GCC 4.8.2] on linux
Type "help", "copyright", "credits" or "license" for more information.
>>>
```

バージョン番号などの起動メッセージの後に >>> が表示され、対話モードになります。ここでは、直接 Python スクリプトを書いて実行できるので、ちょっとした処理や動作確認をしたい場合などに便利です。

```
>>> print("hello, world!")
hello, world!
>>>
```

と、対話モードの場合、1つの処理が終わると続けて次の命令待ちになります。Ctrl + D キーを同時に押すと対話モードが終了します。

ちなみに、対話モードでは、値や式を入力すると、それを評価した結果をそのまま表示してくれます。

```
>>> "hello, world!"
'hello, world!'
>>> 1
1
```

```
>>> 1 + 2
3
```

例えば手元でちょっとした電卓計算をしたいときなどにも便利です。

2.3.2 データ型

2.3.2.1 ● 型とは

Pythonには、いくつもの文法や構文があります。それらすべてをここで紹介することはできません（し、全部を細かく覚えておく必要もありません）が、ディープラーニングを実装していく上で必要となるものについては本書で取り上げていこうと思います。

まず、Pythonで知っておくべきことは、Pythonにはデータの**型（かた）**があることです。どういうことなのか、まずは例を見てみましょう。インタプリタを起動してください。

```
>>> "I have a pen."
'I have a pen.'
>>> 1
1
>>> 1 + 1
2
```

ここまではまったく問題ありません。では、次はどうでしょうか。

```
>>> "I have " + 2 + " pens."
Traceback (most recent call last):
  File "<stdin>", line 1, in <module>
TypeError: Can't convert 'int' object to str implicitly
```

`I have 2 pens.` と表示されると思いきや、エラーが出てしまいました。`TypeError: Can't convert 'int' object to str implicitly`、つまり「`int` を `str` に勝手に変換できません」という内容ですが、この `int` や `str` が型になります。`int` は整数型、`str` は文字列型を表しており、これらをどう足し合わせればよいのかがそのままではPythonには分からないことを意味します。このように、違う型どうしの計算や評価には注意が必要です。

Pythonにはさまざまなタイプの型がありますが、まずは基本となる型を見ていきましょう。

2.3.2.2 ● 文字列型(str)

文字どおり、文字列を扱うのがstr▶11です。Pythonでは、単引用符('...')や二重引用符("...")で囲みます。また、引用符をエスケープしたい場合は\を使います。確認してみましょう。

```
>>> 'I am fine.'
'I am fine.'
>>> 'I\'m fine.'
"I'm fine."
>>> "I'm fine."
"I'm fine."
>>> 'He said, "I am fine."'
'He said, "I am fine."'
>>> "He said, \"I am fine.\""
'He said, "I am fine."'
>>> 'She said, "I\'m fine."'
'She said, "I\'m fine."'
```

最後の例だけエスケープがそのまま残っているので、一見書き間違えているように思えるかもしれませんが、

```
>>> print('She said, "I¥'m fine."')
She said, "I'm fine."
```

出力してみると正しい書式になっていることが分かります。もちろん、日本語も大丈夫です。

```
>>> "日本語も大丈夫です。"
'日本語も大丈夫です。'
```

また、文字列は+で連結でき、*で反復できます。

```
>>> 'Y' + 'e' + 's!'
'Yes!'
>>> 'Y' + 5 * 'e' + 's!'
'Yeeeees!'
```

▶11 "string"の略。

2.3.2.3 ● 数値型(int、float)

Python上では、数値は整数型(int[12])と**浮動小数点数**型(float)に分かれています[13]。浮動小数点数とは、2進数で計算を行っているコンピュータが、小数点付きの実数を扱うときに内部的に持っているデータ形式のことです。理論的には、小数が無限(に近い値)に続く値を、精度よく有限桁で近似するためのものです[14]。整数ではこうした近似は必要ないので、intとfloatを分けて扱うことで、計算の精度や効率を上げています。

数値型なのでもちろんいろいろな算術計算が行えます。四則演算を行うには、+、-、*、/がそれぞれ加算、減算、乗算、除算に対応しています。この記法は、他のほぼすべてのプログラミング言語で共通です。

```
>>> 1 + 2
3
>>> 1 - 2
-1
>>> 1 * 2
2
>>> 4 / 2
2.0
```

ここで注意してほしいのが、4 / 2の結果が2ではなく2.0になっていることです。除算(/)の結果は常にfloatとなります。整数部分のみを取得したい場合、//を使います。

```
>>> 5 // 2
2
```

となり、intになっていることが確認できます。ただし、分母がfloatの場合、

```
>>> 5.0 // 2
2.0
```

得られる結果もfloatになります。

さて、次の式を見てみましょう。

▶ 12　"integer"の略。

▶ 13　整数、浮動小数点数以外に、もう1つ複素数(complex)がありますが、本書ではcomplexは使いません。

▶ 14　Wikipediaにも詳しく説明が載っているので、参考にしてみてください。
https://ja.wikipedia.org/wiki/浮動小数点数

```
>>> 1 + 2 * 2.5
6.0
```

計算の結果自体はもちろん正しいのですが、出力は 6.0 となっており、6 となっていません。よく考えてみると、この式は int と float が混ざっており、違う型どうしの計算を暗黙のうちに行っています。このように、数値型どうしの演算で、型が統一されていない場合、エラーは起きないのですが、代わりに int が float に自動で変換された上で計算が行われます。なので、通常の計算では int と float が混ざっているかどうかを意識する必要は特にありません。

明示的に int あるいは float に変換したい場合は、それぞれ int() と float() を用います。

```
>>> 2.5
2.5
>>> int(2.5)
2
>>> float(2)
2.0
```

上の例のとおり、int() を用いると、小数点部分が切り捨てられた int が返ってきます。また、数値を文字列に変換することもでき、その場合は str() を使います。

```
>>> "I have " + str(2) + " pens."
'I have 2 pens.'
```

2.3.2.4 ● ブール型（bool）

ブール型とは True か False のみを値として持つ型のことで、論理演算や真理値判定に用いられます。ある条件が真のときには True、偽のときには False となるので、プログラム内で場合分け（条件分岐）を行うときによく用いられます。例えば、ある２つの数値が等しいかどうかを比較するときには、== のように等号記号２つを並べて用いるのですが、

```
>>> 1 == 1
True
>>> 1 == 2
False
```

という結果が得られます。これだけでは、具体的にどういうシーンで用いるのかイメージしにくい

かもしれませんが、ブール型はディープラーニングに限らずあらゆるプログラムの中でよく用いられる型になります。

Pythonでは、ブール型は数値型のサブタイプとして定義されており、Trueは1、Falseは0としてそれぞれ振る舞います。

```
>>> 1 + True
2
>>> 1 + False
1
>>> True + False
1
```

実際のプログラム中で数値型とブール型をそのまま演算に用いるのは混乱しやすいかもしれませんが、慣れればうまく実装に活かせることが多いので、覚えておきましょう。

2.3.3 変数

2.3.3.1 ● 変数とは

数値計算などを行っていると、よく「以前に入力した内容をまた入力しなくてはいけない」という場面に遭遇することがあると思います。例えば、100円、200円、300円の商品を買うとき、クーポンで3%の割引が得られるとしましょう。このときの合計金額は、

```
>>> (100 + 200 + 300) * (1 - 0.03)
582.0
```

で得られます。この実行内容にも結果にも何の問題もありません。では、実はクーポンの割引率が5%だったとしたらどうなるでしょうか。

```
>>> (100 + 200 + 300) * (1 - 0.05)
570.0
```

このようにまた入力し直すことになり、非常に面倒です。 100 + 200 + 300の部分も、毎回入力し直すとミスしてしまいそうです。これくらいならまだ入力し直せるかもしれませんが、やり直し量が多くなると、もはや手が付けられません。

こうした問題を解決するために用いられるのが**変数**です。変数に保持したい値を格納し、好きなときにその値を呼び出すことができます。例を見てみましょう。

```
>>> price = 100 + 200 + 300
>>> discount_rate = 0.03
```

この price と discount_rate が変数になります。変数には英数字と _（アンダースコア）を用いた好きな名前を使うことができますが、1_price など、数字から始まる名前を付けることはできません。一般的には、プログラム内での管理のしやすさと見た目の分かりやすさ（**可読性**）を上げるため、通常の変数は例のように英単語ごとに _ で区切った命名を使います▶15。等号 = を用いることによって、右辺の値を左辺の変数に代入します。こうすることで、

```
>>> price * (1 - discount_rate)
582.0
```

数字をそのまま入力したときと同じ結果が得られます。また、

```
>>> discount_rate = 0.05
>>> price * (1 - discount_rate)
570.0
```

のように、もう一度変数（discount_rate）に値を代入し直すと、先ほどと同じ式を実行するだけで正しい結果が得られるようになります。数字を手入力していたときは、どこかで数字を入力し間違えていても気付きにくいですが、変数で定義しておけば、例えば price を pric と打ち間違えた場合

```
>>> price * (1 - discount_rate)
Traceback (most recent call last):
  File "<stdin>", line 1, in <module>
NameError: name 'price' is not defined
```

のようにエラーが起きるので、プログラム内でのミスに気づきやすくなるというメリットがあります。

2.3.3.2 ● 変数と型

Python では、変数を定義したときに、その変数の型が決まります。もちろん、変数には数値型

▶15 実装をする人によって変数名の定義などに大きな違いが出ないよう、**スタイルガイド**というものがあり、これに沿って実装をするケースが多いです。Python のスタイルガイド：https://pypi.python.org/pypi/pycodestyle
また、企業によっては独自にスタイルガイドを定めているところもあります。例えば Google は Google Python Style Guide を定めています：https://google.github.io/styleguide/pyguide.html

だけでなく、あらゆる型のものを代入できます。

```
>>> count = 1
>>> message = "Hello!"
```

このとき、count (int) と message (str) を足してみると、

```
>>> count + message
Traceback (most recent call last):
  File "<stdin>", line 1, in <module>
TypeError: unsupported operand type(s) for +: 'int' and 'str'
```

型の不一致のエラーが出ることが確認できます。このように、変数を使った実装でも、きちんと型を意識する必要があります。

変数の型は代入される値を見ることで決まるので、何も値を代入しないで変数を定義しようとするとエラーになります。

```
>>> x
Traceback (most recent call last):
  File "<stdin>", line 1, in <module>
NameError: name 'x' is not defined
```

なので、例えば数字型だったら `x = 0.0` などとして定義する必要がありますが、本当に「何も値がない」状態で定義したい場合は、None を用います。

```
>>> x = None
>>> x
```

この次に x に代入した値によって、x の型が決まります。実は、Python では None でなくても、すでに定義されている変数に別の型の値を代入できます。

```
>>> message = "Hello!"
>>> message
'Hello!'
>>> message = 1.0
>>> message
1.0
```

この場合、messageは文字列型(str)から数値型(float)に再定義されたことになります。ただし、このようにすでに定義されている変数に、まったく異なる型の値を代入することは、プログラムでエラーを引き起こしやすくなるので、あまり推奨しません。

2.3.4　データ構造

2.3.4.1　● リスト(list)

　変数を用いることで、プログラム内で効率よく値を使えるようになりますが、例えば月ごとの売上データを用いて何か分析をしたいときに、各月のデータを

```
>>> price_1 = 50
>>> price_2 = 25
>>> price_3 = 30
>>> price_4 = 35
```

などとそれぞれ変数として定義するのも問題はないのですが、記述量も多く、少々煩わしさを感じてしまいます。できれば、1つの変数にすべてのデータを持たせて管理したいところです。

　これを実現するのが、**リスト(list)**と呼ばれるPythonのデータ型です。他のプログラミング言語における**配列**と呼ばれるものに類似した性質を持ちます。リストを用いると、上記の例は以下のように1つの変数のみを用いて書き直すことができます。

```
>>> prices = [50, 25, 30, 35]
```

リストの各要素は、

```
>>> prices[0]
50
>>> prices[1]
25
```

などと書くことで取得できます。該当する要素がリストの何番目かを表す数字のことを**インデックス**と呼びます。最初の要素のインデックスは 1 ではなく 0 であることに注意してください。リストの要素では、値の取得だけでなく、値の書き換えも行えます。

```
>>> prices[0] = 20
>>> prices[0]
20
```

リスト内における各要素の型が一致している必要はありません。また、リスト内にさらにリストを持つこともできます。

2

```
>>> data = [1, 'string', [True, 2.0]]
```

このとき、data[2]がリストなので、さらにこの要素を取得するには、以下のように書きます。

```
>>> data[2][0]
True
```

2.3.4.2 ● 辞書(dict)

リスト内にあるデータは、インデックスを用いて値を取得したり更新したりしました。これは順番に並んでいるデータの管理に対しては非常に効果的なのですが、一方で、例えば各エリアの店舗とその売上データを分析したい場合、リストを用いると、どのインデックスがどの店舗に該当するのかを別途覚えておくか、定義しておかなければなりません。できれば、インデックスではなく何か分かりやすい識別子を用いるほうが、混乱が少ないはずです。

これを実現するのが**辞書**(dict)です。リストに対する配列同様、辞書は他のプログラミング言語では**連想配列**や**ハッシュ**と呼ばれるものと同類です。辞書では、**キー**(key)と**値**(value)の組み合わせでデータを定義します。

```
>>> sales = {'tokyo': 100, 'new york': 120, 'paris': 80}
```

辞書salesは、3つのキー'tokyo'、'new york'、'paris'と、各キーに対応する値100、120、80を持つことになります。特定の要素にアクセスするには、以下のように書きます。

```
>>> sales['paris']
80
```

リストと異なり、辞書は定義のときに書いた順番どおりにデータが入っているとは限らないので注意してください。

```
>>> sales
{'new york': 120, 'paris': 80, 'tokyo': 100}
```

となっており、定義したときとは順番が変わっていることが分かります。

2.3.5 演算

2.3.5.1 ● 演算子と被演算子

Pythonインタプリタを使って、すでに簡単な数値計算を行ってきました。コンピュータに計算させることを、厳密には**演算**と言います。簡単な例を見てみましょう。

```
>>> 1 + 2
3
```

これは、コンピュータに 1 + 2 という計算式で表される演算を行わせたことになります。

演算は**演算子（オペレータ）**と**被演算子（オペランド）**とでできています。演算子とは計算式の中で用いられる記号で、どのような演算を行うかを表します。上記の例だと、+ が演算子で、「足す」という演算を行うことになります。一方、被演算子は演算子によって計算される対象のことを言います。例では 1 と 2 が被演算子になります。このように被演算子が2つある場合、演算子の左側にある被演算子を**左オペランド**、右側にある被演算子を**右オペランド**と呼びます。

2.3.5.2 ● 算術計算における演算子

Pythonで計算を行うとき、-1 + 2 や -3 * 4 などで演算子が使われているのは直観的にも分かるかと思います。足し算を行う + と、掛け算を行う * は、ともに2つの被演算子をとる典型的な演算子です。しかし、実は他にも演算子があります。-1 や -3 を見てください。ここにも演算子が用いられています。マイナス記号（-）は、「正負の記号を反転させる」という演算を行う演算子です。

このように、演算子には被演算子が1つのものと2つのものがあり、前者を**単項演算子**、後者を**2項演算子**と呼びます。つまり、算術計算はすべて単項演算子と2項演算子の組み合わせでできていると見ることができます。

算術計算で用いられる代表的な演算子について、**表2.1**にまとめたので、目を通してみてください。

表 2.1　代表的な演算子

演算子記号	表記例	内容
+	+1	値をそのまま返す
-	-1	値の符号を反転させる
+	1 + 2	加算を行う
-	1 - 2	減算を行う
*	1 * 2	乗算を行う
/	1 / 2	除算を行う
**	10 ** 2	べき乗計算を行う
%	4 % 3	剰余計算を行う
//	4 // 3	除算の整数部分を返す（切り捨て除算）

2.3.5.3 ● 代入演算子

変数に値を代入するときには = を使いましたが、これは「左オペランドに右オペランドの値を代入する」という**代入演算子**になります。もちろん、変数を用いた式を新しい変数にも代入できます。

```
>>> a = 1
>>> b = 2
>>> c = a + b + 1
>>> c
4
```

これは、右オペランド a + b + 1 の値を左オペランド c に代入したということになります。ただし、あくまでも代入演算子は右オペランドの値を代入するだけなので、

```
>>> a = 2
>>> c
4
```

と、式内で用いている変数 a の値を変えても c の値は変わらないので注意してください。

演算子 = の意味を考えると、例えば

```
>>> d = 5
>>> d = d + 1
```

のような記述でも問題ないことが分かるかと思います。この場合は、右オペランド d + 1 の値が左オペランド d に代入されるので、

```
>>> d
6
```

となります。このように、もともとの変数に別の値の演算を行って代入し直すという処理は、ディープラーニングに限らず多くのプログラム内でよく用いられます。

この、同じ変数に代入し直す処理は、上記の `d = d + 1` のように変数名が短い場合は書くのが楽ですが、変数名が長い場合は

```
>>> very_very_long_variable_name = very_very_long_variable_name + 1
```

のようになり、書くのが面倒です。そこで用いられるのが**複合代入演算子**です。これは

```
>>> d += 1
```

のように、四則演算の演算子と代入演算子を並べた表記となります。意味は `d = d + 1` とまったく同じです。もちろん、

```
>>> d -= 2
>>> d *= 3
>>> d /= 4
```

のように、他の四則演算に関しても複合代入演算子が使えます。これにより、プログラム全体の記述をすっきりさせることができます。

2.3.6 基本構文

2.3.6.1 ● if文

Pythonで実装したプログラムは、書いた順に上から処理されていきます。なので、特別なことを何もしなければ、決められたことをただ単純に実行するだけのものになります。しかし、実際の場面では、ある決められた条件の下でのみ処理を実行したいという場合に多々遭遇します。この条件分岐を実現するのがif文になります。例を見てみましょう。

```
a = 10

if a > 1:
```

```
    print("a > 1")
```

これを実行すると、a > 1 と出力されるのが確認できるかと思います。不等号記号の > は、左辺の値が右辺の値よりも大きい場合に True を、そうでなければ False を返す関係演算子です。このように if 文では、

```
if 条件式:
    処理A
```

の「条件式」が True になる場合に、中身の「処理 A」が実行されます。試しに、上記の例で a = -10 としてみると、何も出力されなくなるのが分かるかと思います。では、a > 1 のときはそのままで、それ以外のときは別の処理をしたい場合はどうでしょうか。このときは下記のように else というものを使います。

```
a = -10

if a > 1:
    print("a > 1")
else:
    print("a <= 1")
```

これを実行すると、a <= 1 が得られます。この場合は a > 1 以外のすべての場合において else 内の処理が実行されますが、a > 1 以外の、例えば a > -1 のときのみ何か処理をしたい場合は、else と if を組み合わせた elif を使います。

```
a = 0

if a > 1:
    print("a > 1")
elif a > -1:
    print("1 >= a > -1")
```

これを実行すると、1 >= a > -1 となります。注意してほしいのが、例えばここで a = 2 とすると、a > 1 しか出力されない点です。a = 2 のときは elif 内の a > -1 にも条件が当てはまりますが、先に if 内で条件に当てはまっているので、elif は評価されません。

elif は他の elif や else と組み合わせることができます。

```
a = -2

if a > 1:
    print("a > 1")
elif a > -1:
    print("1 >= a > -1")
elif a > -3:
    print("-1 >= a > -3")
else:
    print("a <= -3")
```

この場合、2つ目の `elif` に該当するので、`-1 >= a > -3` が出力されることになります。

2.3.6.2 ● while 文

`if` は条件式が `True` の場合に1回だけ処理を行うものでした。それに対し、条件に合致する限り繰り返し処理を行うのが `while` です。書式は `if` のときと同様です。

```
while 条件式:
    処理
```

例を見てみましょう。

```
a = 5

while a > 0:
    print("a =", a)
    a -= 1
```

この結果は

```
a = 5
a = 4
a = 3
a = 2
a = 1
```

となります。つまり、`while` 文では、処理が終わったら改めて条件式のチェックが行われ、条件式が `False` になるまで処理が行われるという流れになります。ここで気を付けなくてはならないのが、この処理の部分で条件式が（いずれ）`False` になるような実装をしておかないと、永遠に `while`

文が終わらない無限ループに陥ってしまうことです。例で言うと、a -= 1 がもし書かれていなかったら、ずっと a = 5 のままなので永久に while 文から抜け出せません。もしくは、処理の中で break と書くと、ループを強制的に抜け出すことができます。

```
a = 5

while a > 0:
    print("a =", a)
    a -= 1

    if a == 4:
        break
```

これを実行すると

```
a = 5
```

となり、a == 4 のときの break により、while から抜け出していることが分かります。

while 文にも else があり、while 文の条件式が False になったタイミングで実行されます。

```
a = 5

while a > 0:
    print("a =", a)
    a -= 1
else:
    print("end of while")
```

これを実行すると、

```
a = 5
a = 4
a = 3
a = 2
a = 1
end of while
```

が得られます。

2.3.6.3 ● for文

whileは条件に合致するかどうかで繰り返し処理をするかが決まりましたが、それに対し、あらかじめ決められた回数だけ繰り返し処理を行うようにするのがfor文です。forによる繰り返しは、一般的にはリストと組み合わせて使うシーンが多いです。

```
data = [0, 1, 2, 3, 4, 5]

for x in data:
    print(x, end=' ')
```

これを実行すると、

```
0 1 2 3 4 5
```

が得られます。このように、forの基本形は

```
for 変数名 in リスト:
    処理
```

となります。forでもwhileと同様、breakを書くとループを強制的に抜け出します。

```
data = [0, 1, 2, 3, 4, 5]

for x in data:
    print(x, end=' ')

    if x == 1:
        break
```

の結果は、

```
0 1
```

となります。

また、辞書に対してもforを使えます。

```
data = {'tokyo': 1, 'new york': 2}
```

```
for x in data:
    print(x)
```

というように、そのまま for 文を書いて実行すると、

```
tokyo
new york
```

変数にキーが入っていることが分かります。キーと値ともに変数名で扱いたい場合、

```
data = {'tokyo': 1, 'new york': 2}

for key, value in data.items():
    print(key, end=': ')
    print(value)
```

と、.items() を辞書に付ける必要があります。実行してみると、

```
tokyo: 1
new york: 2
```

となることが確認できます。

2.3.7 関数

変数を使うことで、同じ値を都度書き直す必要がなくなり、好きなときに呼び出せるようになりました。これを値ではなく、同じ「処理」にしたものが**関数**です。まさしく、数学の関数をイメージすると分かりやすいかもしれません。放物線 $y = f(x) = x^2$ に対して、$x = 1, 2, 3$ における $f(x)$ の値を出力したいとしましょう。このとき、関数を使わずに素直に書くと

```
print(1 ** 2)
print(2 ** 2)
print(3 ** 2)
```

となるかと思いますが、関数を使うと下記のようになります。

```
def f(x):
    print(x ** 2)
```

```
f(1)
f(2)
f(3)
```

「x を受け取って、$f(x)$ の値を出力する」という共通処理を、f(x) という関数を定義することでまとめました。この x のことを、**引数**と呼びます。Python における関数の書式は、

```
def 関数名(引数):
    処理
```

となります。関数を呼び出すときは、f(1) のように、関数名(値)と書きます。

上記の例は、受け取った引数を処理（2 乗）した値を print するだけなので、数式と同じ感覚で例えば

```
f(1) + f(2)
```

と書くと、

```
TypeError: unsupported operand type(s) for +: 'NoneType' and 'NoneType'
```

とエラーが出てしまいます。このエラーをなくすには、関数 f に、「計算した値を返す」処理を書かなければなりません。これを実現するのが return です。f を、計算結果を出力するのではなく返すようにすると、下記のようになります。

```
def f(x):
    return x ** 2

print(f(1) + f(2))
```

この関数が返す値のことを**戻り値**と呼びます。もちろん、a = f(1) + f(2) など、戻り値を別の変数に代入することも可能です。return がない関数は「戻り値がない」= None が返っているため、先ほどのエラーは None + None を実行しようとしたことによるエラーです。

引数や戻り値は 1 つである必要はなく、いくらでもとることができます。先ほどは $y=x^2$ を考えましたが、今度は $y=f(x)=ax^2$ と、係数 a も自由に設定できるようにし、さらに $f(x)$ だけでなく $f(x)=2ax$ の値も得られるようにしてみましょう。

```
def f(x, a):
    return a * x ** 2, 2 * a * x

y, y_prime = f(1, 2)

print(y)
print(y_prime)
```

というように、引数も戻り値も並べて列挙するだけです。

また、引数にはデフォルトの値も設定できます。関数を呼び出すとき、例えば先ほどの f(x, a) に対して f(1) とすると、引数の数が一致しないため、

```
TypeError: f() missing 1 required positional argument: 'a'
```

というエラーが出てしまいますが、一方、

```
def f(x, a=2):
    return a * x ** 2, 2 * a * x

y, y_prime = f(1)

print(y)
print(y_prime)
```

と、f の引数で a=2 としておくと、f(1) としても、f(1, 2) と同じ結果が得られることが確認できるかと思います。

関数を使うことで、繰り返し必要となる処理をプログラムの中でひとまとめにしておくことができるので、全体の記述量も減り、コード全体の見た目もすっきりします。例で見てきた関数はとても単純なものでしたが、どれほど複雑な処理になっても、共通化できる処理をどんどん関数に分解していくことで、より効率的な実装ができるようになります。

2.3.8 クラス

ここまでで、共通の値を使うときは変数を、共通の処理を使うときは関数をそれぞれ定義することで、コードの中での記述をひとまとめにできるようになることを見てきました。Python に限らず、プログラミングにおいては、いかに共通部分をひとまとめにするか、できるかが大事になってきます。しかし、これだけではまだ十分ではありません。例えば同じ業界の企業 A、B について、簡単

な経営分析をしてみたいとしましょう。双方の企業について、

- 売上（sales）、費用（cost）、従業員数（persons）が分かっている
- 利益（＝売上－費用）が知りたい

としたとき、これを素直に実装すると、

```
company_A = {'sales': 100, 'cost': 80, 'persons': 10}
company_B = {'sales':  40, 'cost': 60, 'persons': 20}

def get_profit(sales, cost):
    return sales - cost

profit_A = get_profit(company_A['sales'], company_A['cost'])
profit_B = get_profit(company_B['sales'], company_B['cost'])
```

と、企業のデータを持つ辞書 company_A および company_B を定義し、利益を計算する関数 get_profit(sales, cost) を定義すれば、企業A、B（に限らず他の企業すべて）の利益を求めることができます。

もちろん、この実装でも間違いではないのですが、例えば企業C、D、…と増えてきたときに、ほとんど同じ処理

```
profit_X = get_profit(company_X['sales'], company_X['cost'])
```

を書いていくのは煩わしいですし、変数もいちいち定義しなければなりません。

この問題を解決する存在が**クラス**です。クラスを用いると、上記の例では「企業」という共通部分をひとまとめにできるはずです。まずは企業A、Bがクラスを用いるとどう表されるのか見てみましょう。

```
class Company:
    def __init__(self, sales, cost, persons):
        self.sales = sales
        self.cost = cost
        self.persons = persons

    def get_profit(self):
        return self.sales - self.cost

company_A = Company(100, 80, 10)
company_B = Company(40, 60, 20)
```

細かい部分は後述するとして、まずは全体構造を見てください。クラスが関数の集まりになっているのが分かるかと思いますが、クラス内の関数は**メソッド**と呼ぶので、クラスの表記としては、

```
class クラス名:
    def メソッドA(self, 引数A):
        処理A

    def メソッドB(self, 引数B):
        処理B

    ...
```

となります[16]。

Company クラスの2つのメソッドのうち、get_profit は前述の関数と(ほぼ)同じですが、もう一方の __init__ とは何でしょうか。そもそもクラスとは、値なり処理なり共通の性質をまとめたものでした。つまり、クラスを定義するだけでは抽象化された存在のままなので、それを具体化しない限り、実際に扱うデータは生成されていないことになります。例えば Company クラスでは、

- 売上(sales)、費用(cost)、従業員数(persons) を持つ
- 売上 – 費用で利益が計算できる

という性質は共通なので定義できますが、実際の企業A、Bのデータを使うには、それぞれ共通部分に具体的な数字を当て込む処理が必要です。こうした、クラスから実際に具体化されたデータ(company_A、company_B)のことを**インスタンス**と呼び、インスタンスを生成するにあたって必要となる処理を行うのが __init__ で、**コンストラクタ**と呼びます。つまり、インスタンス生成時に __init__ の引数に値が渡され、処理が自動で実行されます。

コンストラクタ内にある self.sales、self.cost、self.persons は**インスタンス変数**と呼ばれ、これがいわゆる各インスタンスごとの「共通の性質」に対する具体的な値となります。self というのはインスタンスそのものを指しており、例えば self.sales は「インスタンス自身の sales の値」と読むことができます。インスタンス変数はどのメソッドからもアクセスできるため、get_profit は sales, cost の引数をとる必要なく定義できるようになっています。

定義した(具体化した)インスタンスからそれぞれのインスタンス変数やメソッドにアクセスするには、インスタンス.変数名 や インスタンス.メソッド名() と記述します。company_A はインスタンスなので、

▶16 self を引数にとらない**クラスメソッド**や**スタティックメソッド**などもありますが、ここでは一般的なメソッドのみについて言及しています。

```
print(company_A.sales)
print(company_A.get_profit())
```

とすると、

```
100
20
```

が得られます。また、値の更新もインスタンス経由で行えます。

```
company_A.sales = 80
print(company_A.sales)
```

とすると、

```
80
```

となることが確認できます。

クラスを使うことによって、共通部分をどんどんひとまとめにできますが、大事なのは「どのようにクラスを定義していくか」です。１つの巨大なクラスを定義してしまったら、それはもはやクラスを使わないで実装しているのとほとんど変わりません。クラスは「最小構成単位の設計書」のようなものなので、なるべく必要最低限の機能だけを持つクラスに分割して定義していき、その最低限の機能が必要になったタイミングでインスタンスを生成すべきです。ディープラーニングのモデルも、うまく共通部分をクラス化することが効率的な実装につながります。

2.3.9 ライブラリ

ここまででPythonの基本について見てきましたが、その中で、共通処理を関数あるいはクラスに分けることが実装を効率よく進める上で大事だということを何度か述べてきました。それをより汎用的な形で呼び出し使えるようにしたものが**ライブラリ**です。

例えば、数学の代表的な関数は math ライブラリにまとめられています。三角関数や指数関数などを扱いたい場合、ライブラリを使わないと頑張って自分で $\sin(x)$ や $\cos(x)$ に対応する実装を行わなければなりませんが、ライブラリを使えば、

```
>>> import math
>>> math.sin(0)
0
```

とするだけです。このように、ライブラリを使うには、import ライブラリ名 と書いておく必要があります。また、

```
>>> import math as m
>>> m.sin(0)
```

といったように import ライブラリ名 as エイリアス名 とすれば、ライブラリ名の代わりにエイリアス名で使えるようになるので、ライブラリ名が長い場合などに便利です。

さらに、以下のように書くことでもライブラリを呼び出すことができます。

```
>>> from math import sin
>>> sin(0)
```

このように from ライブラリ名 import メソッド名 とすると、そのままメソッド名を書けるようになります。この場合は import sin なので、sin しか使えるようになりませんが、

```
>>> from math import sin, cos
>>> sin(0) + cos(0)
```

と、import の後ろにメソッド名を続けて書けば、他の必要なメソッドも呼び出せるようになります。ライブラリが提供するすべてのメソッドをインポートするには、**ワイルドカード**(*)を使って、

```
>>> from math import *
```

と書きます。

Pythonの基本に関してこれまで見てきましたが、前述したとおり、ここで触れたのはあくまでもPythonで最低限知っておくべき内容のみとなります。ここで扱わなかった内容に関しては、公式サイトのドキュメントのチュートリアル▶17を見ると、より理解が深まるのではないかと思います。

▶17 最新版(英語): https://docs.python.org/3/tutorial/
日本語版: http://docs.python.jp/3/tutorial/

2.4 NumPy

Pythonでは、便利なライブラリが数多く存在しますが、その中でも**NumPy**と呼ばれるライブラリは、数値計算・科学技術計算を行う上で欠かせない存在です。特に、ディープラーニングの分野で頻繁に用いられる線形代数の実装・演算は、NumPyを使うことでかなり効率よく進めることができます。NumPyの使い方について基本からしっかりと見ていき、数式を実装に変換するイメージをつかんでいきましょう。

Anacondaをインストールしていれば、NumPyも一緒にインストールされているはずです。

```
import numpy as np
```

と記述してください。以降は、この記述は省略して説明を進めていきます。

2.4.1 NumPy配列

Pythonには、リストと呼ばれるデータ型がありました。例えば

```
>>> a = [1, 2, 3]
```

を定義したとしましょう。これはよく考えると3つの数字の並びなので、いわば「3次元ベクトル」と見ることができます。同様に、

```
>>> B = [[4, 5, 6], [7, 8, 9]]
```

とすれば、これは2×3行列として考えることができます。このように、ベクトルや行列をプログラミングで扱うには、それに対応する形のリスト（配列）を定義して計算していくのが基本です。

もちろん、このままリストを用いて計算するのも問題はありませんが、リストで線形代数演算を行っていくのはなかなか大変です。例えば、

```
>>> I = [[1, 0], [0, 1]]
>>> C = [[1, 2], [3, 4]]
```

と、単位行列Iと行列Cを定義した（つもり）なので、和`I + C`を計算した場合は、それぞれの要素の和が成分の行列（リスト）が得られるのが理想です。しかし、実際に計算してみると、

```
>>> I + C
[[1, 0], [0, 1], [1, 2], [3, 4]]
```

と、単純に、リストが連結された結果が返ってきてしまいます。本当に和を求めようとするならば、for 文を用いるなどして各要素の和を都度求めるか、matrix_add() といった関数を定義しておき、matrix_add(I, C) を用いるかが考えられますが、どちらも直観的ではありません。

一方、NumPy を使うと、多くのケースで「数式の見た目どおり」に実装できるようになります。NumPy では、リストではなく、**NumPy 配列**と呼ばれる独自のオブジェクトを用いて計算を行うことになります。と言っても、配列の生成自体はとても単純で、

```
>>> I = np.array([[1, 0], [0, 1]])
>>> C = np.array([[1, 2], [3, 4]])
```

のように np.array() の引数にリストを与えてやるだけです。I と C を見てみると、

```
>>> I
array([[1, 0],
       [0, 1]])
>>> C
array([[1, 2],
       [3, 4]])
```

array というデータになっており、確かにリストとは異なります。これにより、

```
>>> I + C
array([[2, 2],
       [3, 5]])
```

など、数式どおりの直観的な計算が行えるようになります。このように、NumPy 配列をうまく使うことで、線形代数をはじめとする数値計算で効率よく実装を進めることができます。ディープラーニングでは、行列やベクトルの計算が多く出てくるので、NumPy 配列の理解・利用は必須です。

2.4.2 NumPy によるベクトル・行列計算

NumPy を用いると、ベクトルどうしや行列どうしの四則演算はもちろんのこと、第1章でも取り上げた計算を簡単に実行できるようになります。さっそく例を見ていきましょう。まずは、ベクトルの和およびスカラー倍です。

```
>>> a = np.array([1, 2, 3])
>>> b = np.array([-3, -2, -1])
>>> a + b
array([-2,  0,  2])
>>> 3 * a
array([3, 6, 9])
```

積については、そのまま a * b と書くと、ベクトルの要素積が得られます。

```
>>> a * b
array([-3, -4, -3])
```

これに対し、内積を求めたい場合は、np.dot() を使います。

```
>>> np.dot(a, b)
-10
```

行列についてもベクトルと同様に計算できます。

```
>>> A = np.array([[1, 2, 3], [4, 5, 6]])
>>> B = np.array([[-3, -2, -1], [-6, -5, -4]])
>>> A + B
array([[-2,  0,  2],
       [-2,  0,  2]])
>>> 3 * A
array([[ 3,  6,  9],
       [12, 15, 18]])
```

NumPyにおける行列の「積」は、ベクトルのときと同様、各要素を単純に掛け合わせた要素積になります。

```
>>> A * B
array([[ -3,  -4,  -3],
       [-24, -25, -24]])
```

一方、数学における行列の積は、実際には各成分がそれぞれの行列の行ベクトル、列ベクトルの内積となっていました。なので、行列の積を求めたい場合は、np.dot() を使う必要があります。ただし、上の例だと行列 A, B ともに 2×3 行列なので、単純に積を計算しようとすると、エラーになります。

```
>>> np.dot(A, B)
Traceback (most recent call last):
  File "<stdin>", line 1, in <module>
ValueError: shapes (2,3) and (2,3) not aligned: 3 (dim 1) != 2 (dim 0)
```


行列 A の転置行列と B の積は計算できます。転置行列を求めるには、`A.T` とします。

```
>>> A.T
array([[1, 4],
       [2, 5],
       [3, 6]])
>>> np.dot(A.T, B)
array([[-27, -22, -17],
       [-36, -29, -22],
       [-45, -36, -27]])
```

NumPy のベクトル（1 次元配列）では、行ベクトルと列ベクトルの区別がありません。例えば

$$A = \begin{pmatrix} 1 & 2 \\ 3 & 4 \end{pmatrix}, \boldsymbol{b} = \begin{pmatrix} -1 \\ -2 \end{pmatrix} \tag{2.1}$$

があったとき、行列 A の次元は 2×2、ベクトル $\boldsymbol{b}$ の次元は 2×1 なので、数学的には $A\boldsymbol{b}$ は計算できますが、$\boldsymbol{b}A$ は計算できず、$\boldsymbol{b}^T A$ とする必要があります。もちろん厳密に数式にのっとった記述を行うこともできます。

```
>>> A = np.array([[1, 2], [3, 4]])
>>> b = np.array([-1, -2])
>>> np.dot(A, b)
array([ -5, -11])
>>> np.dot(b.T, A)
array([ -7, -10])
```

しかし、行ベクトルと列ベクトルの区別がないので、

```
>>> np.dot(b, A)
array([ -7, -10])
```

と、`b.T` とする必要はありません。ディープラーニングでは、このように行列とベクトルの積を計

算する場面が多く登場しますが、混乱しないようにしましょう。

2.4.3 配列・多次元配列の生成

NumPyでは、配列の初期化用のメソッドがいくつかあります。これにより、例えば成分がすべて0のベクトル（配列）を生成しておき、特定の成分のみ値を後から更新する、といったことができるようになります。初期化用のメソッドの代表例としては、np.zeros()やnp.ones()が挙げられます。それぞれ、np.zeros()は成分がすべて0の配列（ベクトル）を、np.ones()は成分がすべて1の配列を生成します。

```
>>> np.zeros(4)
array([ 0.,  0.,  0.,  0.])
>>> np.ones(4)
array([ 1.,  1.,  1.,  1.])
```

もちろん、ここで生成されるのは通常のNumPy配列なので、スカラー倍することもできます。

```
>>> np.ones(4) * 2
array([ 2.,  2.,  2.,  2.])
```

また、np.arange()を用いると、一定範囲の数値を持つ配列を生成できます。

```
>>> np.arange(4)
array([0, 1, 2, 3])
```

このように、引数が1つの場合は0から(与えた引数 - 1)まで1刻みで要素の数値が増えていく配列が生成されます。引数が2つの場合は、

```
>>> np.arange(4, 10)
array([4, 5, 6, 7, 8, 9])
```

と、配列の最初の値と最後の値を決めることができます。さらに、引数をもう1つ増やすと、

```
>>> np.arange(4, 10, 3)
array([4, 7])
```

のように、値の間隔を1以外の数値にすることができます。

NumPyのメソッドをうまく用いることで、ベクトル（1次元配列）の初期化を簡単に行えること

が分かりましたが、実は、行列（多次元配列）の初期化も簡単に行うことができます。もし 2 × 3 次元のゼロ行列を生成したい場合は、以下のように書きます。

```
>>> np.zeros(6).reshape(2, 3)
array([[ 0.,  0.,  0.],
       [ 0.,  0.,  0.]])
```


このように、np.reshape() を用いることで、1 次元配列を多次元に変形できます。一方、行列をそのまま生成できるメソッドもあります。例えば、np.identity() を用いると、正方行列が生成されます。

```
>>> np.identity(3)
array([[ 1.,  0.,  0.],
       [ 0.,  1.,  0.],
       [ 0.,  0.,  1.]])
```

2.4.4 スライス

NumPy では、配列の各成分や部分配列の取得も簡単に行えます。基本的には、通常のリストと同様の記述を使って成分を取得できます。

```
>>> a = np.arange(10)
>>> a[0]
0
>>> a[-1]
9
```

部分配列を取得する場合は、

```
>>> a[1:5]
array([1, 2, 3, 4])
```

といったように、a[最初のインデックス : 最後のインデックス +1] と記述します。また、

```
>>> a[5:]
array([5, 6, 7, 8, 9])
```

のように最初のインデックスのみを書くと、残りすべての要素を含んだ部分配列が返ってきます。

反対に、

```
>>> a[:5]
array([0, 1, 2, 3, 4])
```

と、最初のインデックスを省略することも可能で、その場合はインデックスが 0 と同様の扱いとなります。

さらに、**スライス**と呼ばれる操作を行うと、成分をより柔軟に取得できるようになります。

```
>>> a[1:5:2]
array([1, 3])
```

のように、3番目の引数を指定すると、要素の取得間隔を変更できます（np.arange() の引数も同様でした）。これを応用すると、例えば

```
>>> a[::-1]
array([9, 8, 7, 6, 5, 4, 3, 2, 1, 0])
```

とすることで、元の配列の逆順の配列を取得することもできます。

上記では1次元配列を見てきましたが、多次元の場合でも同様の操作が可能です。

```
>>> B = np.arange(1, 7).reshape(2, 3)
>>> B
array([[1, 2, 3],
       [4, 5, 6]])
```

この場合、B は2次元なので、

```
>>> B[:2]
array([[1, 2, 3],
       [4, 5, 6]])
```

とすると、元の配列と同じになります。また、

```
>>> B[:2, 0]
array([1, 4])
```

のように書くことで、各要素となっている配列の成分を取得できます。この2番目の値は、B[:2]

の配列に対してどの成分を取得するかを記述しているものなので、例えば `0` の代わりにスライス操作をすると、

```
>>> B[:2, ::-1]
array([[3, 2, 1],
       [6, 5, 4]])
```

が得られます。配列の成分を取得する処理の記述は、特に多次元配列の場合は混乱しがちかもしれませんが、うまく使いこなすことでコードの記述量を減らすことができ、処理速度の向上にもつなげることができるので、ぜひ活用してみてください。

2.4.5 ブロードキャスト

NumPyでは、配列どうしの和や積をそのまま計算することができました。

```
>>> a = np.array([1, 2, 3])
>>> b = np.array([4, 5, 6])
>>> a + b
array([5, 7, 9])
>>> a * b
array([ 4, 10, 18])
```

ただし、これは互いの配列のサイズが同じであることを暗黙の前提としていました。では、サイズが異なる場合はどうでしょうか。NumPyでは、サイズの異なる配列どうしの計算を行うことができ、これを**ブロードキャスト**と呼びます。一番単純な例は、配列とスカラーの計算です。

```
>>> a = np.array([1, 2, 3])
>>> b = 2
>>> a + b
array([3, 4, 5])
>>> a * b
array([2, 4, 6])
```

これは、スカラー `b` を配列 `a` と同じサイズにした上で計算が行われたと見ることができます。

次元が増えても同じような結果が得られます。

```
>>> a = np.array([[1, 2], [3, 4]])
>>> b = 1
>>> a + b
array([[2, 3],
```

```
       [4, 5]])
```

次元の小さいほうが配列のときも、次元の大きいほうにサイズを合わせた上で計算されます。

```
>>> c = np.array([5, 6])
>>> a + c
array([[ 6,  8],
       [ 8, 10]])
```

以上がブロードキャストの基本ですが、これを応用すると、例えばベクトルの直積を簡単に計算できます。

```
>>> a = np.array([1, 2, 3])
>>> a[:, np.newaxis]
array([[1],
       [2],
       [3]])
```

のように、np.newaxis を用いると、元の配列を行ベクトルと見たときの列ベクトルが得られます。これにより、

```
>>> a[:, np.newaxis] * a
array([[1, 2, 3],
       [2, 4, 6],
       [3, 6, 9]])
```

とすることで、直積を求めることができます▶18。積の計算は直積となりますが、差の場合は各成分の組み合わせの差がすべて得られるなど、ブロードキャストを応用することでさまざまな計算を便利に行うことができます。

2.5 ディープラーニング向けライブラリ

ここまでで、Pythonの基本や、線形代数など数値計算を効率よく行うためのライブラリNumPyの使い方について見てきました。次章からは、ディープラーニングを構成するニューラルネットワークの理論と実装に進みます。それに向けた準備として、最後にディープラーニング向けライブラリをセットアップしておきましょう。ライブラリの具体的な使い方については、実際に実装を進めて

▶18 ただし、ベクトルの直積は np.outer() でも求めることができます。

いく次章で見ていきます。

2.5.1 TensorFlow

TensorFlow▶19▶20は、2015年11月にGoogleがオープンソース化したライブラリです。ニューラルネットワーク(ディープラーニング)での利用シーンが多いTensorFlowですが、それ以外のアルゴリズムにも用いることができます。TensorFlowの特長としては、次の3つが挙げられます。

- モデルを数式に沿って実装できるため、直観的な記述ができる
- モデルの一部はメソッド化されているため、複雑な記述をしないで済む
- モデルの学習に必要なデータ加工の処理もメソッド化されている

逆に、モデルの数式を自分で書かなければならない部分もあるので、モデルをきちんと理解していないと実装できない部分もあります(ただし、本書をきちんと読み進めていけば問題ありません)。

では、インストール方法を見ていきましょう▶21。2017年1月時点での最新バージョンは `0.12` となっています。このバージョンから、Windows、Mac、Linuxすべての OSに対応するようになり、インストールも簡単にできるようになりました。そして、2017年2月にいよいよ `1.0` が発表されました。本書ではこの `1.0` を用います。Anacondaをインストールしていれば、`pip` というPythonライブラリの管理ツールもインストールされているはずです。これを用いて `pip install <ライブラリ名>` を実行すれば、(対応していれば)必要なライブラリをインストールできます。TensorFlowも `pip` 経由でインストールできますが、まずは `pip` 自身を最新バージョンにしておきましょう。

```
$ pip install --upgrade pip
```

この後、下記のコマンドを実行すれば、インストールは完了です。

```
$ pip install tensorflow
```

▶19 `https://www.tensorflow.org/`

▶20 TensorFlowの"Tensor"はベクトルや行列の拡張である数学の**テンソル**を表しています。テンソルでは**階数**でその量や概念を表し、例えばスカラーは0階のテンソル、ベクトルは1階のテンソル、行列は2階のテンソルです。単純なニューラルネットワークで必要となるのはせいぜい2階のテンソル計算までですが、時系列データを扱う場合などは3階(以上)のテンソル計算が必要になります。ただし、実装においては「n次元配列がn階のテンソルに対応する」と考えておけば問題ありません。

▶21 詳細はTensorFlowの公式のインストールページ(`https://www.tensorflow.org/install/`)にまとめられているので、エラーが起きた場合などはこちらを参考にしてください。

もしくは、もし使っているマシンがGPUに対応しているならば、下記のコマンドを使ってインストールしておくと、GPU環境でも簡単にTensorFlowを使うことができます▶22。

```
$ pip install tensorflow-gpu
```

では、TensorFlowがインストールされているか確認してみましょう。Pythonインタプリタを起動して、下記のコマンドを入力してみてください。

```
>>> import tensorflow as tf
```

何もエラーが出なければ、インストールは完了です。

2.5.2 Keras

Keras▶23は、TensorFlow（とTheano▶24）のラッパーライブラリとして、その手軽さから人気を博しているディープラーニング向けライブラリです。TensorFlowでは、モデルの設計部分の一部を自分で数式に沿って実装しなければなりませんが、Kerasではその部分もメソッドが用意されているため、より簡単にモデルを記述できます。なので、簡易な実験をすばやく試してみたい、という場合にとても便利です（もちろん、通常の実験で使用するのも問題ありません）。

Kerasのインストールは、TensorFlow同様、pip経由で行えます。

```
$ pip install keras
```

この後、Pythonインタプリタを起動して以下の出力が得られれば、インストールは完了しています。

```
>>> import keras
Using TensorFlow backend.
```

もし Using TensorFlow backend. ではなく Using Theano backend. というメッセージが表示された場合は、ホームディレクトリ下の ~/.keras/keras.json というファイルに次のような行があ

▶22 GPU環境の構築に関しても公式のダウンロード&セットアップページにまとめられています。本書では、GPU環境に関しては取り扱わないので、TensorFlowをGPU環境で実行したい場合は、こちらを参考にしてください。

▶23 https://keras.io/

▶24 Theanoも、ディープラーニングの実装を簡単にしてくれる数値計算ライブラリです。Kerasを pip でインストールすると、Theano も同時にインストールされます。本書では、Theanoについては詳しくは扱いませんが、次節で参考として紹介しています。

るかと思いますので、

```
"backend": "theano"
```

それを

```
"backend": "tensorflow"
```

とすると、TensorFlow経由でKerasを実行できるようになります。

2.5.3 参考 Theano

Theano[25]は、数値計算を高速化してくれるPythonライブラリです。ディープラーニングが広まりだした当初、ディープラーニングの理論や実装に関して一番よくまとまっていたと言えるであろうウェブ上の文献「Deep Learning Tutorials」[26]において、モデルの実装時に用いられているライブラリです。Theanoの特長として、以下の2つが挙げられます。

- 実行時にC言語のコードが生成・コンパイルされることによる高速化
- **自動微分**

また、TensorFlowやKeras同様、GPU環境にも対応しています。自動微分とは、言葉どおり自動で関数の微分式を評価・計算してくれることを言います。例えば、関数$f(x)=x^2$を考える場合、

```
def f(x):
    return x ** 2

def f_deriv(x):
    return 2 * x
```

と、導関数を用いる場合は別途定義しておかなければなりません。これはつまり、導関数がどのように表されるのかを事前に自分で求めておく必要があるということです。それに対し、Theanoを用いると、導関数は自分で求める必要はありません。

Theanoでは、少し独特な記法が必要になるので、自動微分について見ていく前に、Theanoの基本について見ていきます。まずは、次ページのようにそれぞれライブラリを読み込んでおきましょう。

▶25　http://deeplearning.net/software/theano/

▶26　http://deeplearning.net/tutorial/

```
>>> import numpy as np
>>> import theano
>>> import theano.tensor as T
```

Theanoでは、ベクトルや行列、スカラーを表す変数はすべて**シンボル**として扱います。例えば、

```
>>> x = T.dscalar('x')
```

とすると、float 型のスカラーを表す x というシンボルが生成されます。dscalar の d は double（浮動小数点数）の頭文字です。同様に、iscalar を用いると int 型のスカラーを生成できますし、dvector() や dmatrix() を用いるとベクトルや行列を生成できます。生成したシンボルを用いることによって、数式を定義できます。

```
>>> y = x ** 2
```

これにより、$y=x^2$ が定義されたことになります。

ただし、シンボルを用いて数式を定義しただけでは、まだ計算を行うことはできません。数式に対応する関数を生成する必要があります。これは theano.function() を用いて下記のように表します。

```
>>> f = theano.function(inputs=[x], outputs=y)
```

このとき、それぞれの実行に時間がかかるのが分かるかと思いますが、これは theano.function() を呼び出したときに、内部で数式に対応するプログラムがコンパイルされるためです。inputs は関数の入力、outputs は関数の出力に対応するシンボルとなります。このように関数を定義・生成することで、

```
>>> f(1)
array(1.0)
>>> f(2)
array(4.0)
>>> f(3)
array(9.0)
```

と、いつでも関数を呼び出せます。関数の戻り値がNumPy配列（この例では0次元配列）になっていることに注意してください。

引数がスカラーではなく、ベクトルの場合も同様に実装できます。

```
>>> x = T.dvector('x')
```

と、x をベクトルのシンボルとすれば、スカラーの場合と同じ記述で

```
>>> y = x ** 2
>>> f = theano.function(inputs=[x], outputs=y)
>>> a = np.array([1, 2, 3])
>>> f(a)
array([ 1.,  4.,  9.])
```

が得られることを確認できます。

シンボルと関数を理解すれば、自動微分を実装できるようになります。

```
>>> x = T.dscalar('x')
>>> y = x ** 2
```

を定義しておきます。すると、y の微分は

```
>>> gy = T.grad(cost=y, wrt=x)
```

と、T.grad() を用いるだけです。ここで、引数の cost は微分したい関数、wrt はどの変数に関して微分したいかを表します▶27。そして、この gy に対して theano.function() を用いて実際の関数を生成します。

```
>>> g = theano.function(inputs=[x], outputs=gy)
```

これにより、

```
>>> g(1)
array(2.0)
>>> g(2)
array(4.0)
>>> g(3)
array(6.0)
```

▶27 wrt は、数学などでよく用いられる w.r.t.(with regard to)のことを指しています。

が得られ、確かに$f'(x) = 2x$を計算できていることが分かります。簡単な処理を行う場合は、Theanoを用いるとかえって記述量が多くなり煩雑だと思ってしまうかもしれませんが、関数が複雑になっていくほど、Theanoを使うのが便利になっていくでしょう。

2.6 まとめ

本章では、ディープラーニングを実装するための準備として、Python環境の構築からPythonの基本、代表的なライブラリの使い方までを見てきました。データの型や変数といったPythonの基本中の基本から、スライスやブロードキャスト、そしてNumPyなどライブラリの扱いまでをひととおり学びました。

次章からは、いよいよディープラーニングの理論および実装の学習に進みます。まずは、ディープラーニングを成すニューラルネットワークの基本的な事柄をしっかりと見ていきます。

第3章 ニューラルネットワーク

本章から、いよいよディープラーニングの要であるニューラルネットワークについて学んでいきます。まずは、そもそもニューラルネットワークとは何なのか、ニューラルネットワークとはどのような手法なのかから見ていくことにしましょう。本章で取り扱う手法は下記になります。

- 単純パーセプトロン
- ロジスティック回帰
- 多クラスロジスティック回帰
- 多層パーセプトロン

これらの手法はディープラーニングの基礎の基礎となりますが、いずれもきちんとディープラーニングを理解する上では欠かせないものばかりです。順を追って手法を紹介していくので、しっかりと理解しておきましょう。

3.1 ニューラルネットワークとは

3.1.1 脳とニューロン

ニューラルネットワーク (neural network) は、いくつかある人工知能分野におけるアルゴリズムの中の1つですが、その大きな特徴として、「人間の脳の構造を模している」ことが挙げられます。人間の脳は、**ニューロン (neuron)** と呼ばれる神経細胞によって構成されており、「ニューラルネットワーク」という言葉も、もともとはこのニューロンから出てきた単語です。では、なぜニューラル「ネットワーク」なのかと言うと、人間の脳がニューロンのネットワークでできているためです。人間の大脳皮質では、約140億ものニューロンが巨大な網の目のようにネットワークを形成しています。ニューロン間で情報を伝達することにより、人間は物事を認識し、情報を処理できるようになっています。

ニューロン間では、電気信号による情報伝達が行われています。ニューロンが他の(複数の)ニューロンから入力を受け取ると、自身の中で電気を加算し、ある閾値を超えると、次のニューロンにまた電気信号を送ります。**図3.1**が、ニューロン間の情報伝達の概略図になります。この電気信号がニューロンのネットワーク内を駆け巡るわけですが、各ニューロン間での結合の強さは異なっているため、どのニューロンがどれくらいの電気信号を受け取るかによって、ネットワーク全体での電気信号の伝わり方が変わってきます。この違いにより、人間は異なるパターンを認識しているということになります。

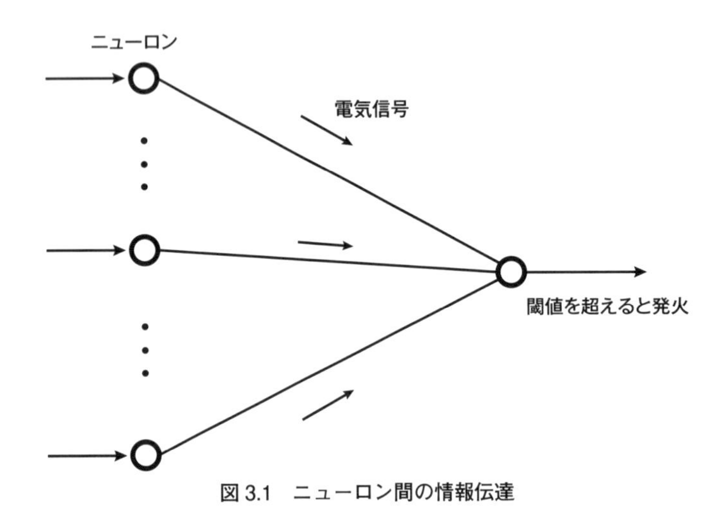

図3.1 ニューロン間の情報伝達

3.1.2 ディープラーニングとニューラルネットワーク

人間の脳はニューロンのネットワークになっており、「ニューラルネットワーク」という名称は、このネットワーク構造を模したアルゴリズムであるがためでした。とは言え、脳はとても複雑な構造をしているので、どのように脳の構造をモデル化するかが実際にニューラルネットワークのアルゴリズムを考える上で重要になってきます。そもそも、ニューロン間での電気信号の伝播をどうモデル化するかについても考えなければなりません。そしてもちろん、それだけでは十分ではありません。ニューロン間で電気信号がやり取りされると言っても、ネットワーク内に無差別に信号が送られるわけではないからです。ニューロンのネットワークがどのような構造をしているのかを知り、モデル化する必要があります。

まだ人間の脳のすべてが解明されているわけではありませんが、ニューロンのネットワーク内では、階層的に信号が処理されていきます。**図 3.2** がその概略図です。例えば、人間の視覚系における処理では、眼の網膜から得られた情報がまずは点に応答するニューロンの層に伝播されます。そこから出力された電気信号が、次は線に応答するニューロンの層に伝播され、さらに全体の輪郭に応答する層、より細かな部分に応答する層、… へと伝播されます。そして最終的に、普段私たちが知覚している「イヌ」や「ネコ」といったパターンを認識できるようになっています。

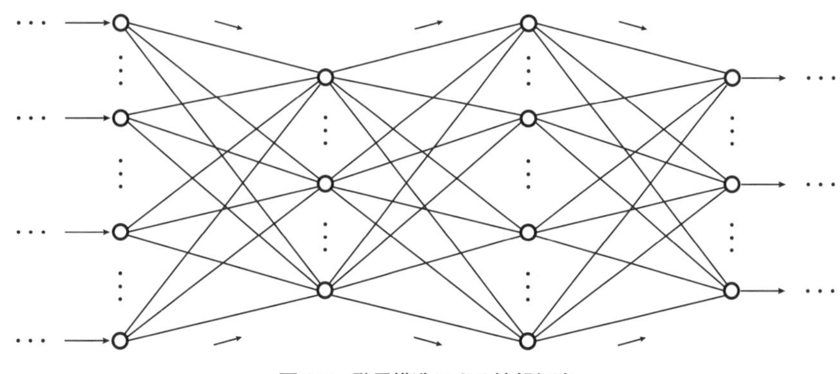

図 3.2　階層構造による情報伝達

ディープラーニングとは、基本的には、この(深い)階層構造をモデル化したニューラルネットワークのことを指します。これだけ見ると簡単そうに思えますが、実際にきちんとモデル化するには、さまざまな工夫が必要となります。特に、どこまで深く階層をたどれるかについては、ディープラーニングが登場する以前は大きな課題となっていました。ディープラーニングについて学んでいくことは、ニューラルネットワークがどのように発展してきたかを見ていくことにもつながります。まずは単純なネットワーク構造をモデル化し、徐々に複雑な（深い層の）ネットワークをモデル化していくことについて考えてみましょう。

3.2 回路としてのニューラルネットワーク

3.2.1 単純なモデル化

すでに述べたように、ニューロンは電気信号によって他のニューロンに情報を伝達します。人間の脳内はニューロンのネットワークになっていますが、その間を電気信号が駆け巡るということは、人間の脳は回路になっている、ということです。ニューロンがある閾値以上の電気信号を受け取ると発火してまた次のニューロンに電気信号を送りますが、この仕組みが回路内の電気の流れを制御することになります。

単純な例として、あるニューロンが、２つのニューロンから電気信号を受け取った場合を考えてみましょう▶1。注意しておくべき点は、

- 2つのニューロンのどちらからどれくらいの電気信号を受け取るか
- 閾値はどれくらいにするべきか
- 閾値を超えたときにどれくらいの電気信号を送るか

を考えなければならないということです。さて、これらを考えることがすなわち（単純な）ニューラルネットワークのモデル化となるわけですが、まずは図で描いてイメージしてみることにしましょう。**図3.3**を見てください。電気信号の流れを追うと、まずは２つのニューロンから考えることになりますが、そもそもこれら２つのニューロンがどれくらいの電気信号を受け取っているのかも変数となるので、その値をそれぞれ x_1, x_2 と表すことにします。この２つのニューロンはいわゆる情報の入り口（＝入力）となる部分なので、ここでは閾値はなく、次のニューロンへそのまま信号（情報）が伝播されます。ただし、各ニューロン間で結合の強さが異なるため、実際にどれくらいの電気信号が伝わるかはそれぞれ変わってきます。そこで、この結合の強さを w_1, w_2 で表すことにすると、２つのニューロンから伝わる電気信号の総量は、

$$w_1x_1 + w_2x_2 \tag{3.1}$$

となります。この w_1, w_2 を、ネットワークの**重み**と呼びます。

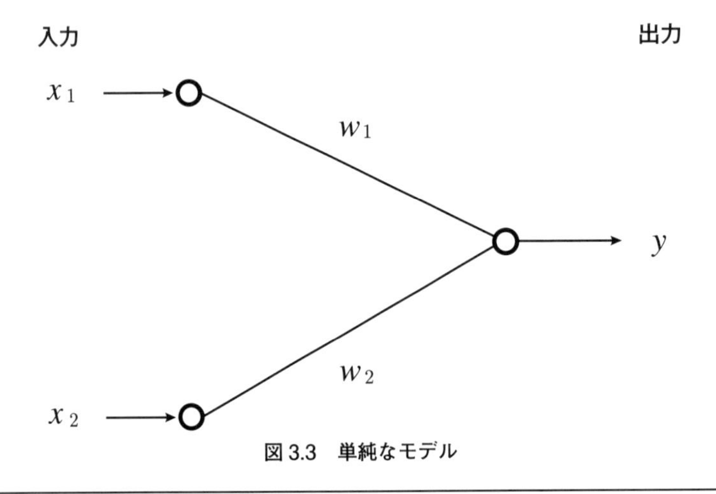

図3.3　単純なモデル

▶1　ニューラルネットワークのモデルにおける「ニューロン」は、人間の脳内（あるいは生物学上）のニューロンをより単純化したものなので、厳密に区別するために**ユニット**（unit）という言葉が用いられるのが一般です。ただし、本書ではイメージしやすいよう、ニューラルネットワークのモデル上でもニューロンという言葉を用いています。

電気信号を受け取ったニューロンがさらに次のニューロンに信号を伝えるか(発火するか)どうかは、受け取った電気量がある閾値を超えるかどうかによって決まりました。なので、この閾値を θ とすると、条件式 $w_1 x_1 + w_2 x_2 \geq \theta$ を満たすかどうかによって、そのニューロンが発火するかが決まるということになります。ニューロンが発火した際にどれくらいの電気信号が次のニューロンに伝わるかについては、ネットワークの重みがその情報を持っているので、ニューロンの発火については $+1$ (発火した)か、0 (発火しなかった)かのみ考慮すればよいことになります。

よって、最終的にニューロンから得られる電気信号量(＝出力)を y とすると、

$$y = \begin{cases} 1 & (w_1 x_1 + w_2 x_2 \geq \theta) \\ 0 & (w_1 x_1 + w_2 x_2 < \theta) \end{cases} \tag{3.2}$$

と表すことができます。これで単純なモデル化を行うことができました。ネットワークの重み w_1, w_2 および閾値 θ を適切に設定すれば、入力 x_1, x_2 に対応する出力 y の値が、実際の脳内で伝播する電気信号量と同様になるはずです。基本的には、どれほどニューラルネットワークの形が複雑になっても、今考えたアプローチを応用すればよいだけです。

3.2.2 論理回路

3.2.2.1 ● 論理ゲート

人間の脳は情報をアナログ(＝連続値)で処理しています。すなわち、脳内の神経回路は**アナログ回路**ということになります。一方、機械を構成する電子回路には、アナログ回路の他に**デジタル回路**があります。デジタル回路を用いることによって、自然界の情報をデジタル(＝0か1)で処理することができ、アナログ信号のままより高速な情報処理が可能となります。

デジタル回路では、0か1の信号の入出力を制御するのに、**論理ゲート**と呼ばれる回路を用います。詳細は後述しますが、論理ゲートには、基本ゲートとして

1. AND ゲート(論理積)
2. OR ゲート(論理和)
3. NOT ゲート(論理否定)

の3つがあり、この組み合わせによって、あらゆる入出力のパターンを実現しています。ニューラルネットワークによる情報処理は、人間に代わって機械に情報を処理させようという試みですから、この論理ゲートの仕組みができるのかどうかは重要な点です。先ほどモデル化した式は人間の脳を模したものなので、アナログ回路にもデジタル回路にも対応しているはずです。これら3つの論理

ゲートをニューラルネットワークでどのように実現するのか、順番に見ていきましょう。

3.2.2.2 ● AND ゲート

AND ゲートは論理積とも呼ばれる回路です。回路記号では、**図 3.4** のように表されます。

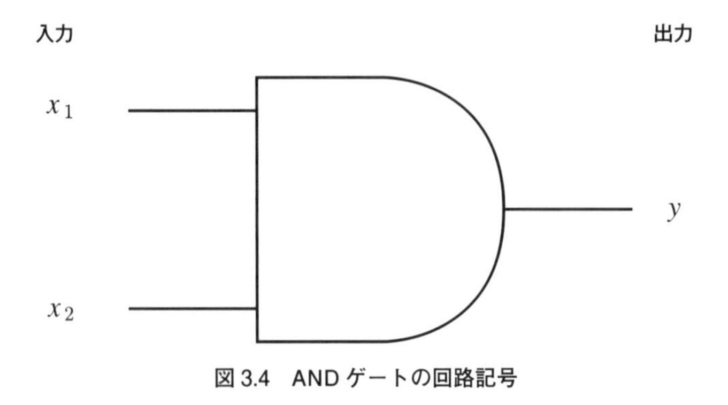

図 3.4 AND ゲートの回路記号

図 3.4 のとおり、入力が 2 つ、出力が 1 つですが、入力がどちらも 1 だった場合にのみ 1 を出力し、それ以外は 0 を出力します。表にまとめると、**表 3.1** のようになります。

表 3.1 AND ゲートの入出力

x_1	x_2	y
0	0	0
0	1	0
1	0	0
1	1	1

AND ゲートのネットワーク（回路）は先ほど考えた単純なモデルと同じ形（入力 2 つ、出力 1 つ）をしているので、AND ゲートをニューラルネットワークで実現するには、式 (3.3) において、上記すべての (x_1, x_2, y) の組み合わせを満たすような (w_1, w_2, θ) を決めればよいことになります。

$$y = \begin{cases} 1 & (w_1 x_1 + w_2 x_2 - \theta \geq 0) \\ 0 & (w_1 x_1 + w_2 x_2 - \theta < 0) \end{cases} \tag{3.3}$$

では、実際に (w_1, w_2, θ) を求めるにはどうすればよいでしょうか。例えば適当に $(w_1, w_2, \theta) = (2, 1, 3)$ を選んだらうまくいった、というラッキーな場合もあり得なくはないですが、ほとんどの場合、このようなことは起こりません。適当な値で試す場合は、それにより得られる出力と、正しい出力との誤差から、試す値を修正していく必要があります。例えば $(w_1, w_2, \theta) = (1, 1, 0)$ とすると、$(x_1, x_2) = (0, 0)$ のとき $1 \cdot 0 + 1 \cdot 0 - 0 = 0$ より出力 $y = 1$ が得られますが、正解は $y = 0$ です。これは誤って発火してしまっている、つまり結合が強すぎるか閾値が低すぎる状態となっているので、(入力が正ならば) 重みを小さくするあるいは閾値を大きくすることにより、出力を小さくするという修正を行うことが考えられます。

このように、パラメータ (w_1, w_2, θ) の組み合わせである入力を試し、出力が誤っていたらパラメータを修正することで徐々に正しい状態に近づけていく方法を**誤り訂正学習法**と呼びます。混乱を避けるために、正解の出力を t とし、モデルの出力をそのまま y で表したとすると、この方法を次のようにまとめることができます。

3

- $t = y$ のときは出力が正しいので修正を行わない。
- $t = 0, y = 1$ のときは出力が大きすぎるので、入力が正ならば重みを小さく、入力が負ならば重みを大きくする修正を行う。また、閾値を大きくする。
- $t = 1, y = 0$ のときは出力が小さすぎるので、入力が正ならば重みを大きく、入力が負ならば重みを小さくする修正を行う。また、閾値を小さくする。

この修正分をそれぞれ $\Delta w_1, \Delta w_2, \Delta\theta$ とし、k 回目の試行における重みおよび閾値をそれぞれ ${w_1}^{(k)}, {w_2}^{(k)}, \theta^{(k)}$ で表したとすると、誤り訂正学習法の式(の一例)は下記でまとめることができます。

$$\begin{aligned} \Delta w_1 &= (t - y)x_1 \\ \Delta w_2 &= (t - y)x_2 \\ \Delta\theta &= -(t - y) \end{aligned} \tag{3.4}$$

$$\begin{aligned} w_1^{(k+1)} &= w_1^{(k)} + \Delta w_1 \\ w_2^{(k+1)} &= w_2^{(k)} + \Delta w_2 \\ \theta^{(k+1)} &= \theta^{(k)} + \Delta\theta \end{aligned} \tag{3.5}$$

k 回目の試行における修正分を反映させたら $k + 1$ 回目をまた試行し、修正分がなくなるまで(=すべての組み合わせで正しい出力が得られるまで) 試行を繰り返すことになります。では、この式を用いて実際に AND ゲートを実現できるか見てみましょう。はじめに適当な値として $(w_1, w_2, \theta) = (0, 0, 0)$ から試行してみます。結果をまとめたものが**表 3.2** になります。

表 3.2 ANDゲートに対する誤り訂正学習法

k	x_1	x_2	t	w_1	w_2	θ	y	$t-y$	Δw_1	Δw_2	$\Delta\theta$
1	0	0	0	0	0	0	1	−1	0	0	1
2	0	1	0	0	0	1	0	0	0	0	0
3	1	0	0	0	0	1	0	0	0	0	0
4	1	1	1	0	0	1	0	1	1	1	−1
5	0	0	0	1	1	0	1	−1	0	0	1
6	0	1	0	1	1	1	1	−1	0	−1	1
7	1	0	0	1	0	2	0	0	0	0	0
8	1	1	1	1	0	2	0	1	1	1	−1
9	0	0	0	2	1	1	0	0	0	0	0
10	0	1	0	2	1	1	1	−1	0	−1	1
11	1	0	0	2	0	2	1	−1	−1	0	1
12	1	1	1	1	0	3	0	1	1	1	−1
13	0	0	0	2	1	2	0	0	0	0	0
14	0	1	0	2	1	2	0	0	0	0	0
15	1	0	0	2	1	2	1	−1	−1	0	1
16	1	1	1	1	1	3	0	1	1	1	−1
17	0	0	0	2	2	2	0	0	0	0	0
18	0	1	0	2	2	2	1	−1	0	−1	1
19	1	0	0	2	1	3	0	0	0	0	0
20	1	1	1	2	1	3	1	0	0	0	0
21	0	0	0	2	1	3	0	0	0	0	0
22	0	1	0	2	1	3	0	0	0	0	0
23	1	0	0	2	1	3	0	0	0	0	0
24	1	1	1	2	1	3	1	0	0	0	0

誤り訂正学習法という名前にも表されているように、正しい出力が得られるまで試行を繰り返すこの過程を、ネットワークを**学習**させると言います。学習の結果、$(w_1, w_2, \theta) = (2, 1, 3)$ が得られ、

$$2x_1 + x_2 - 3 = 0 \tag{3.6}$$

という式が、ニューロンが発火するかどうかの境界を決めていることが分かります。これは x_1-x_2 平面を考えると、**図 3.5** のような直線となるので、ANDゲートのデータを与えられたニューラルネットワークは、直線によってデータを分類していることになります。図示してみると、他の直線でもデータを分類できることが分かるので、誤り訂正学習法によって得られた直線の式 (3.6) は、あくまでもうまくデータを分類できる一例ということになります。

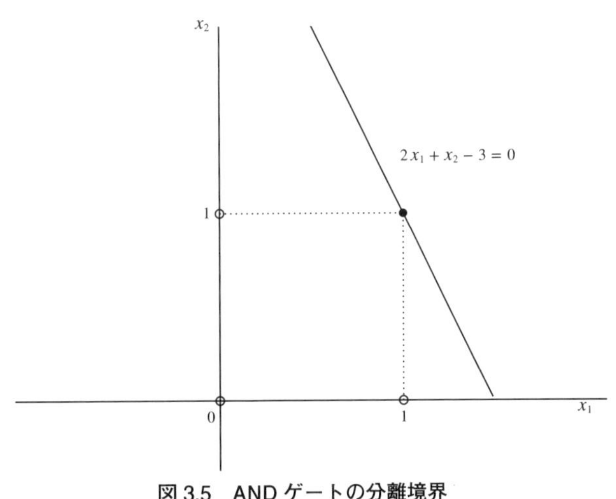

図 3.5　AND ゲートの分離境界

3.2.2.3 ● OR ゲート

OR ゲートは論理和と呼ばれ、AND ゲート同様、入力が 2 つ、出力が 1 つの回路です。回路記号では、**図 3.6** のように表されます。

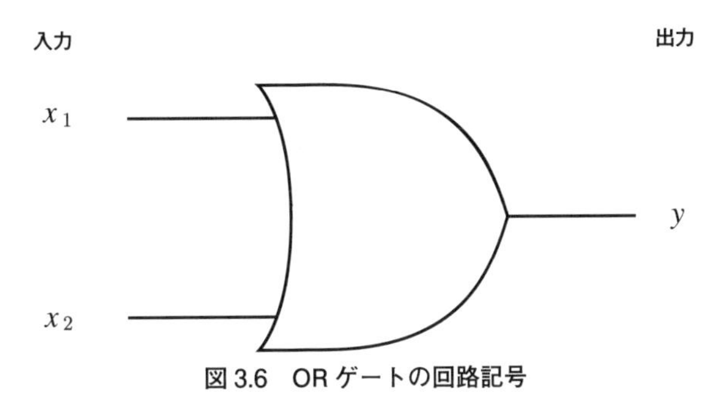

図 3.6　OR ゲートの回路記号

AND ゲートとの違いは、OR ゲートでは入力のどちらかが 1 であれば出力も 1 になるという点です。まとめると、**表 3.3** のようになります。

表 3.3　OR ゲートの入出力

x_1	x_2	y
0	0	0
0	1	1
1	0	1
1	1	1

AND ゲートも OR ゲートもネットワーク（回路）の形は同じなので、AND ゲートと同様のアプローチで OR ゲートも学習できるはずです。誤り訂正学習法を用いてみましょう。結果は**表 3.4** のとおりです。表の結果より、

$$x_1 + x_2 - 1 = 0 \tag{3.7}$$

が OR ゲートの分類直線（の１つ）であることが分かります。

表 3.4　OR ゲートに対する誤り訂正学習法

k	x_1	x_2	t	w_1	w_2	θ	y	$t-y$	Δw_1	Δw_2	$\Delta\theta$
1	0	0	0	0	0	0	1	–1	0	0	1
2	0	1	1	0	0	1	0	1	0	1	–1
3	1	0	1	0	1	0	1	0	0	0	0
4	1	1	1	0	1	0	1	0	0	0	0
5	0	0	0	0	1	0	1	–1	0	0	1
6	0	1	1	0	1	1	1	0	1	0	0
7	1	0	1	0	1	1	0	1	0	0	–1
8	1	1	1	1	1	0	1	0	0	0	0
9	0	0	0	1	1	0	1	–1	0	0	1
10	0	1	1	1	1	1	1	0	0	0	0
11	1	0	1	1	1	1	1	0	0	0	0
12	1	1	1	1	1	1	1	0	0	0	0
13	0	0	0	1	1	1	0	0	0	0	0
14	0	1	1	1	1	1	1	0	0	0	0
15	1	0	1	1	1	1	1	0	0	0	0
16	1	1	1	1	1	1	1	0	0	0	0

この分類直線を x_1-x_2 平面で図示してみると、**図 3.7** のようになります。

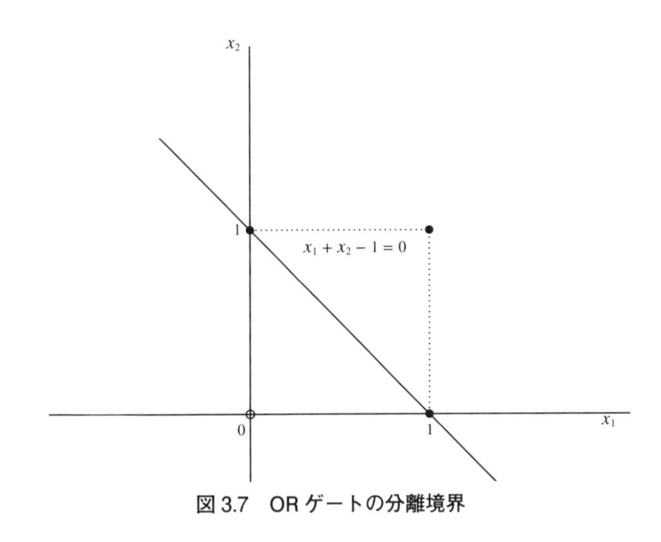

図 3.7 OR ゲートの分離境界

3.2.2.4 ● NOT ゲート

NOT ゲートは論理否定です。AND ゲートや OR ゲートとは異なり、入力も出力も 1 つの回路です。回路記号は**図 3.8** のように表されます。

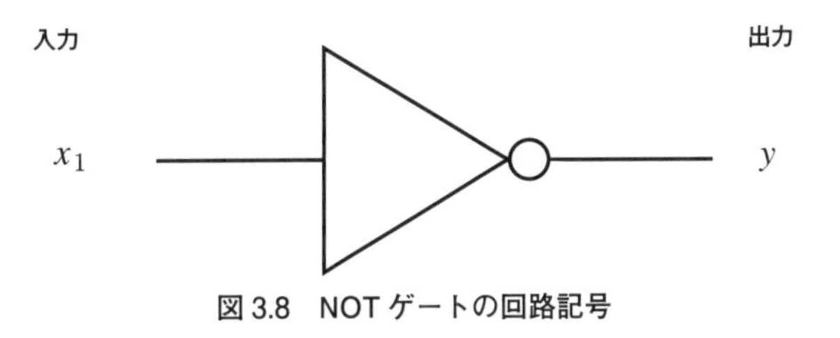

図 3.8 NOT ゲートの回路記号

NOT ゲートは入力を反転させた信号を出力します。すなわち、入力が 0 ならば 1 を、入力が 1 ならば 0 を出力するゲートになります。表でまとめると**表 3.5** のようになります。

表 3.5 NOT ゲートの入出力

x_1	y
0	1
1	0

NOT ゲートの場合は入力が 1 つなので、そのまま

$$y = w_1 x_1 - \theta \tag{3.8}$$

を出力と考えればよいことになります。信号の反転なので、$w_1 = -1$ はすぐに分かり、それに伴い $\theta = -1$ もすぐに求められるのですが、誤り訂正学習法を用いてこれらを求めることもできます。更新式は

$$\begin{aligned} \Delta w_1 &= (t-y)x_1 \\ \Delta\theta &= -(t-y) \end{aligned} \tag{3.9}$$

$$\begin{aligned} w_1^{(k+1)} &= w_1^{(k)} + \Delta w_1 \\ \theta^{(k+1)} &= \theta^{(k)} + \Delta\theta \end{aligned} \tag{3.10}$$

なので、まとめると**表3.6**のようになります。

表3.6 NOTゲートに対する誤り訂正学習法

k	x_1	t	w_1	θ	y	$t-y$	Δw_1	$\Delta\theta$
1	0	1	0	0	0	1	0	–1
2	1	0	0	–1	1	–1	–1	1
3	0	1	–1	0	0	1	0	–1
4	1	0	–1	–1	0	0	0	0
5	0	1	–1	–1	1	0	0	0
6	1	0	–1	–1	0	0	0	0

いずれにしても、

$$y = -x_1 + 1 \tag{3.11}$$

が得られます。これで3つの基本論理ゲートをニューラルネットワークで表現できたので、これらを組み合わせることで、他のパターンにも対応できることが分かります。

3.3 単純パーセプトロン

3.3.1 モデル化

ニューラルネットワークで論理ゲートを学習する際には、ニューロンの発火の式や誤り訂正学習法の更新式を定式化して、順次計算していきました。論理ゲートでは入力が(たかだか)2つでしたが、入力がもっとたくさんある場合について考えるとどうなるでしょうか。入力を n 個に拡張して、一般化してみましょう。**図3.9**が、モデルの概略図です。

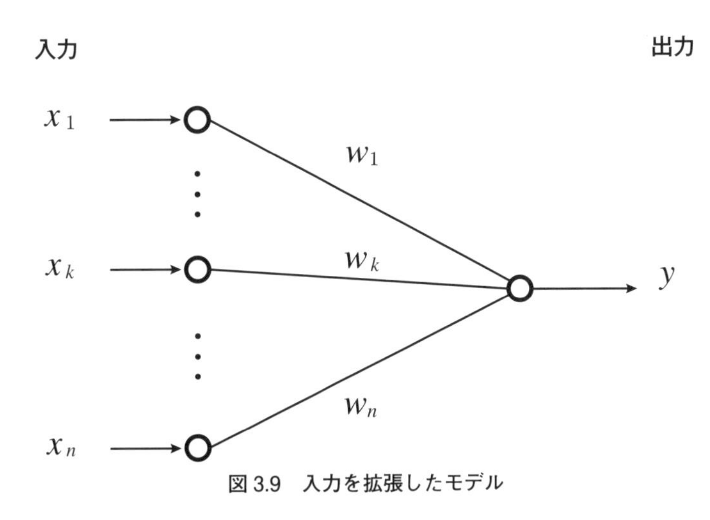

図 3.9　入力を拡張したモデル

入力の数が増えても「受け取った電気の量が閾値を超えると発火する」というニューロンの特徴は変わらないので、出力を表す式は

$$y = \begin{cases} 1 & (w_1x_1 + w_2x_2 + \cdots + w_nx_n \geq \theta) \\ 0 & (w_1x_1 + w_2x_2 + \cdots + w_nx_n < \theta) \end{cases} \tag{3.12}$$

となります。ここで、下式で表される関数 $f(x)$ を考えると、

$$f(x) = \begin{cases} 1 & (x \geq 0) \\ 0 & (x < 0) \end{cases} \tag{3.13}$$

ネットワークの出力 y は

$$y = f(w_1x_1 + w_2x_2 + \cdots + w_nx_n - \theta) \tag{3.14}$$

と書き直すことができます。この $f(x)$ のことを**ステップ関数**（step function）と呼びます。式を和で統一して扱いやすくするために、$b = -\theta$ とおき、また、重み w_k と入力 w_k $(k = 1, 2, ..., n)$ の線形和の部分はベクトルの内積を用いて表すことができるので、次で表される（列）ベクトル $\boldsymbol{x}$ と $\boldsymbol{w}$ を考えると、

$$\boldsymbol{x} = \begin{pmatrix} x_1 \\ x_2 \\ \vdots \\ x_n \end{pmatrix}, \boldsymbol{w} = \begin{pmatrix} w_1 \\ w_2 \\ \vdots \\ w_n \end{pmatrix} \tag{3.15}$$

最終的に出力は

$$y = f(\boldsymbol{w}^T \boldsymbol{x} + b) \tag{3.16}$$

という形でまとまります。これで、ネットワークの出力を一般形で書くことができました。ニューロンの出力がこの式の形で表されるニューラルネットワークのモデルのことを**パーセプトロン** (perceptron) と呼び、特に、図 3.9 のように入力した値がすぐに出力に伝播する一番単純な形をしたモデルのことを**単純パーセプトロン** (simple perceptron) と呼びます。また、ここで定義したベクトル $\boldsymbol{w}$ を**重みベクトル**、b を**バイアス**と呼びます。

論理ゲートをモデル化した際には、w_1、w_2 および θ の値を調整する必要がありましたが、同様に、一般化したモデル（すなわちパーセプトロン）では重みベクトル $\boldsymbol{w}$ とバイアス b をうまく設定する必要があります。ベクトル表記にすることによって、誤り訂正学習法の更新式も簡潔にまとめることができます。

$$\begin{aligned} \Delta\boldsymbol{w} &= (t-y)\boldsymbol{x} \\ \Delta b &= -(t-y) \end{aligned} \tag{3.17}$$

$$\begin{aligned} \boldsymbol{w}^{(k+1)} &= \boldsymbol{w}^{(k)} + \Delta\boldsymbol{w} \\ b^{(k+1)} &= b^{(k)} + \Delta b \end{aligned} \tag{3.18}$$

3.3.2 実装

パーセプトロンの式をベクトルを用いて表すことには、数式として扱いやすくなるという利点がありました。これに加え、実装上も、ベクトルと配列を対応付けることによってより直観的な実装を行えるようになるという利点があります。簡単な例で見ていくことにしましょう。これまでは論理ゲートの入力 0, 1 の組み合わせの分類を考えてきましたが、より一般化して、2 種類の正規分布に従うデータの分類を考えてみることにします。分類結果を可視化できるように、今回は入力のニューロン数を 2 とします。

ニューロンが発火しないデータは平均値が 0、発火するデータは平均値が 5 とし、それぞれ 10

ずつデータがあるとします。このデータを生成するコードは下記になります。

```
import numpy as np

rng = np.random.RandomState(123)

d = 2      # データの次元
N = 10     # 各パターンのデータ数
mean = 5  # ニューロンが発火するデータの平均値

x1 = rng.randn(N, d) + np.array([0, 0])
x2 = rng.randn(N, d) + np.array([mean, mean])
```

np.random.RandomState() によって、乱数の状態を定めています。実験では、正規分布に従うデータを複数得るためにデータをランダムに生成する必要がありますが、何も工夫をしないと、毎回生成されるデータの値が異なってしまいます。これでももちろん実験はできますが、毎回データの値が違うと、得られる結果もばらばらになってしまうため、得られた結果が本当に正しいのか評価しにくくなってしまいます。毎回「同じランダム状態」を作り、同じ条件下で実験結果を比較・評価できるようするための実装が必要となります。生成したデータ x1 および x2 を図示してみると、**図3.10** のような分布になっていることが確認できます。この生成した2種類のデータをまとめて処理するために、x1、x2 をひとまとめにしておきます。

```
x = np.concatenate((x1, x2), axis=0)
```

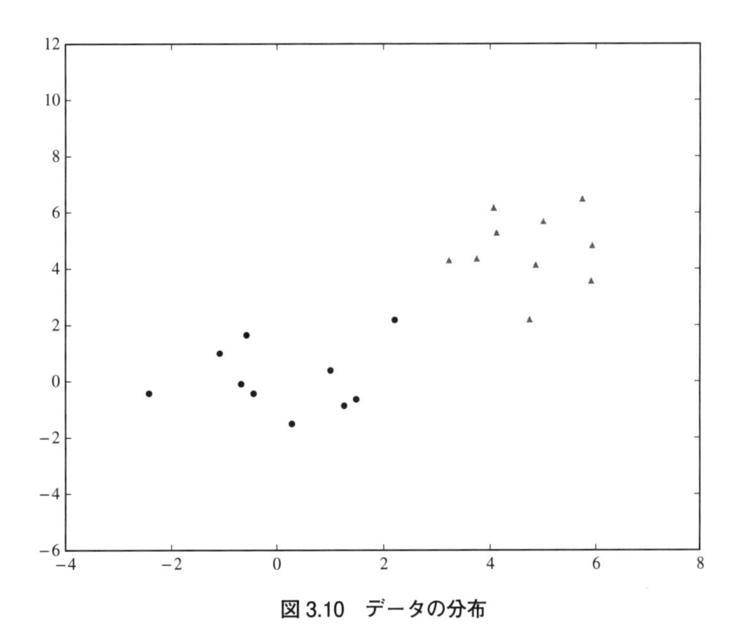

図 3.10　データの分布

では、生成したデータをパーセプトロンで分類してみましょう。モデルのパラメータは重みベクトル $\boldsymbol{w}$ およびバイアス b なので、まずはこれを初期化します。

```
w = np.zeros(d)
b = 0
```

出力は $y = f(\boldsymbol{w}^T\boldsymbol{x} + \mathrm{b})$ で表されました。これを関数で定義すると、

```
def y(x):
    return step(np.dot(w, x) + b)


def step(x):
    return 1 * (x > 0)
```

となります。この step(x) がステップ関数を表します。このように、ほぼ数式の見た目どおりの記述となるので、直観的に実装できるのが分かるかと思います。

パラメータを更新するには、正しい出力値が必要になるので、これを下記のように定義しておきます。

```
def t(i):
    if i < N:
        return 0
    else:
        return 1
```

先ほど定義した x は、最初の N 個にニューロンが発火しないデータ x1 が、残りの N 個にニューロンが発火するデータ x2 が入っているので、このように実装できます。これで学習に必要な値(関数)は揃ったので、誤り訂正学習法を実装してみましょう。

誤り訂正学習法では、すべてのデータが正しく分類されるまで学習を繰り返します。なので、大枠としては下記のようになるはずです。

```
while True:
    #
    # パラメータの更新処理
    #
    if 'データがすべて正しく分類されていたら':
        break
```

この パラメータの更新処理 の部分に、$\boldsymbol{w}, b$ の更新式、およびデータがすべて正しく分類されているかの判別ロジックを実装することになります。これらを実装すると、下記のようになります。

```
while True:
    classified = True
    for i in range(N * 2):
        delta_w = (t(i) - y(x[i])) * x[i]
        delta_b = (t(i) - y(x[i]))
        w += delta_w
        b += delta_b
        classified *= all(delta_w == 0) * (delta_b == 0)
    if classified:
        break
```

delta_w および delta_b はそれぞれ数式の $\Delta\boldsymbol{w}, \Delta b$ に対応しています。ここも数式どおりなので詳しい説明は不要でしょう。classified はデータがすべて分類されているか判別するためのフラグであり、

```
classified *= all(delta_w == 0) * (delta_b == 0)
```

の部分で、20 個のデータのどれか 1 つでも $\Delta\boldsymbol{w} \neq \boldsymbol{0}$ または $\Delta b \neq 0$ だったら classified = 0 となるので、また学習を繰り返すことになります。

以上を実行すると、w: [2.14037745 1.2763927]、b: -9 という結果が得られるので、$\boldsymbol{x} = (x_1 \ \ x_2)^T$ とすると、

$$2.14037745x_1 + 1.2763927x_2 - 9 = 0 \tag{3.19}$$

が、ニューロンが発火するかどうかの境界線になることが分かります。この直線を図示すると、**図 3.11** となることが確認できます。

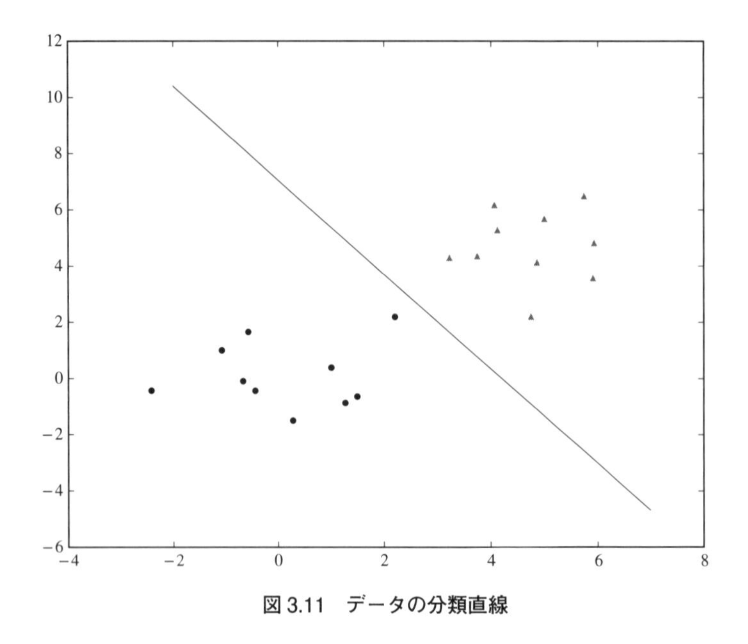

図3.11　データの分類直線

よって、例えば (0, 0) だとニューロンは発火せず、(5, 5) だとニューロンは発火するはずです。実験してみると、

```
print(y([0, 0]))
print(y([5, 5]))
```

の結果がそれぞれ `0`、`1` になることが確認できます。

単純パーセプトロンはニューラルネットワークの中で一番単純なモデルなので、TensorFlow や Keras などのライブラリを使わずとも簡単に実装できてしまいます。今回ははじめて数式を実装に落とし込んだので丁寧に見ていきましたが、モデルが複雑になっても、今回のように順を追えば理論から実装までスムーズに進めるはずです。以降、徐々に扱うモデルが複雑になっていきますが、しっかりと理解していきましょう。

3.4 ロジスティック回帰

3.4.1 ステップ関数とシグモイド関数

単純パーセプトロンでは、ステップ関数を用いてニューロンが発火すべきかどうかを判別するため、ニューロンの出力は 0 か 1 の2値となっていました。もちろんこれでもデータは分類できますが、現実問題に単純パーセプトロンを適用しようとすると、不都合が生じることがあります。

例えば、スパムメールの分類を考えてみましょう。スパムではないのに迷惑メールボックスにメールが入っていたので見落としてしまった、という経験をしたことはないでしょうか。ニューラルネットワークは、与えられたこれまでのデータの中からメールがスパムかどうかを判定するので、「これまでスパムだったメールに内容が近いメール（だがスパムでないメール）」はスパム判定されてしまいます。これは、ニューラルネットワークの学習の性質上どうしても避けられないことです。そこで、「ぎりぎり」スパム判定されたメールは受信トレイに通すことで、読むべきメールを見落としてしまう、という最悪の問題は回避できます。しかし、この「ぎりぎり」を測ることが単純パーセプトロンにはできません。出力値が 0 か 1 なので、ニューロンが「ぎりぎり」発火しそうなものも、まったく発火しなそうなものも同じ 0 の中に含まれてしまいます。

この問題を解決するには、出力値が 0 か 1 ではなく、0 から 1 までの確率になっていることが必要になります。出力値が確率となっていれば、例えば「スパムの確率が 50.1% のものは受信トレイに通してしまう」といったことが可能になるためです。これを実現するには、ステップ関数の代わりに「確率を出力する」関数が必要となります。「確率を出力する」には、任意の実数を 0 から 1 までの範囲に写像できればよいわけですが、そうした関数の 1 つに、下記で表される $\sigma(x)$ があります。

$$\sigma(x) = \frac{1}{1 + e^{-x}} \tag{3.20}$$

この関数を（ロジスティック）**シグモイド関数（sigmoid function）**と呼びます。ステップ関数とシグモイド関数を比較すると、**図 3.12** のようになります。

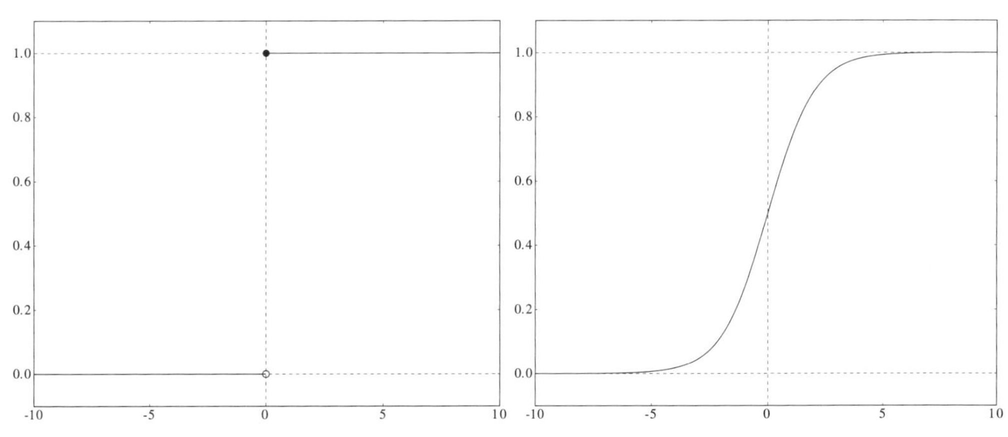

図 3.12　ステップ関数（左）とシグモイド関数（右）

もちろん、出力値が 0 から 1 になる関数であれば何でもよいというわけではありません。シグモイド関数が確率を出力する関数として扱える理由は『**3.4.4 発展 シグモイド関数と確率密度関数・累積分布関数**』にまとめてあるので、参考として読んでみてください。シグモイド関数が確率を表す関数のよい近似になっていることだけ把握しておけば、ここでは問題ありません。ステップ関数の代わりにシグモイド関数を使ったモデルのことを、**ロジスティック回帰** (logistic regression) と呼びます。すなわち、ニューロンの出力 $y = f(\boldsymbol{w}^T \boldsymbol{x} + b)$ における関数 $f(\cdot)$ はステップ関数でもシグモイド関数でも（あるいはまた別の関数でも）よく、このようなニューロンの線形結合後の非線形変換を行う関数のことを総称して**活性化関数** (activation function) と呼びます。

なぜシグモイド関数が使われるのかについては、この関数の数学的特徴に理由があります。シグモイド関数を微分してみると、

$$\sigma'(x) = \sigma(x)\,(1 - \sigma(x)) \tag{3.21}$$

となり、シグモイド関数自身でその微分を表せることが分かります。この特徴が理論上も実装上も大いに役立つこととなります。まずはロジスティック回帰の理論を見ていくことにしましょう。

3.4.2 モデル化

3.4.2.1 ● 尤度関数と交差エントロピー誤差関数

ロジスティック回帰は、単純パーセプトロンと異なり、確率的な分類モデルとなるので、アプローチも異なってきます。ある入力 $\boldsymbol{x}$ に対して、ニューロンが発火するかしないかを取り得る確率変数を C とおきます。すなわち C は、ニューロンが発火する場合 $C = 1$、しない場合 $C = 0$ の確率変数となります。よって、**図 3.9** で表される単純パーセプトロンのときと同じモデルを考えた場合、ニューロンが発火する確率は

$$p(C = 1|\boldsymbol{x}) = \sigma(\boldsymbol{w}^T \boldsymbol{x} + b) \tag{3.22}$$

と表すことができ、確率は和が 1 となるので、ニューロンが発火しない確率は

$$p(C = 0|\boldsymbol{x}) = 1 - p(C = 1|\boldsymbol{x}) \tag{3.23}$$

となります。C は 0 か 1 しか取り得ないので、$y := \sigma(\boldsymbol{w}^T \boldsymbol{x} + b)$ とすると、式 (3.22) と式 (3.23) は次のようにひとまとめにすることができます。

$$p(C = t|\boldsymbol{x}) = y^t(1 - y)^{1-t} \tag{3.24}$$

ただし、$t \in \{0, 1\}$ です。これにより、N 個の入力データ $\boldsymbol{x}_n$ $(n = 1, 2, ..., N)$ およびそれぞれに対応する正解の出力データ t_n が与えられたとき、ネットワークのパラメータである重み $\boldsymbol{w}$ およびバイアス b を最尤推定するための**尤度関数**(ゆうど) (likelihood function) は、$y_n := \sigma(\boldsymbol{w}^T\boldsymbol{x}_n + b)$ を用いて下式のように表すことができます。

$$\begin{aligned} L(\boldsymbol{w}, b) &= \prod_{n=1}^{N} p(C = t_n|\boldsymbol{x}_n) \\ &= \prod_{n=1}^{N} y_n^{t_n}(1 - y_n)^{1-t_n} \end{aligned} \tag{3.25}$$

この尤度関数を最大化(すなわち最尤推定)するようにパラメータを調整できれば、うまくネットワークの学習ができていることになります。このように、関数が最大・最小となる状態を求める問題のことを**最適化問題** (optimization problem) と呼びます。関数の最大化は、符号を反転すると最小化に置き換えることができるので、一般的に関数を「最適化する」とは、関数を最小化するパラメータを求めることを言います▶2。

さて、関数の最大・最小と言ったら「微分」を思い浮かべるかもしれません。例えば「関数 $f(x) = x^2$ の最小値を求めよ」という問題があった場合、$f'(x) = 2x = 0$ より $x = 0$ となるので、最小値 $f(0) = 0$ が求められます。このように、関数の最大・最小を考える場合、まずはパラメータの偏微分(=勾配)を求めることから始まります。なので、尤度関数の最大化を考える場合も、尤度関数を各パラメータで偏微分すればよいわけですが、式(3.25)は積の形をしており、偏微分の計算が煩雑になることが容易に予想されます。そこで、計算を簡単にするために、式(3.25)の対数をとって、全体を和の形で表します。また、一般的な最適化問題と形を合わせるために符号を入れ替えると、

$$\begin{aligned} E(\boldsymbol{w}, b) &:= -\log L(\boldsymbol{w}, b) \\ &= -\sum_{n=1}^{N} \{t_n \log y_n + (1 - t_n)\log(1 - y_n)\} \end{aligned} \tag{3.26}$$

▶2 特に物理学においては、関数がある系におけるエネルギーを表しているとみなすことにより、**エネルギー最小化問題**として考えられるので、現実との対応付けができます。

が得られます。この式(3.26)の形で表される関数のことを、**交差エントロピー誤差関数**(cross-entropy error function)と呼びます。この関数を最小化することがもともとの(尤度)関数を最適化することになるので、式(3.26)はまさしく最適な状態からどれくらい誤差があるのかを表していることになります。一般的には、この関数 E のことを**誤差関数**(error function)あるいは**損失関数**(loss function)と呼びます。

3.4.2.2 ● 勾配降下法

交差エントロピー誤差関数におけるパラメータは $\boldsymbol{w}, b$ なので、「$\boldsymbol{w}, b$ で偏微分して 0 になる値」を求めなければならないわけですが、解析的にこの値を求めるのは困難です。そこで、代わりにとられるのが反復学習によりパラメータを逐次的に更新するアプローチです。代表的な手法として、**勾配降下法**(gradient descent)があります[▶3]。これは下式で表されるものです。

$$\boldsymbol{w}^{(k+1)} = \boldsymbol{w}^{(k)} - \eta \frac{\partial E(\boldsymbol{w}, b)}{\partial \boldsymbol{w}} \tag{3.27}$$

$$b^{(k+1)} = b^{(k)} - \eta \frac{\partial E(\boldsymbol{w}, b)}{\partial b} \tag{3.28}$$

ここで、$\eta\ (> 0)$ は**学習率**(learning rate)と呼ばれるハイパーパラメータで、モデルのパラメータの収束しやすさを調整します。一般的には 0.1 や 0.01 といった適当な小さい値が用いられます。勾配降下法や学習率などについて、より詳しくは『**3.4.5 発展 勾配降下法と局所最適解**』を参考にしてください。式(3.27)や式(3.28)においてパラメータが更新されなくなった場合、それは勾配が 0 になったことを表すので、少なくとも反復学習で探索した範囲では最適な解が求められたことになります。

では、各パラメータに対する勾配を求めてみましょう。

$$E_n := -\left\{t_n \log y_n + (1 - t_n)\log(1 - y_n)\right\} \tag{3.29}$$

とおくと、重み $\boldsymbol{w}$ の勾配は次のように求められます。

▶3　**最急降下法**(steepest descent)とも呼びます。

$$
\begin{aligned}
\frac{\partial E(\boldsymbol{w}, b)}{\partial \boldsymbol{w}} &= \sum_{n=1}^{N} \frac{\partial E_n}{\partial y_n} \frac{\partial y_n}{\partial \boldsymbol{w}} && (3.30) \\
&= -\sum_{n=1}^{N} \left(\frac{t_n}{y_n} - \frac{1 - t_n}{1 - y_n} \right) \frac{\partial y_n}{\partial \boldsymbol{w}} && (3.31) \\
&= -\sum_{n=1}^{N} \left(\frac{t_n}{y_n} - \frac{1 - t_n}{1 - y_n} \right) y_n (1 - y_n) \boldsymbol{x}_n && (3.32) \\
&= -\sum_{n=1}^{N} \left(t_n (1 - y_n) - y_n (1 - t_n) \right) \boldsymbol{x}_n && (3.33) \\
&= -\sum_{n=1}^{N} (t_n - y_n) \boldsymbol{x}_n && (3.34)
\end{aligned}
$$

ここで、式 (3.31) から式 (3.32) はシグモイド関数の微分 $\sigma'(x) = \sigma(x)\,(1 - \sigma(x))$ を用いています。シグモイド関数を用いることで、最終的に式がきれいな形にまとまることが分かります。バイアス b に関しても同様の計算を行うことで、

$$
\frac{\partial E(\boldsymbol{w}, b)}{\partial b} = -\sum_{n=1}^{N} (t_n - y_n) \tag{3.35}
$$

が得られます。よって、式 (3.27) および (3.28) はそれぞれ下記のようになります。

$$
\begin{aligned}
\boldsymbol{w}^{(k+1)} &= \boldsymbol{w}^{(k)} + \eta \sum_{n=1}^{N} (t_n - y_n) \boldsymbol{x}_n && (3.36) \\
b^{(k+1)} &= b^{(k)} + \eta \sum_{n=1}^{N} (t_n - y_n) && (3.37)
\end{aligned}
$$

3.4.2.3 ● 確率的勾配降下法とミニバッチ勾配降下法

勾配降下法を用いることで、理論的にはロジスティック回帰による学習ができるようになったのですが、現実的にはもう 1 つ問題があります。式 (3.36) と式 (3.37) を見ると、どちらもパラメータ

を更新するのに N 個すべてのデータに対する和を求める必要があることが分かります。これは N が小さいうちは問題ないのですが、N が巨大になったときに、データをオンメモリに載せる容量が足りない、計算時間が莫大になるといった問題が生じることになります。

この問題を解決するための手法が**確率的勾配降下法**(stochastic gradient descent)です。勾配降下法が全データ数の和を求めてからパラメータを更新するのに対し、確率的勾配降下法ではデータを1つずつランダムに選んでパラメータを更新します。すなわち、

$$\boldsymbol{w}^{(k+1)} = \boldsymbol{w}^{(k)} + \eta(t_n - y_n)\boldsymbol{x}_n \tag{3.38}$$

$$b^{(k+1)} = b^{(k)} + \eta(t_n - y_n) \tag{3.39}$$

を N 個のデータに対して計算していきます。「確率的」という名称が付いているのは、データをランダムな順番で選択するためです。確率的勾配降下法を用いると、勾配降下法でパラメータを1回更新するのと同じ計算量でパラメータを N 回更新できるので、効率よく最適な解を探索できます。ただし、N 回で学習が終わる、つまり勾配が 0 に収束することは稀で、N 個のデータ全体に対して繰り返し学習する必要があります。このデータ全体に対する反復回数を**エポック**(epoch)と呼びますが、各エポックごとにデータをまたシャッフルして学習することで、学習に偏りが生じにくくなり、より最適な解を得やすくなります。イメージしやすいよう、確率的勾配降下法をPythonによる擬似的なコードで書いてみましょう。

```
for epoch in range(epochs):
    shuffle(data)  # エポックごとにデータをシャッフル
    for datum in data:  # データ1個ずつでパラメータを更新
        params_grad = evaluate_gradient(error_function, params, datum)
        params -= learning_rate * params_grad
```

また、勾配降下法と確率的勾配降下法の間のような存在として、**ミニバッチ勾配降下法**(mini-batch gradient descent)という手法があります。これは N 個のデータを $M\ (\leq N)$ 個ずつのかたまり(ミニバッチ)に分けて学習を行うもので、一般的には $M = 50 \sim 500$ くらいの値が用いられます。ミニバッチ勾配降下法との対応として、通常の勾配降下法を**バッチ勾配降下法**(batch gradient descent)と呼ぶこともあります。ミニバッチによる学習では、メモリ不足になることなく線形代数演算を行えるので、データ1個ずつの繰り返しよりも計算が高速になります。こちらも擬似コードを書いてみると、

```
for epoch in range(epochs):
    shuffle(data)
    batches = get_batches(data, batch_size=M)
    for batch in batches:  # ミニバッチごとにパラメータを更新
        params_grad = evaluate_gradient(error_function, params, batch)
        params -= learning_rate * params_grad
```

のようになります。単純に「確率的勾配降下法」と言ったとき、こちらのミニバッチ勾配降下法を指すこともありますが、ミニバッチ勾配降下法におけるミニバッチのサイズ $M = 1$ としたものが確率的勾配降下法に相当するので、本書でも「確率的勾配降下法」で統一することにします。

3.4.3 実装

ロジスティック回帰は、ニューラルネットワークの理論・数式を実装に落とし込むためにはどうすればよいか理解するための導入として最適な手法です。単純パーセプトロンは（式も簡単なので）NumPyのみで実装しましたが、ここではTensorFlowとKerasを用いて実装していきます。ライブラリ特有の書き方や、ライブラリを使うことでどこが効率的に実装できるようになるかなどについて見ていきましょう。簡単なORゲートの学習を例にとって、それぞれのライブラリで実装していくことにします。

3.4.3.1 ● TensorFlowによる実装

TensorFlowでは、大きく2種類の変数を使い分けます。一方は実際に値が入っている変数、もう一方は値の「入れ物」として、後から実際の値を何度も入れ直して使い回す変数です。前者はモデルのパラメータに用いられるのが主で、後者は入力データや正解の出力データなど、学習ごとに値が変わるものに対して用いられます。イメージをつかむため、実際に例を通して見ていきましょう。以下、特に断りがない限り、下記は記述済みとします。

```
import numpy as np
import tensorflow as tf
```

ロジスティック回帰のパラメータは重み $\boldsymbol{w}$ とバイアス b でした。ORゲートを学習する場合、入力は2次元、出力は1次元なので、これをTensorFlowで定義すると、下記のようになります。

```
w = tf.Variable(tf.zeros([2, 1]))
b = tf.Variable(tf.zeros([1]))
```

変数を生成するには `tf.Variable()` を呼ぶ必要があります。これにより、TensorFlowが持つ独自の型でデータを扱っていくことになります。中身の tf.zeros() ですが、これはNumPyにおける np.zeros() に相当し、同様に要素が0の(多次元)配列を生成します。これで重み $\boldsymbol{w}$ とバイアス b を初期化できました。しかし、w の中身がどうなっているか確認するため、試しに print(w) としてみると、

```
Tensor("Variable/read:0", shape=(2, 1), dtype=float32)
```

という結果となり、[0.0, 0.0] といった配列の中身を確認できません。単純な print() では TensorFlowのデータ型が出力されてしまいます。中身をどう確認するのかについては、追って見ていくことにしましょう。

モデルのパラメータを定義したら、次は実際のモデルを構築する必要があります。数式では、モデルの出力は $y = \sigma(\boldsymbol{w}^T\boldsymbol{x} + b)$ と表されましたが、これをTensorFlowを使わず素直に実装しようとすると、下記のように、入力 x を引数とする関数を定義することになると思います。

```
def y(x):
    return sigmoid(np.dot(w, x) + b)

def sigmoid(x):
    return 1 / (1 + np.exp(-x))
```

一方、TensorFlowを使うと、以下のように書くことができます。

```
x = tf.placeholder(tf.float32, shape=[None, 2])
t = tf.placeholder(tf.float32, shape=[None, 1])
y = tf.nn.sigmoid(tf.matmul(x, w) + b)
```

モデルの出力を表すのは y=... の部分ですが、y を定義するのに必要な入力 x および、それに関連して(正解の)出力 t を事前に定義しています。TensorFlowを使うと、関数を定義することなくほぼ数式の見た目どおりに実装することができるので、非常に直観的です。

関数で定義したときと同様、y はここでは実際の値を持っておらず、x が関数の引数に相当します。この仕組みを実現しているのが x、t にある tf.placeholder() です。"placeholder"という名前が示すとおり、これはデータを格納する「入れ物」のような存在で、モデルの定義のときにはデータの次元だけ決めておき、モデルの学習など、実際にデータが必要になったタイミングで値を入れて実装の式を評価することを可能にしています。x は shape=[None, 2] とありますが、この 2 が入力ベクトルの次元 2 に相当します。データ数は、今回は $\{0, 1\}$ の組み合わせの4つですが、None とすることで、データ数が可変でも対応できる「入れ物」となります。

モデル化の際は、モデルの出力が定義できたら、次はパラメータを最適化するために交差エントロピー誤差関数を求めました。これも TensorFlow を用いると、数式どおりに書くことができます。式では

$$E(\boldsymbol{w}, b) = -\sum_{n=1}^{N} \{t_n \log y_n + (1 - t_n) \log(1 - y_n)\} \tag{3.40}$$

3

だったのに対し、実装では

```
cross_entropy = - tf.reduce_sum(t * tf.log(y) + (1 - t) * tf.log(1 - y))
```

となります。`tf.reduce_sum()` は、NumPy で言うところの `np.sum()` に対応しています。

定式化した際は、最適化のために交差エントロピー誤差関数を各パラメータで偏微分して勾配を求め、(確率的) 勾配降下法を適用しました。TensorFlow では、

```
train_step = tf.train.GradientDescentOptimizer(0.1).minimize(cross_entropy)
```

を書くだけで実現でき、勾配を計算する必要はありません。`GradientDescentOptimizer()` の引数の `0.1` は学習率を表します。このコードは「(確率的) 勾配降下法によって、交差エントロピー誤差関数を最小化する」と読めるので、直観的かと思います。

これでモデルの学習部分は定義・実装できました。実際に学習を行う前に、学習後の結果が正しいかを確認するための実装をしてみましょう。ロジスティック回帰では、モデルの出力 y は確率となっているので、$y \geq 0.5$ かどうかでニューロンが発火するかどうかが決まります。これを実装したのが下記となります。

```
correct_prediction = tf.equal(tf.to_float(tf.greater(y, 0.5)), t)
```

以上でモデルのセットアップができたので、いよいよ実際に学習させる部分を実装していきます。まずは学習用のデータを定義しておきます。

```
X = np.array([[0, 0], [0, 1], [1, 0], [1, 1]])
Y = np.array([[0], [1], [1], [1]])
```

TensorFlow では、必ず**セッション**というデータのやり取りの流れの中で計算が行われます。と言っても、特段難しいことをする必要はなく、

```
init = tf.global_variables_initializer()
sess = tf.Session()
sess.run(init)
```

とするだけです。ここではじめてモデルの定義で宣言した変数・式の初期化が行われます。学習自体はとても簡単で、

```
for epoch in range(200):
    sess.run(train_step, feed_dict={
        x: X,
        t: Y
    })
```

とするだけです。sess.run(train_step) は勾配降下法による学習に相当しますが、その際に feed_dict を書くことによって、placeholder である x および t に実際の値を代入しています。まさしく placeholder に値を "feed" していることになります。また、ここではエポック数を 200 に設定しています。今回は、データ X をすべて一度に与えているので、バッチ勾配降下法を適用していることになります。

学習の結果を確認してみましょう。例えばニューロンが発火する・しないを適切に分類できるようになっているか確認するには、.eval() を用います。

```
classified = correct_prediction.eval(session=sess, feed_dict={
    x: X,
    t: Y
})
print(classified)
```

correct_prediction にも実際の値は入っていないので、feed_dict を書く必要があります。この結果、

```
[[ True]
 [ True]
 [ True]
 [ True]]
```

となり、OR ゲートが学習できていることが確認できます。また、各入力に対する出力確率は、同様に

```
prob = y.eval(session=sess, feed_dict={
    x: X,
    t: Y
})
print(prob)
```

で得ることができます。この結果は、

```
[[ 0.22355038]
 [ 0.91425949]
 [ 0.91425949]
 [ 0.99747425]]
```

となっており、確かにうまく確率を出力できていることが分かります。

一方、tf.Variable() で定義した変数の値は、.eval() ではなく sess.run() で取得できます。例えば

```
print('w:', sess.run(w))
print('b:', sess.run(b))
```

とすると、

```
w: [[ 3.61188436]
 [ 3.61188436]]
b: [-1.24509501]
```

が得られます。

以上が TensorFlow による実装の流れです。まとめると、TensorFlow での実装は、

1. モデルの定義
2. 誤差関数の定義
3. 最適化手法の定義
4. セッションの初期化
5. 学習

という流れをとることになります。今回は基本的な実装を行いましたが、次回以降はより発展的な内容を実装していきます。

最後に、全体のコードをひとまとめにして見てみましょう。

```
import numpy as np
import tensorflow as tf

'''
モデル設定
'''
tf.set_random_seed(0)  # 乱数シード

w = tf.Variable(tf.zeros([2, 1]))
b = tf.Variable(tf.zeros([1]))

x = tf.placeholder(tf.float32, shape=[None, 2])
t = tf.placeholder(tf.float32, shape=[None, 1])
y = tf.nn.sigmoid(tf.matmul(x, w) + b)

cross_entropy = - tf.reduce_sum(t * tf.log(y) + (1 - t) * tf.log(1 - y))
train_step = tf.train.GradientDescentOptimizer(0.1).minimize(cross_entropy)

correct_prediction = tf.equal(tf.to_float(tf.greater(y, 0.5)), t)

'''
モデル学習
'''
# OR ゲート
X = np.array([[0, 0], [0, 1], [1, 0], [1, 1]])
Y = np.array([[0], [1], [1], [1]])

# 初期化
init = tf.global_variables_initializer()
sess = tf.Session()
sess.run(init)

# 学習
for epoch in range(200):
    sess.run(train_step, feed_dict={
        x: X,
        t: Y
    })

'''
学習結果の確認
'''
classified = correct_prediction.eval(session=sess, feed_dict={
    x: X,
    t: Y
})
```

```
prob = y.eval(session=sess, feed_dict={
    x: X
})

print('classified:')
print(classified)
print()
print('output probability:')
print(prob)
```


3.4.3.2 ● Keras による実装

TensorFlow では、自分で数式を実装に落とし込む必要がありましたが、Keras では、x や y などを考える必要がなく、より単純な実装でモデルを定義できます。Keras を用いてロジスティック回帰の出力を表現すると、下記のようになります。

```
import numpy as np
from keras.models import Sequential
from keras.layers import Dense, Activation
from keras.optimizers import SGD

model = Sequential([
    Dense(input_dim=2, units=1),
    Activation('sigmoid')
])
```

`Sequential()` は、層構造のモデルを定義するためのメソッドです。ここに実際の層を入れ込むことで、モデルを設定します。まず、`Dense(input_dim=2, units=1)` により入力の次元 2、出力の次元 1 のネットワーク構造を持つ層を生成しますが[▶4]、これは数式における

$$w_1x_1 + w_2x_2 + b \tag{3.41}$$

に相当する層を作ったことになります。ニューロンの出力を表現するには、ここに活性化関数が必要になるので、`Activation('sigmoid')` により、

$$y = \sigma(w_1x_1 + w_2x_2 + b) \tag{3.42}$$

を表現する層を作ります。これでモデルの出力部分までは定義できました。また、`Sequential()`

▶4　Keras 1 では `output_dim=1` と書きましたが、Keras 2 から `units=1` に変更されました。

だけを事前に宣言しておき、後から model.add() でどんどん層を追加していく書き方も可能です。その場合、下記のようになります。

```
model = Sequential()
model.add(Dense(input_dim=2, units=1))
model.add(Activation('sigmoid'))
```

確率的勾配降下法は下記の１行のみで表すことができます。

```
model.compile(loss='binary_crossentropy', optimizer=SGD(lr=0.1))
```

ここで、lr は学習率 (learning rate) を表しています。

モデルの学習も、Keras では１行書くのみです。OR ゲートの入力・出力の正解データを用意し、

```
X = np.array([[0, 0], [0, 1], [1, 0], [1, 1]])
Y = np.array([[0], [1], [1], [1]])
```

model.fit() を実行するだけです。

```
model.fit(X, Y, epochs=200, batch_size=1)
```

epochs はエポック数▶5、batch_size は (ミニ) バッチの大きさをそれぞれ指定しています。これ (だけ) でロジスティック回帰の学習まで実装できました。学習の結果を確認するには、

```
classes = model.predict_classes(X, batch_size=1)
prob = model.predict_proba(X, batch_size=1)
```

とすると、分類されたパターン (＝ニューロンが発火するかしないか) および、出力の確率が得られます。

Keras では、とてもシンプルに実装をまとめることができるので、とりあえずモデルを試したい、簡易的な実験を行いたい、という場合に非常にすばやく実装できます。今回の全体のコードは下記のようになります。

```
import numpy as np
from keras.models import Sequential
from keras.layers import Dense, Activation
```

▶5 こちらも、Keras 1 では nb_epoch=200 でしたが、Keras 2 から epochs=200 に変更されました。

```
from keras.optimizers import SGD

np.random.seed(0)  # 乱数シード

'''
モデル設定
'''
model = Sequential([
    Dense(input_dim=2, units=1),
    Activation('sigmoid')
])

# model = Sequential()
# model.add(Dense(input_dim=2, units=1))
# model.add(Activation('sigmoid'))

model.compile(loss='binary_crossentropy', optimizer=SGD(lr=0.1))

'''
モデル学習
'''
# OR ゲート
X = np.array([[0, 0], [0, 1], [1, 0], [1, 1]])
Y = np.array([[0], [1], [1], [1]])

model.fit(X, Y, epochs=200, batch_size=1)

'''
学習結果の確認
'''
classes = model.predict_classes(X, batch_size=1)
prob = model.predict_proba(X, batch_size=1)

print('classified:')
print(Y == classes)
print()
print('output probability:')
print(prob)
```

これを実行してみると、Kerasでは学習の進み具合を出力してくれることが分かります。

```
Epoch 1/200
4/4 [==============================] - 0s - loss: 0.5392
Epoch 2/200
4/4 [==============================] - 0s - loss: 0.5080


...
```

```
Epoch 199/200
4/4 [==============================] - 0s - loss: 0.1057
Epoch 200/200
4/4 [==============================] - 0s - loss: 0.1053
```

また、結果は

```
classified:
[[ True]
 [ True]
 [ True]
 [ True]]

output probability:
[[ 0.21472684]
 [ 0.91356713]
 [ 0.92112124]
 [ 0.9977895 ]]
```

となり、学習がうまくいったことが確認できます。

3.4.4 発展 シグモイド関数と確率密度関数・累積分布関数

ロジスティック回帰の活性化関数としてシグモイド関数を用いましたが、なぜシグモイド関数の出力を確率とみなすことができるのでしょうか。「出力が 0 から 1 の範囲に収まるので確率」というだけでは不十分です。

確率を表現するための関数に、**確率密度関数**があります。これは確率変数 X に対して、X が a 以上 b 以下となる確率が

$$P(a \leq X \leq b) := \int_a^b f(x)dx \tag{3.43}$$

で表される関数 $f(x)$ のことを指します。ただし、確率なので、

$$P(-\infty \leq X \leq \infty) = \int_{-\infty}^{\infty} f(x)dx = 1 \tag{3.44}$$

を満たす必要があります。また、確率密度関数に対し、確率変数 X が x 以下となる確率を表す関数を**累積分布関数**と呼びます。これは、$F(x) := P(X \leq x)$ とすると、

$$F(x) = \int_{-\infty}^{x} f(t)dt \tag{3.45}$$

と表されます。すなわち、確率密度関数と累積分布関数の間には、

$$F'(x) = f(x) \tag{3.46}$$

の関係があります。

具体例を考えてみましょう。**図 3.13** で与えられる確率密度関数 $y = f(x)$ があるとします。式で表すと、下記のようになります。

$$f(x) = \begin{cases} 4x - 4 & (1 \leq x < \frac{3}{2}) \\ -4x + 8 & (\frac{3}{2} \leq x \leq 2) \\ 0 & (x < 1,\ 2 < x) \end{cases} \tag{3.47}$$

このとき、$1 \leq x \leq \dfrac{3}{2}$ となる確率は、

$$\int_{1}^{\frac{3}{2}} f(x)dx = \left[2x^2 - 4x\right]_{1}^{\frac{3}{2}} = \frac{1}{2} \tag{3.48}$$

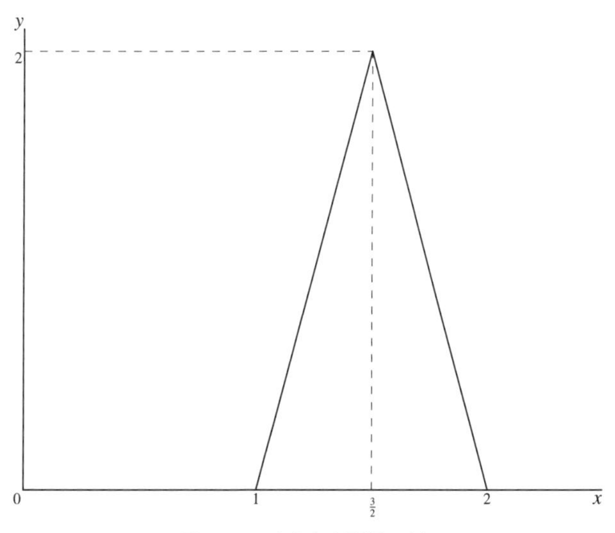

図 3.13　確率密度関数の例

となります。すなわち、確率密度関数 $f(x)$ の $1 \leq x \leq \frac{3}{2}$ における面積が確率を表しています。ここで注意してほしいのは、確率密度関数の値自体は 1 を超え得ることです。例えば $f\left(\frac{3}{2}\right) = 2$ となっています。一方、累積分布関数は「確率の積み重ね」なので、必ず $0 \leq F(x) \leq 1$ となります。

確率を表す関数として、確率密度関数や累積分布関数があります。特に累積分布関数は値が 0 から 1 の範囲となるので、「出力が確率」を表す関数として適切だということは、ここまでの説明で分かったかと思います。しかし、例えば式(3.47)のように、x が特定の値しか取り得ない関数を用いるのは、確率変数 X の分布に(極端な)偏りがあることになるので不適切です。そこで、確率変数の分布として最も一般的な正規分布を使うことを考えます。平均が μ で分散が σ^2 の正規分布の確率密度関数は、下記で与えられます。

$$f(x) = \frac{1}{\sqrt{2\pi}\sigma} e^{-\frac{(x-\mu)^2}{2\sigma^2}} \tag{3.49}$$

$\mu = 0$ における確率密度関数と累積分布関数をグラフで表してみると、**図 3.14** のようになります。正規分布の累積分布関数も、もちろん値は 0 から 1 の範囲に収まっています。

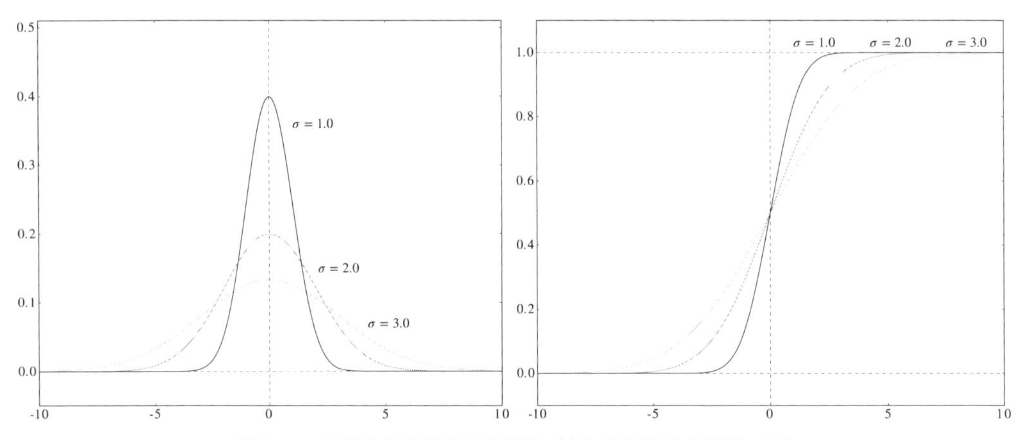

図 3.14 正規分布の確率密度関数(左)と累積分布関数(右)

ロジスティック回帰は活性化関数にシグモイド関数を用いていますが、シグモイド関数ではなくこの正規分布の累積分布関数を用いたモデルのことを**プロビット回帰**(probit regression)と呼びます。しかし、プロビット回帰がニューラルネットワークのモデルで用いられることは(ほぼ)ありません。こちらのほうがより「確率を出力する関数」として適切と思えるかもしれませんが、なぜでしょうか。標準正規分布の累積分布関数(= $p(x)$ とします)を用いてニューロンをモデル化することを

考えてみましょう。この場合、出力は

$$y = p(\boldsymbol{w}^T\boldsymbol{x} + b) = \int_{-\infty}^{\boldsymbol{w}^T\boldsymbol{x}+b} \frac{1}{\sqrt{2\pi}} e^{-\frac{(\boldsymbol{w}^T\boldsymbol{t}+b)^2}{2}} d\boldsymbol{t} \tag{3.50}$$

と表されます。しかし、ここから確率的勾配降下法を適用するのに必要な勾配計算を行うのは煩雑かつ困難です。そのため、「正規分布の累積分布関数に形は似ているが、計算が簡単に行える関数」として、シグモイド関数が用いられるようになりました。平均 $\mu = 0.0$、標準偏差 $\sigma = 2.0$ の正規分布の累積分布関数とシグモイド関数のグラフを重ね合わせたものが、**図 3.15** となります。

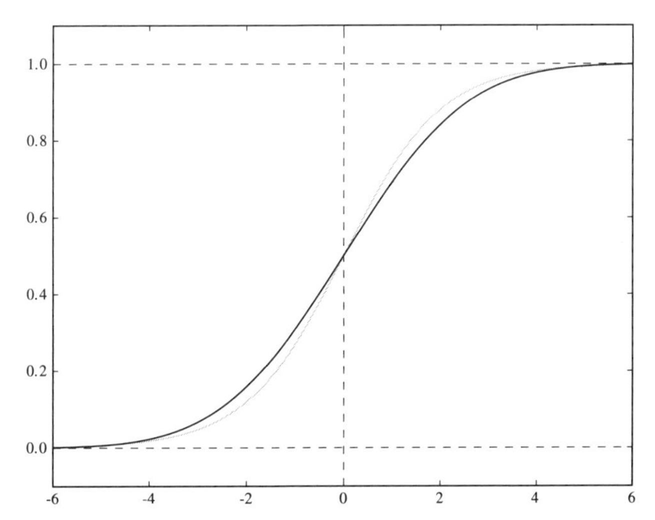

図 3.15　シグモイド関数（黒線）と正規分布の累積分布関数（灰線）の比較

このように、ディープラーニングをはじめとする情報処理では、理論ももちろん大事ですが、「現実的に計算できるか」という工学的なアプローチをとることが重要になります。

3.4.5 発展 勾配降下法と局所最適解

関数 $f(\boldsymbol{x})$ があったとき、勾配降下法は $f(\boldsymbol{x})$ を最小とするような $\boldsymbol{x} = \boldsymbol{x}^*$、すなわち $\boldsymbol{x}^* = \underset{\boldsymbol{x}}{\operatorname{argmin}} f(\boldsymbol{x})$ を求めるための手法であり、下式で表されるものでした。

$$\boldsymbol{x}^{(k+1)} = \boldsymbol{x}^{(k)} - \alpha f'(\boldsymbol{x}^{(k)}) \quad (\alpha > 0) \tag{3.51}$$

簡単のために、$\boldsymbol{x}$ がスカラー x の場合を考えてみましょう。図 3.16 を見ると、確かに勾配と逆方向に x を進めることで x^* に近づいていくことが分かります。

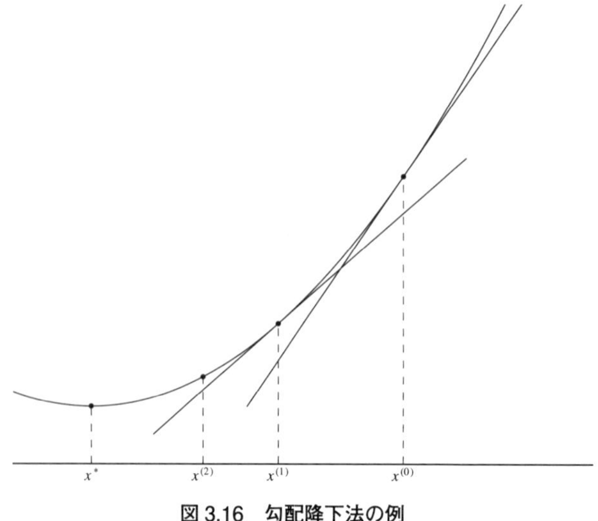

図 3.16　勾配降下法の例

ただし、α の値が大きすぎると、x の値はうまく収束してくれません。例えば $f(x) = x^2$ で $x^{(0)} = 1$ から勾配降下法を適用するとします。このとき $\alpha = 1$ とすると、

$$
\begin{aligned}
x^{(0)} &= 1 \\
x^{(1)} &= 1-2 &= -1 \\
x^{(2)} &= -1+2 &= 1 \\
x^{(3)} &= 1-2 &= -1 \\
&\vdots
\end{aligned}
$$

となり、最適解である $x = 0$ のまわりを行ったり来たりしてしまいます。

では、α を単純に小さくすればよいかと言うと、そうでもありません。α が小さいときにも、大きく次の 2 つの問題があります。

- x^* に収束するまでのステップ数が増えてしまう
- 本当に最適な解 x^* を得にくくなる

1 つ目の問題については、α が小さいほど x が 1 回に動く量も小さくなることよりすぐ分かるかと思います。では、2 つ目についてはどうでしょうか。例えば先ほどの図 3.16 で考えた x^* は、一見する

ときちんと関数を最小化する点になっているように見えます。しかし、関数(の左側)が実は**図 3.17**のようになっていたらどうでしょう。この場合、$x^{(0)}$ から勾配降下法によって得られた解(= x' とします)とは別に、真の解 x^* が存在していたことになります。x' でも勾配は 0 になっているので、アルゴリズム上は誤りではありません。このように、その点(のまわり)においては関数を最小化しているために解として求められてしまう x' のことを**局所最適解**と呼びます。それに対し、真の解 x^* のことを**大域最適解**と呼びます。

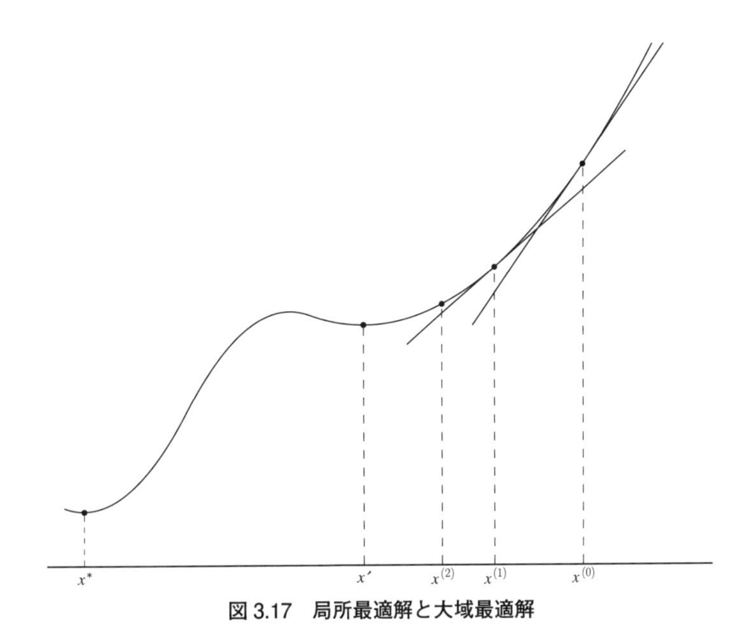

図 3.17 局所最適解と大域最適解

局所最適解に陥ってしまうのは、初期値 $x^{(0)}$ をランダムに選んでいる以上どうしても避けられません。しかし、もし α の値が大きければ、少なくとも**図 3.17** の関数においては x' を飛び越えて x^* が得られていたはずです。このように、α が小さい場合、局所最適解に陥るかどうかは初期値に大きく依存します。また、一度局所最適解の近くの値になってしまうと、そのまま局所最適解に収束する可能性が高くなります。

α が大きいと局所最適解に陥る可能性は減らせる一方、なかなか収束しないという問題があります。反対に α が小さいと、収束はするものの局所最適解に陥りやすいという問題があることが分かりました。そこで、実際にアルゴリズムを実装する際には、α を「最初は大きく、徐々に小さく」することで、勾配降下法における問題を回避することがよくあります。すなわち、α はずっと一定の値ではなく、$\alpha^{(k)}$ として扱われます。これにより、「最初は解を広く探索し、後半は収束させる」ことができるようになります。また、この α を「徐々に小さく」する手法に関しても、いくつか効率的な手法が研究されています。具体的な内容については、**第 4 章**で見ていくことにしましょう。ただし、どれだけうまくαを設定したとしても、局所最適解に陥ってしまう可能性は0にはできません。ニューラルネットワークでも、学習によって得られたパラメータが局所最適解になっている場合があります。特に、入力の次元数が増えるほど大域最適解を見つけるのは困難です。そこで、実社会では、膨大な時間をかけても見つかるか分からない大域最適解を探索するよりも、確率的勾配降下法などにより現実的な時間内で実用に耐え得る(局所)最適解を見つけ出すアプローチがとられます。

3.5 多クラスロジスティック回帰

3.5.1 ソフトマックス関数

これまで見てきたモデル(単純パーセプトロン、ロジスティック回帰)は、ニューロンが発火する・しないの2パターンを分類するものでした。しかし、世の中には2パターンではなく、もっと多くのパターンを分類・予測したいという場面が多々あります。例えば明日雨が降るのか・降らないかの2パターンを予測するよりも、晴れ・曇り・雨・雪の4パターンを予測できたほうが便利です。この「パターン」のことを一般的には**クラス**と呼びます。これまで見てきたモデルのように、データを2クラスに分類することを**2値分類**、それ以上のクラスに分類することを**多クラス分類**と呼びます。

単純パーセプトロンやロジスティック回帰は、多クラス分類を行うことができません。しかし、活性化関数をステップ関数からシグモイド関数に変えることで出力値を確率にすることが可能になったのと同様、シグモイド関数の形を少し変えることで、多クラス分類が可能になります。その関数は**ソフトマックス関数**(**softmax function**)と呼ばれるもので、n次元ベクトル$\boldsymbol{x} = (x_1\ x_2\ \cdots\ x_n)^T$に対して、式(3.52)で表される関数となります。

$$\mathrm{softmax}(\boldsymbol{x})_i = \frac{e^{x_i}}{\sum_{j=1}^{n} e^{x_j}} \quad (i = 1, 2, ..., n) \tag{3.52}$$

ここで、$y_i = \mathrm{softmax}(\boldsymbol{x})_i$を成分に持つベクトルを$\boldsymbol{y}$とすると、ソフトマックス関数の定義より下記が成り立ちます。

$$\sum_{i=1}^{n} y_i = 1 \tag{3.53}$$

$$0 \leq y_i \leq 1 \quad (i = 1, 2, ..., n) \tag{3.54}$$

具体例を考えてみましょう。例えば $\boldsymbol{x}=(2\ \ 1\ \ 1)^T$ のとき、$\boldsymbol{y}=(0.5761\ \ 0.2119\ \ 0.2119)^T$ が得られます。また、$\boldsymbol{x}=(10\ \ 3\ \ 2\ \ 1)^T$ のときは、$\boldsymbol{y}=(0.9986\ \ 0.0009\ \ 0.0003\ \ 0.0001)^T$ となります。成分表示を一般化すると、

$$\begin{pmatrix} y_1 \\ y_2 \\ \vdots \\ y_n \end{pmatrix} = \frac{1}{\sum_{j=1}^{n} e^{x_j}} \begin{pmatrix} e^{x_1} \\ e^{x_2} \\ \vdots \\ e^{x_n} \end{pmatrix} \tag{3.55}$$

と表せます。このように、ソフトマックス関数を用いることでベクトルの成分が正規化され、「出力確率」として扱えるようになるので、ニューラルネットワークのモデルと非常に相性がよいことが分かります。

また、式(3.55)の右辺の分母を

$$Z := \sum_{j=1}^{n} e^{x_j} \tag{3.56}$$

とおいたとき、ソフトマックス関数の微分を求めてみると、まず $i=j$ では

$$\frac{\partial y_i}{\partial x_i} = \frac{e^{x_i}Z - e^{x_i}e^{x_i}}{Z^2} = y_i(1-y_i) \tag{3.57}$$

となり、$i \neq j$ では

$$\frac{\partial y_i}{\partial x_j} = \frac{-e^{x_i}e^{x_j}}{Z^2} = -y_i y_j \tag{3.58}$$

となるので、まとめると式(3.59)で表すことができます。

$$\frac{\partial y_i}{\partial x_j} = \begin{cases} y_i(1-y_i) & (i=j) \\ -y_i y_j & (i \neq j) \end{cases} \tag{3.59}$$

3.5.2 モデル化

多クラス分類を行うにはモデルをどう拡張すればよいか、そしてソフトマックス関数がどのようにモデル化に寄与するのかを見ていきましょう。データを K(個の) クラスに分類したいとします。このとき、出力は複数あるので、ニューラルネットワークのモデルを図示すると、**図 3.18** のようになります。

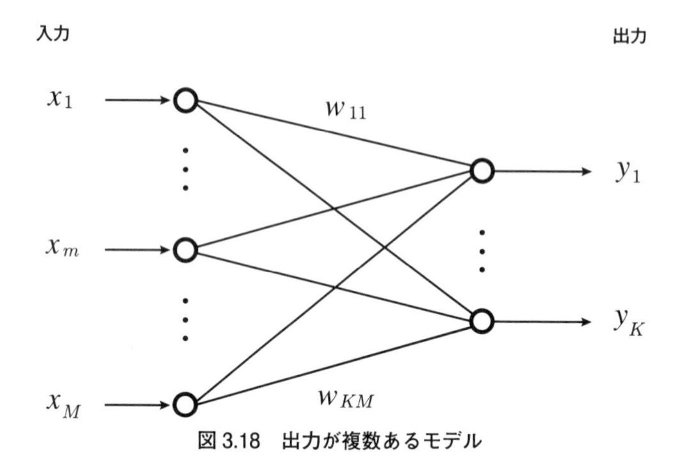

図 3.18　出力が複数あるモデル

出力がスカラー y ではなく、K 次元ベクトル

$$
\boldsymbol{y} = \begin{pmatrix} y_1 \\ \vdots \\ y_k \\ \vdots \\ y_K \end{pmatrix}
$$

となっていることに注意してください。

データが K クラスになったとは言え、基本の考え方は 2 値分類のときと同じです。出力はベクトルとなりましたが、それぞれのニューロンの仕組みに変わりはないので、y_k に対応するニューロンに着目すると、ニューロンの出力は

$$
\begin{aligned}
y_k &= f(w_{k1}x_1 + w_{k2}x_2 + \cdots + w_{kM}x_M + b_k) \\
&= f\left(\boldsymbol{w}_k^T \boldsymbol{x} + b_k\right)
\end{aligned}
\tag{3.60}
$$

という、これまでの式と同様の形になります。ただし、ここで $\boldsymbol{w}_k = (w_{k1}\ w_{k2} \cdot w_{kM})^T$ とおいています。すると、

$$
\begin{aligned}
W &= (\boldsymbol{w}_1 \ \cdots \ \boldsymbol{w}_k \ \cdots \ \boldsymbol{w}_K)^T \\
&= \begin{pmatrix} w_{11} & \cdots & w_{1n} & \cdots & w_{1M} \\ \vdots & & \vdots & & \vdots \\ w_{k1} & \cdots & w_{kn} & \cdots & w_{kM} \\ \vdots & & \vdots & & \vdots \\ w_{K1} & \cdots & w_{Kn} & \cdots & w_{KM} \end{pmatrix}
\end{aligned} \tag{3.61}
$$

$$
\boldsymbol{b} = \begin{pmatrix} b_1 \\ \vdots \\ b_k \\ \vdots \\ b_K \end{pmatrix} \tag{3.62}
$$

に対して、モデルの出力全体が

$$
\boldsymbol{y} = f(W\boldsymbol{x} + \boldsymbol{b}) \tag{3.63}
$$

と表せることになります。式(3.61)の W を**重み行列**、式(3.62)の $\boldsymbol{b}$ を**バイアスベクトル**と呼びます。この活性化関数 $f(\cdot)$ をソフトマックス関数とすることで、$\boldsymbol{y}$ が式(3.53)および式(3.54)を満たすため、多クラス分類に対応したモデルとして使えるようになります。このモデルのことを**多クラスロジスティック回帰**(multi-class logistic regression)と呼びます。ただし、2クラスのときも含めて「ロジスティック回帰」と呼ぶこともあります。本書でも、特に断りがない限り、それに従うことにします。

それでは、実際に入力データがそれぞれのクラスに分類される確率はどのように表せるでしょうか。入力 $\boldsymbol{x}$ に対して、分類されるいずれかのクラス値を取る確率変数を C とします。2値分類のときは $C=0$ または $C=1$ のいずれかでしたが、多クラスのときは $C=k$ (k = 1, 2, ..., K) となります。すると、ある1つのニューロンの出力 y_k に着目したとき、これはクラス k に $\boldsymbol{x}$ が分類される確率に他ならないので、

$$p(C = k|\boldsymbol{x}) = y_k = \frac{\exp\left(\boldsymbol{w}_k^T \boldsymbol{x} + b_k\right)}{\sum_{j=1}^{K} \exp\left(\boldsymbol{w}_j^T \boldsymbol{x} + b_k\right)} \tag{3.64}$$

となります（指数関数を $\exp(\cdot)$ で表しています）。

出力を確率の式で表すことができたので、次はパラメータ $W, \boldsymbol{b}$ を最尤推定するための尤度関数を考えていきましょう。N 個の入力データ $\boldsymbol{x}_n$ ($\mathrm{n} = 1, 2, ..., N$) と、それに対応する正解データ（ベクトル）$\boldsymbol{t}_n$ があるとします。$\boldsymbol{x}_n$ がクラス k に属するとき、$\boldsymbol{t}_n$ の j 番目の成分 t_{nj} は

$$t_{nj} = \begin{cases} 1 & (j = k) \\ 0 & (j \neq k) \end{cases} \tag{3.65}$$

となることに注意してください。このように、ベクトル成分のどれか1つだけが 1 で、それ以外が 0 となるように表現することを **1-of-K 表現 (1-of-K representation)** と呼びます[6]。このとき、$\boldsymbol{y}_n := \mathrm{softmax}(W\boldsymbol{x}_n + \boldsymbol{b})$ に対して

$$\begin{aligned} L(W, \boldsymbol{b}) &= \prod_{n=1}^{N} \prod_{k=1}^{K} p(C = t_{nk}|\boldsymbol{x}_n)^{t_{nk}} \\ &= \prod_{n=1}^{N} \prod_{k=1}^{K} y_{nk}^{t_{nk}} \end{aligned} \tag{3.66}$$

が得られ、これを最大化するようなパラメータを求めればよいことが分かります。この関数もまた積の形をしているので、2値分類のときと同様に対数をとって符号を反転させた関数を考えると、

$$\begin{aligned} E(W, \boldsymbol{b}) &:= -\log L(W, \boldsymbol{b}) \\ &= -\sum_{n=1}^{N} \sum_{k=1}^{K} t_{nk} \log y_{nk} \end{aligned} \tag{3.67}$$

という、多クラス版の交差エントロピー誤差関数が最小化すべき関数として求められます。よって、それぞれのパラメータに対する勾配を求めれば、これまでと同じ勾配降下法が適用できることが分

▶6　1-of-K 表現となるように実装することを **one-hot エンコーディング (one-hot encoding)** と呼ぶこともあります。

かります。

はじめに、重み W に対する勾配を考えてみましょう。$W = (\boldsymbol{w}_1\ \boldsymbol{w}_2 \cdots \boldsymbol{w}_K)^T$ より、式変形を簡単にするためにまずは $E := E(W, \boldsymbol{b}) = E(\boldsymbol{w}_1, \boldsymbol{w}_2, ..., \boldsymbol{w}_K, \boldsymbol{b})$ として、$\boldsymbol{w}_j$ の勾配を求めることにします。I を K 次単位行列、$\boldsymbol{a}_n := \mathrm{W}\boldsymbol{x}_n + \boldsymbol{b}$ とすると、

$$\frac{\partial E}{\partial \boldsymbol{w}_j} = -\sum_{n=1}^{N}\sum_{k=1}^{K}\frac{\partial}{\partial y_{nk}}(t_{nk}\log y_{nk})\frac{\partial y_{nk}}{\partial a_{nj}}\frac{\partial a_{nj}}{\partial \boldsymbol{w}_j} \tag{3.68}$$

$$= -\sum_{n=1}^{N}\sum_{k=1}^{K}\frac{t_{nk}}{y_{nk}}\frac{\partial y_{nk}}{\partial a_{nj}}\boldsymbol{x}_n \tag{3.69}$$

$$= -\sum_{n=1}^{N}\sum_{k=1}^{K}\frac{t_{nk}}{y_{nk}}y_{nk}(I_{kj} - y_{nk})\boldsymbol{x}_n \tag{3.70}$$

$$= -\sum_{n=1}^{N}\left(\sum_{k=1}^{K}t_{nk}I_{kj} - \sum_{k=1}^{K}t_{nk}y_{nj}\right)\boldsymbol{x}_n \tag{3.71}$$

$$= -\sum_{n=1}^{N}(t_{nj} - y_{nj})\boldsymbol{x}_n \tag{3.72}$$

が得られます。ここで、式 (3.69) から式 (3.70) の変形にソフトマックス関数の微分を用いています。同様に計算すると、

$$\frac{\partial E}{\partial b_j} = -\sum_{n=1}^{N}(t_{nj} - y_{nj}) \tag{3.73}$$

となるので、最終的に、

$$\frac{\partial E}{\partial W} = -\sum_{n=1}^{N}(\boldsymbol{t}_n - \boldsymbol{y}_n)\boldsymbol{x}_n^T \tag{3.74}$$

$$\frac{\partial E}{\partial \boldsymbol{b}} = -\sum_{n=1}^{N}(\boldsymbol{t}_n - \boldsymbol{y}_n) \tag{3.75}$$

が求まります。

3.5.3 実装

3.5.3.1 ● TensorFlowによる実装

簡単な例として、TensorFlowを用いて下記を実装してみることにしましょう。

- 入力2、出力3の2クラス分類のロジスティック回帰
- 各クラスのデータは、平均 $\mu \neq 0$ の正規分布に従うサンプルデータ群を生成
- クラスごとのデータ数は100、すなわち全300のデータを分類

また、ORゲートの分類を実装した際はバッチ勾配降下法による学習を行いましたが、今回は(ミニバッチ)確率的勾配降下法で学習できるようにします。それにはデータをランダムにシャッフルする実装が必要ですが、sklearnというライブラリ▶7にあるsklearn.utils.shuffleがその機能を提供してくれているので、これを使います。

```
from sklearn.utils import shuffle
```

まずは、今回の実験の設定に必要な変数を定義しておきます。

```
M = 2      # 入力データの次元
K = 3      # クラス数
n = 100    # クラスごとのデータ数
N = n * K  # 全データ数
```

そして、サンプルデータ群を下記のように生成します。

```
X1 = np.random.randn(n, M) + np.array([0, 10])
X2 = np.random.randn(n, M) + np.array([5, 5])
X3 = np.random.randn(n, M) + np.array([10, 0])
Y1 = np.array([[1, 0, 0] for i in range(n)])
Y2 = np.array([[0, 1, 0] for i in range(n)])
Y3 = np.array([[0, 0, 1] for i in range(n)])

X = np.concatenate((X1, X2, X3), axis=0)
Y = np.concatenate((Y1, Y2, Y3), axis=0)
```

▶7 scikit-learn (http://scikit-learn.org/) の略称がインポート名になっています。

これを図示すると、**図 3.19** のようになります。

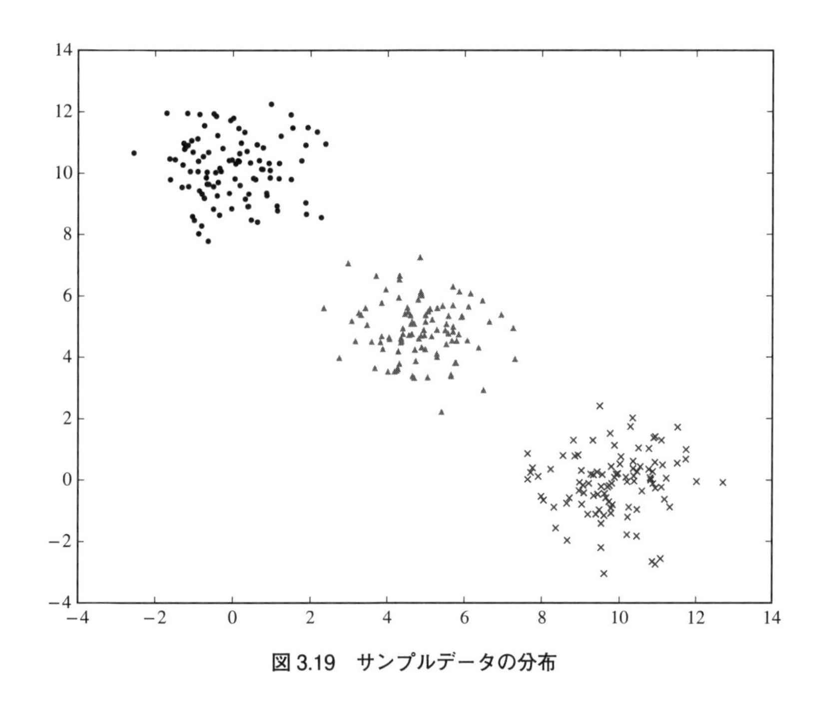

図 3.19　サンプルデータの分布

以上が事前の設定になります。続いて、モデルを定義していきましょう。TensorFlow を使う場合、2 値分類では `sigmoid` だった部分を `softmax` とするだけで、多クラス分類の出力を実現できます▶8。

```
W = tf.Variable(tf.zeros([M, K]))
b = tf.Variable(tf.zeros([K]))

x = tf.placeholder(tf.float32, shape=[None, M])
t = tf.placeholder(tf.float32, shape=[None, K])
y = tf.nn.softmax(tf.matmul(x, W) + b)
```

交差エントロピー誤差関数も式 (3.67) に従って記述すればよいのですが、ミニバッチによる計算を

▶8　注意してほしいのが、式 (3.61) で考えた W が $K \times M$ 次元行列であるのに対し、コード内で定義した `W` が $M \times K$ 次元行列になっている点です。これはモデル化の際はデータが 1 つずつ、すなわちベクトル $\boldsymbol{x}$ を前提にして出力を定式化しているのに対し、実装では与えるデータ `x` がミニバッチ（行列）を前提としているためです。ただし、この違いは数式上も $W = W^T$ と置き直せば同じようにモデル化できるので、問題ではありません。このように、理論と実装それぞれの都合に合わせて差異が発生する場面に今後も出くわすかもしれませんが、戸惑わないようにしましょう。

前提にしているので、ミニバッチごとの平均値を求めるために、tf.reduce_mean() を使います。

```
cross_entropy = tf.reduce_mean(-tf.reduce_sum(t * tf.log(y),
                               reduction_indices=[1]))
```

また、この reduction_indices は、行列のどの方向に向かって和をとるかを表しています。この交差エントロピー誤差関数を確率的勾配降下法によって最小化したいので、

```
train_step = tf.train.GradientDescentOptimizer(0.1).minimize(cross_entropy)
```

を書けばよいことになります。また、分類が正しいかを確認するには、$\underset{k}{\mathrm{argmin}}\ y_{nk} = \underset{k}{\mathrm{argmin}}\ t_{nk}$ となるかを見ればよいので、

```
correct_prediction = tf.equal(tf.argmax(y, 1), tf.argmax(t, 1))
```

と記述します。

では、モデルの学習をしてみましょう。ミニバッチのサイズを 50 とし、このときのミニバッチの数も事前にセットしておきます。

```
batch_size = 50  # ミニバッチサイズ
n_batches = N // batch_size
```

確率的勾配降下法では、各エポックごとにデータをシャッフルするため、学習のコードは下記になります。

```
for epoch in range(20):
    X_, Y_ = shuffle(X, Y)

    for i in range(n_batches):
        start = i * batch_size
        end = start + batch_size

        sess.run(train_step, feed_dict={
            x: X_[start:end],
            t: Y_[start:end]
        })
```

この start および end が、各ミニバッチが全体のデータの中でどこに位置するかを表しています。

以上でモデルを学習できたので、結果を確認してみましょう。データ量が多いので、適当に選んだ

10個のデータが分類されているか確認します。

```
X_, Y_ = shuffle(X, Y)

classified = correct_prediction.eval(session=sess, feed_dict={
    x: X_[0:10],
    t: Y_[0:10]
})
prob = y.eval(session=sess, feed_dict={
    x: X_[0:10]
})

print('classified:')
print(classified)
print()
print('output probability:')
print(prob)
```

この結果、

```
classified:
[ True  True  True  True  True  True  True  True  True  True]

output probability:
[[  9.98682678e-01   1.31731527e-03   2.58784910e-10]
 [  3.43130948e-03   9.69049275e-01   2.75194254e-02]
 [  9.69157398e-01   3.08425445e-02   5.09097688e-08]
 [  1.93514787e-02   9.70684528e-01   9.96400509e-03]
 [  4.12158085e-09   8.59103166e-03   9.91409004e-01]
 [  1.71545204e-02   9.76335824e-01   6.50969939e-03]
 [  2.30860678e-07   4.24577259e-02   9.57542002e-01]
 [  7.25345686e-08   8.87839682e-03   9.91121531e-01]
 [  8.43027297e-12   1.41838231e-04   9.99858141e-01]
 [  9.95894194e-01   4.10580169e-03   2.68717937e-09]]
```

が得られ、正しく分類できていることが分かります。

また、入力データは2次元なので、分類直線を描いてみましょう。ソフトマックス関数の中身が等しくなるところが境界となるので、例えばクラス1とクラス2の分類直線は、

$$w_{11}x_1 + w_{12}x_2 + b_1 = w_{21}x_1 + w_{22}x_2 + b_2 \tag{3.76}$$

となります。`sess.run(W)` および `sess.run(b)` で得られる結果を用いてこれを図示すると、**図3.20**のようになり、正しく分類できていることが確認できます。

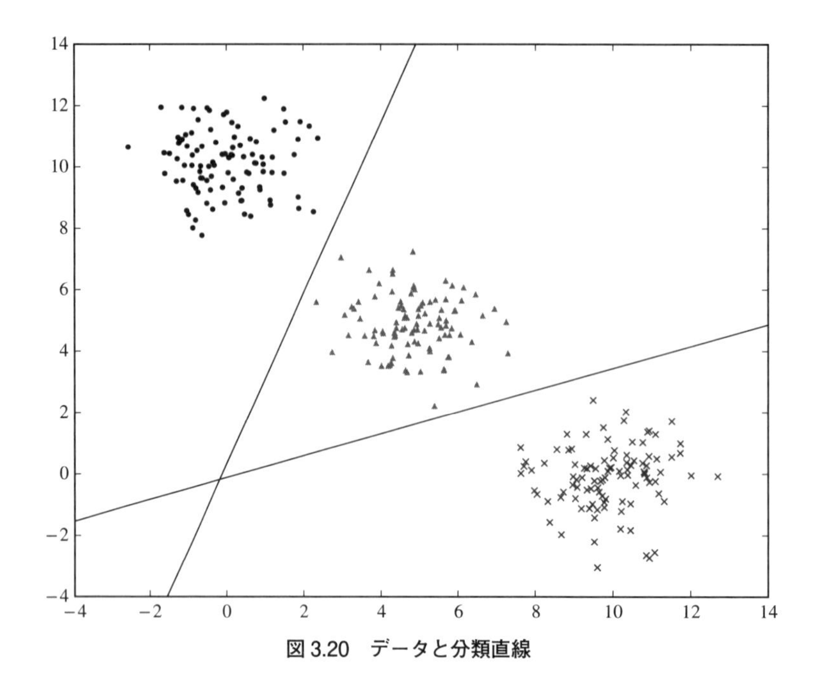

図 3.20　データと分類直線

3.5.3.2　Keras による実装

Keras で先ほどと同じ例を実装してみましょう。データ生成部分までは同じなので、モデルの定義から記述すると、

```
model = Sequential()
model.add(Dense(input_dim=M, units=K))
model.add(Activation('softmax'))

model.compile(loss='categorical_crossentropy', optimizer=SGD(lr=0.1))
```

となります。2 値分類のときは `loss='binary_crossentropy'` でしたが、1-of-K 表現の場合は `'categorical_crossentropy'` と書きます。モデルの学習は前回と同様で、

```
minibatch_size = 50
model.fit(X, Y, epochs=20, batch_size=minibatch_size)
```

とするだけです。

```
X_, Y_ = shuffle(X, Y)
classes = model.predict_classes(X_[0:10], batch_size=minibatch_size)
prob = model.predict_proba(X_[0:10], batch_size=1)
```

```
print('classified:')
print(np.argmax(model.predict(X_[0:10]), axis=1) == classes)
print()
print('output probability:')
print(prob)
```

を実行すると、TensorFlow のときと同じく、正しくデータを分類できていることが分かります。

3.6 多層パーセプトロン

3.6.1 非線形分類

3.6.1.1 ● XOR ゲート

基本的な論理ゲートとして、AND ゲート、OR ゲート、NOT ゲートがあることはすでに見てきました。これらとは別に、少し特殊な論理ゲートとして、**XOR ゲート**（排他的論理和）と呼ばれるゲートがあります。回路記号は**図 3.21** で表されます。

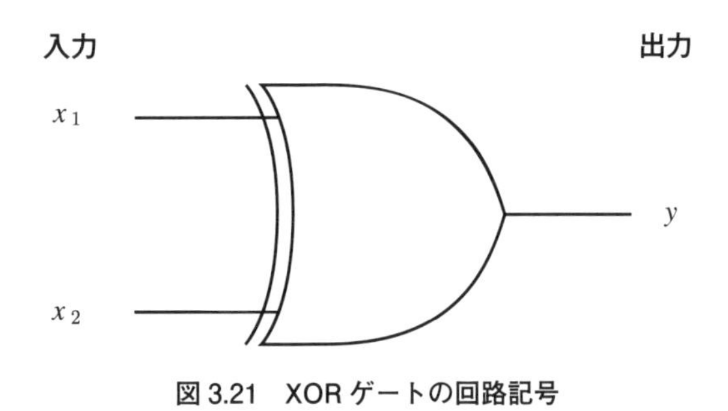

図 3.21　XOR ゲートの回路記号

また、XOR ゲートの入出力は**表 3.7** のようになります。

表 3.7　XOR ゲートの入出力

x_1	x_2	y
0	0	0
0	1	1
1	0	1
1	1	0

XOR ゲートは「特殊」と書きましたが、それはこの入出力が関係しています。x_1-x_2 平面上に図示すると分かりますが、AND ゲートや OR ゲートと異なり、XOR ゲートは 1 本の直線でデータを分類

することができません。**図 3.22** のように、少なくとも 2 本の直線が必要になります。

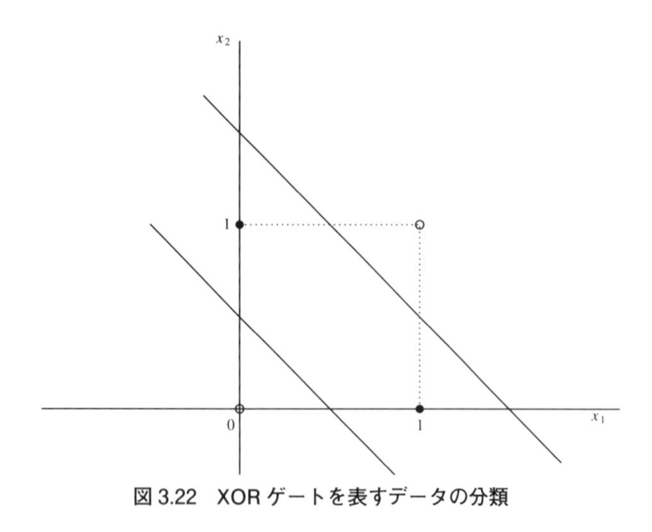

図 3.22　XOR ゲートを表すデータの分類

これまで見てきたような、1 本（K クラスの場合は $K-1$ 本）の直線でデータを分類できるものを**線形分離可能**であると言い、XOR のように分類できないものを**線形分離不可能**であると言います▶9。そして、実は単純パーセプトロンやロジスティック回帰は、あくまでも線形分離可能な問題でしかデータを分類できません。入力が 2 次元の場合を考えると分かりやすいですが、活性化前の式から、ニューロンが発火するかしないかの境界は、

$$ax_1 + bx_2 + c = 0 \tag{3.77}$$

の形でまとまることになります。これは 1 本の直線以上の表現はできないので、XOR ゲートの学習は不可能ということが分かります。実際に、Keras で実装したロジスティック回帰で XOR の分類を試みると、

```
import numpy as np
from keras.models import Sequential
from keras.layers import Dense, Activation
from keras.optimizers import SGD

np.random.seed(0)

# XOR ゲート
X = np.array([[0, 0], [0, 1], [1, 0], [1, 1]])
```

▶9　データが n 次元のときは、$n-1$ 次元の超平面で分類できるかを考えることになります。

```
Y = np.array([[0], [1], [1], [0]])

model = Sequential([
    Dense(input_dim=2, output_dim=1),
    Activation('sigmoid')
])
model.compile(loss='binary_crossentropy', optimizer=SGD(lr=0.1))
model.fit(X, Y, epochs=200, batch_size=1)

prob = model.predict_proba(X, batch_size=1)
print(prob)
```


実行結果は

```
[[ 0.5042778859]
 [ 0.50167429]
 [ 0.50263327]
 [ 0.50002992]]
```

となり、学習が失敗していることが確認できます。単純パーセプトロンやロジスティック回帰のように、線形分離可能な問題のみに対応したモデルのことを**線形分類器** (linear classifier) と呼びます。

3.6.1.2 ● ゲートの組み合わせ

基本ゲートは線形分離可能であり、XOR ゲートは線形分離不可能ですが、基本ゲートを組み合わせることで XOR ゲートを実現できます。実現する方法はいくつかありますが、**図 3.23** がその 1 つです。通常の AND ゲートの手前に、3 種類のゲートを組み合わせたもの（破線部分）を差し込んでいます。

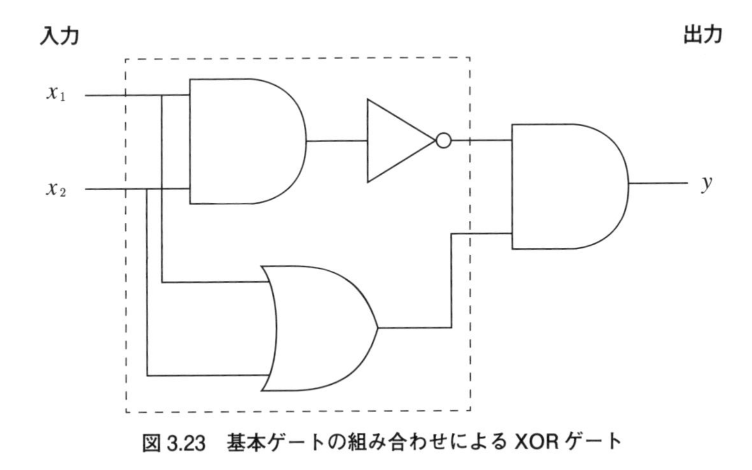

図 3.23 基本ゲートの組み合わせによる XOR ゲート

XOR ゲートが基本ゲートだけで実現できることは、ニューラルネットワークのモデルにとって重要なことを示唆しています。基本ゲートはニューロンに置き換えて考えることができるので、基本ゲートの組み合わせ同様にニューロンを組み合わせれば、非線形分類を行えるモデルが作れるようになることを表しているからです。そのためには、これまでは入力と出力しか考えていませんでしたが、**図 3.23** の破線部分に該当するニューロンを付け加える必要があります。破線部分だけに着目すると、入力数も出力数も 2 となっているので、ニューラルネットワークのモデルでは**図 3.24** のように表すことができます。ゲートの組み合わせ同様、入力と出力の間にニューロンが 2 つ加わりました。AND + NOT ゲートと OR ゲートがそれぞれニューロンに置き換わっています▶10。

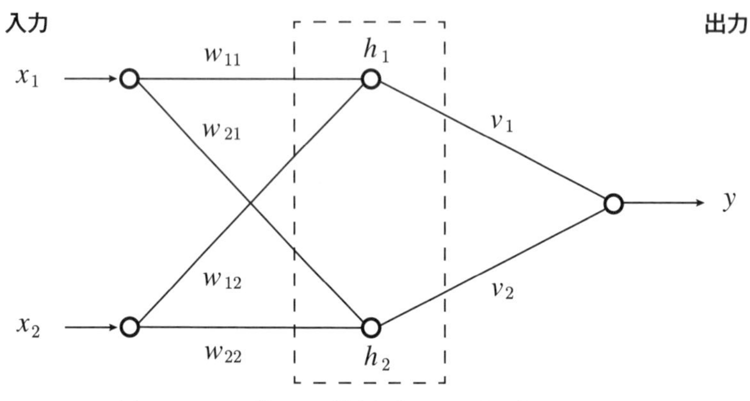

図 3.24 XOR ゲートに対応したニューラルネットワーク

さて、このニューラルネットワークが本当に XOR ゲートを再現できているのか考えてみましょう。ここでも、やはりニューロンの仕組み自体に変わりはないので、各ニューロンは下記のように表すことができます。

$$h_1 = f(w_{11}x_1 + w_{12}x_2 + b_1) \tag{3.78}$$
$$h_2 = f(w_{21}x_1 + w_{22}x_2 + b_2) \tag{3.79}$$
$$y = f(v_1h_1 + v_2h_2 + c) \tag{3.80}$$

活性化関数 $f(\cdot)$ は、**図 3.23** との対応をとるためステップ関数としますが、関数の中身の正負によって出力が決まるという意味では、シグモイド関数としても問題はありません。上記の式に対し、例えば

▶10 AND ゲートの出力と逆の出力をする（線形分離可能な）ゲートを **NAND ゲート**と呼びます。すなわち、**図 3.23** の破線部分は NAND ゲートと OR ゲートが並んでいると考えることができ、それぞれのニューロンがそれぞれのゲートに対応していると考えるとより直観的かもしれません。

$$W = \begin{pmatrix} w_{11} & w_{12} \\ w_{21} & w_{22} \end{pmatrix} = \begin{pmatrix} 2 & 2 \\ -2 & -2 \end{pmatrix} \tag{3.81}$$

$$\boldsymbol{b} = \begin{pmatrix} b_1 \\ b_2 \end{pmatrix} = \begin{pmatrix} -1 \\ 3 \end{pmatrix} \tag{3.82}$$

$$\boldsymbol{v} = \begin{pmatrix} v_1 \\ v_2 \end{pmatrix} = \begin{pmatrix} 2 \\ 2 \end{pmatrix} \tag{3.83}$$

$$c = -3 \tag{3.84}$$

とおけば、確かにニューラルネットワークでXORゲートを再現できることが分かります。

このように、入力と出力以外のニューロンがつながったモデルのことを**多層パーセプトロン** (multi-layer perceptron) と呼び、よくMLPと略記します。多「層」パーセプトロンという名前にも表されているように、ニューラルネットワークのモデルは、人間の脳内と同様ニューロンが層として連なっているように考えることができます。そのため、入力を受け取る層を**入力層** (input layer)、出力を行う層を**出力層** (output layer)、そして今回追加された入力層と出力層の間にある層を**隠れ層** (hidden layer) と呼びます。

3.6.2 モデル化

「入力層 - 隠れ層 - 出力層」という3層のネットワーク▶11にすることで、線形分離不可能なデータの入出力も行えるようになりました。XORは非線形分類の中でも最も単純と言ってよい問題ですが、多層パーセプトロンのモデルを一般化することで、より複雑なデータも分類できるようになります。多層にすることでこれまで考えてきたモデルとどこが変わるのか見ていくことにしましょう。3層のニューラルネットワークを一般化した場合、モデルを図示すると、**図3.25**のように表されます。

▶11 入力層を層の数に含めず、これを2層のネットワークとする場合もありますが、本書では直観的な分かりやすさから入力層も層の数に含めることにします。

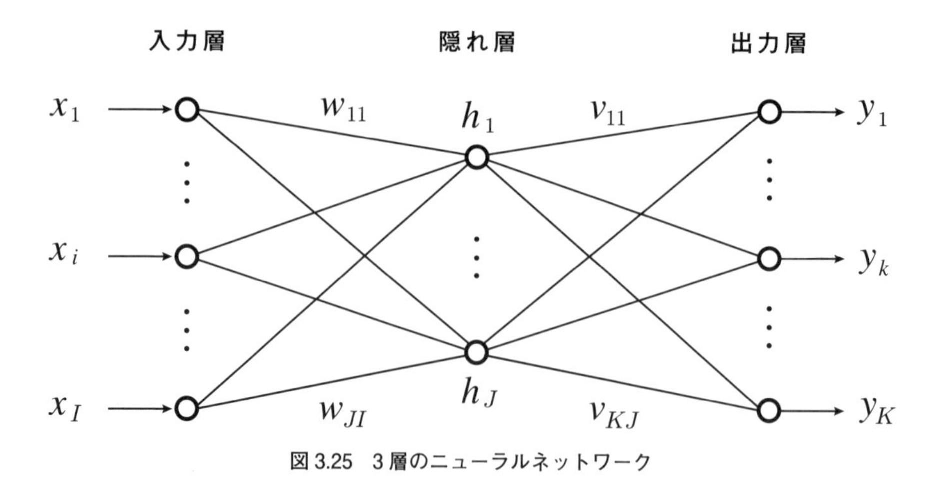

図 3.25　3 層のニューラルネットワーク

まず、「入力層 - 隠れ層」の部分に着目すると、これまで考えてきた2層のニューラルネットワークと同じ形をしているので、隠れ層における「出力」を表す式は、重み W、バイアス $\boldsymbol{b}$、活性化関数 $f(\cdot)$ に対し、

$$\boldsymbol{h} = f(W\boldsymbol{x} + \boldsymbol{b}) \tag{3.85}$$

となります。ここで得られた $\boldsymbol{h}$ が出力層にまた伝播していくので、「隠れ層 - 出力層」では、重み V、バイアス $\boldsymbol{c}$、活性化関数 $g(\cdot)$ に対し

$$\boldsymbol{y} = g(V\boldsymbol{h} + \boldsymbol{c}) \tag{3.86}$$

となることが分かります。活性化関数 f および g についてそれぞれ考えると、まず g はネットワーク全体の出力を表すので、多クラス分類のときはソフトマックス関数、2 値分類のときはシグモイド関数を用いる必要があります。一方、f は出力層に対して値（信号）を伝播させますが、$g(\cdot)$ の中身である $V\boldsymbol{h} + \boldsymbol{c}$ は任意の実数であればよいので、$\boldsymbol{h}$ を出力する f は「受け取る値が小さければ出力も小さい値を、受け取る値が大きければ大きい値を出力する」関数であれば問題ありません。ただし、一般的には計算のしやすさからシグモイド関数などが用いられます。その他の活性化関数については、**第 4 章**で取り上げます。

多層になった場合、ネットワークを学習（パラメータを最適化）するにはどのようにすればよいでしょうか。モデルのパラメータは $W, V, \boldsymbol{b}, \boldsymbol{c}$ なので、最小化すべき誤差関数を E とすると、$E = E(W, V, \boldsymbol{b}, \boldsymbol{c})$ ということになり、確率的勾配降下法によって最適なパラメータを求めるには、各パラメータに対する勾配を求める必要があります。さて、これまで同様 N 個のデータがあるとし、

そのうちの n 番目に該当するデータ（ベクトル）を $\boldsymbol{x}_n$ や $\boldsymbol{y}_n$ などと表すことにします。すると、これまでにも見てきたように、N 個それぞれのデータで発生する誤差 E_n $(n = 1, ..., N)$ は独立なので、

$$E = \sum_{n=1}^{N} E_n \tag{3.87}$$

という形で表すことができます。そこで、まずは E_n に対する各パラメータの勾配を考えることにしましょう。以降、式を見やすくするためにデータの順番を表すベクトルの添字 $_n$ は省略して記述することにします。

各層の活性化前の値をそれぞれ

$$\boldsymbol{p} := W\boldsymbol{x} + \boldsymbol{b} \tag{3.88}$$

$$\boldsymbol{q} := V\boldsymbol{h} + \boldsymbol{c} \tag{3.89}$$

とおくと、$W = (\boldsymbol{w}_1\ \boldsymbol{w}_2 \cdots \boldsymbol{w}_J)^T$ および $V = (\boldsymbol{v}_1\ \boldsymbol{v}_2 \cdots \boldsymbol{v}_K)^T$ に対して、

$$\begin{cases} \dfrac{\partial E_n}{\partial \boldsymbol{w}_j} = \dfrac{\partial E_n}{\partial p_j}\dfrac{\partial p_j}{\partial \boldsymbol{w}_j} = \dfrac{\partial E_n}{\partial p_j}\boldsymbol{x} \\ \dfrac{\partial E_n}{\partial b_j} = \dfrac{\partial E_n}{\partial p_j}\dfrac{\partial p_j}{\partial b_j} = \dfrac{\partial E_n}{\partial p_j} \end{cases} \tag{3.90}$$

$$\begin{cases} \dfrac{\partial E_n}{\partial \boldsymbol{v}_k} = \dfrac{\partial E_n}{\partial q_k}\dfrac{\partial q_k}{\partial \boldsymbol{v}_k} = \dfrac{\partial E_n}{\partial q_k}\boldsymbol{h} \\ \dfrac{\partial E_n}{\partial c_k} = \dfrac{\partial E_n}{\partial q_k}\dfrac{\partial q_k}{\partial c_k} = \dfrac{\partial E_n}{\partial q_k} \end{cases} \tag{3.91}$$

となるので、$\dfrac{\partial E_n}{\partial p_j}$ および $\dfrac{\partial E_n}{\partial q_k}$ を求めれば、各パラメータの勾配が求められることになります。ここで、式 (3.91) に関しては、「隠れ層 - 出力層」ではソフトマックス関数が用いられることを考えると、多クラスロジスティック回帰のモデル化の際に考えた式 (3.72) および (3.73) と比較することで、

$$\frac{\partial E_n}{\partial q_k} = -(t_k - y_k) \tag{3.92}$$

が得られるので▶12、結局、$\frac{\partial E_n}{\partial p_j}$ を求めればよいことになります。これもさらに偏微分の連鎖率を用いれば、

$$\begin{aligned} \frac{\partial E_n}{\partial p_j} &= \sum_{k=1}^{K} \frac{\partial E_n}{\partial q_k} \frac{\partial q_k}{\partial p_j} \\ &= \sum_{k=1}^{K} \frac{\partial E_n}{\partial q_k} \left(f'(p_j) v_{kj} \right) \end{aligned} \tag{3.93}$$

と式変形できるので、すべての勾配が計算できることが分かります。

数式上の計算は以上になりますが、式 (3.93) の意味についてもう少し考えてみます。ここで、

$$\delta_j := \frac{\partial E_n}{\partial p_j} \tag{3.94}$$

$$\delta_k := \frac{\partial E_n}{\partial q_k} \tag{3.95}$$

とおきます。式 (3.92) を見ると分かりますが、δ_k はモデルの出力と正解値の純粋な誤差を表しているため、δ_k や δ_j のことを**誤差** (error) と呼びます。誤差項を定義すると、式 (3.93) は

$$\delta_j = f'(p_j) \sum_{k=1}^{K} v_{kj} \delta_k \tag{3.96}$$

と表されますが、$\sum_{k=1}^{K} v_{kj} \delta_k$ の部分は、これまでに何度も見てきたニューロンの出力を表す式と同じ形をしています。すなわち、モデルの出力を考える際は入力層から出力層への順向きでネットワークを見ましたが、勾配を考える際はネットワークを逆向きで見ると、**図 3.26** のように、δ_k がネットワークを伝播していると捉えることができます。このように、ネットワークが多層になった場合のアプローチは、勾配を計算するための誤差が逆向きの出力を考えていくことで求められることよ

▶12　もちろん、$E_n = -\sum_{k=1}^{K} t_k \log y_k$ を偏微分することでも求めることができます。

り、**誤差逆伝播法** (backpropagation) と呼ばれます。誤差逆伝播法はすべてのディープラーニングのモデルにおいて必要となる手法と言っても過言ではありません。ただ、手法に名前は付いているものの、基本的には「誤差関数を最小化するために勾配を計算したい」という大前提さえ押さえていれば問題ありません。

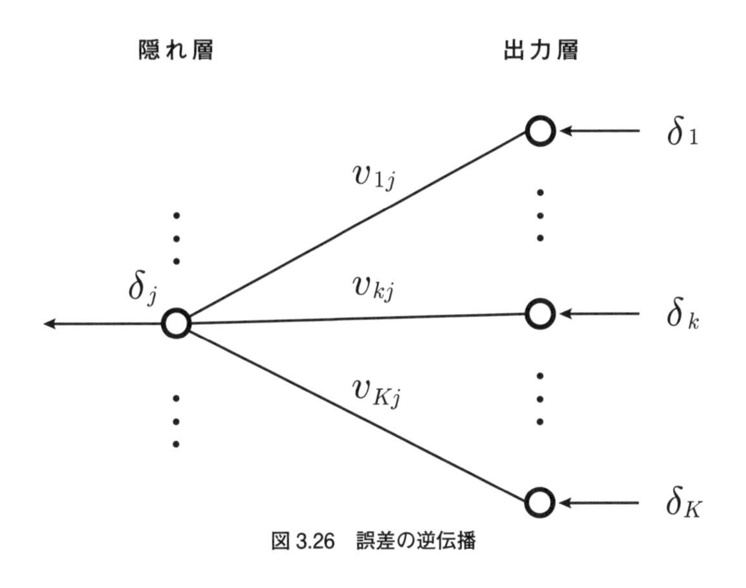

図 3.26 誤差の逆伝播

ここでは、誤差逆伝播法について丁寧に見ていくために各層の重み行列をベクトルに分解して勾配計算を行いましたが、もちろん分解せずとも式で表すことができます。その場合、

$$\frac{\partial E_n}{\partial W} = \frac{\partial E_n}{\partial \boldsymbol{p}}\left(\frac{\partial \boldsymbol{p}}{\partial W}\right)^T = \frac{\partial E_n}{\partial \boldsymbol{p}}\boldsymbol{x}^T \tag{3.97}$$

$$\frac{\partial E_n}{\partial V} = \frac{\partial E_n}{\partial \boldsymbol{q}}\left(\frac{\partial \boldsymbol{q}}{\partial V}\right)^T = \frac{\partial E_n}{\partial \boldsymbol{q}}\boldsymbol{h}^T \tag{3.98}$$

と表すことができるので、

$$\boldsymbol{e}_h := \frac{\partial E_n}{\partial \boldsymbol{p}} \tag{3.99}$$

$$\boldsymbol{e}_o := \frac{\partial E_n}{\partial \boldsymbol{q}} \tag{3.100}$$

で定義される $\boldsymbol{e}_h$ および $\boldsymbol{e}_o$ はそれぞれ δ_j, δ_k を各成分に持つベクトルであり、

$$\boldsymbol{e}_h = f'(\boldsymbol{p}) \odot V^T \boldsymbol{e}_o \tag{3.101}$$

$$\boldsymbol{e}_o = -(\boldsymbol{t} - \boldsymbol{y}) \tag{3.102}$$

が求まります。

3.6.3 実装

多層パーセプトロンで XOR が学習できるか、実際に試してみましょう。まずは XOR のデータを用意しておきます。

```
X = np.array([[0, 0], [0, 1], [1, 0], [1, 1]])
Y = np.array([[0], [1], [1], [0]])
```

多層になったとは言え、基本は層ごとに区切って見ていけばよいので、実装は難しくありません。特に、モデルの定式化で大変だったのは誤差逆伝播法の部分でしたが、そこは TensorFlow や Keras などのライブラリが吸収してくれるので、特別注意が必要なところもありません。ただし、きちんとモデルを理解するために、式のどの部分がコードのどの部分に対応しているか、しっかりと意識して実装を見ていきましょう。

3.6.3.1 TensorFlow による実装

XOR ゲートは入力層の次元が 2、出力層の次元が 1 なので、それぞれに対応する `placeholder` を定義します。

```
x = tf.placeholder(tf.float32, shape=[None, 2])
t = tf.placeholder(tf.float32, shape=[None, 1])
```

多層の場合、各層の出力を表す式をコード上で定義する必要があります。ゲートの組み合わせでは、隠れ層の次元は 2 で XOR ゲートを作ることができたので、同じ数で試してみましょう。「入力層 - 隠れ層」の式は下記になります。

```
W = tf.Variable(tf.truncated_normal([2, 2]))
b = tf.Variable(tf.zeros([2]))
h = tf.nn.sigmoid(tf.matmul(x, W) + b)
```

ここで、`tf.truncated_normal()` は**切断正規分布** (truncated normal distribution) に従うデータを生成するメソッドです。これは、`tf.zeros()` でパラメータをすべて0で初期化してしまうと、誤差逆伝播法で正しく誤差が反映されなくなる場合があるためです。同様に「隠れ層 - 出力層」を考えると、

```
V = tf.Variable(tf.truncated_normal([2, 1]))
c = tf.Variable(tf.zeros([1]))
y = tf.nn.sigmoid(tf.matmul(h, V) + c)
```


となります。モデルの出力は以上になります。

学習を行うにあたっての誤差関数の設定ですが、今回は2値分類なので、交差エントロピー誤差関数は

```
cross_entropy = - tf.reduce_sum(t * tf.log(y) + (1 - t) * tf.log(1 - y))
```

を用います。確率的勾配降下法に関しては、前回までと同じ実装で実現できます。

```
train_step = tf.train.GradientDescentOptimizer(0.1).minimize(cross_entropy)
correct_prediction = tf.equal(tf.to_float(tf.greater(y, 0.5)), t)
```

これがライブラリを用いる利点と言えるでしょう。実際の学習に関しても、実装はこれまでと同じです。

```
init = tf.global_variables_initializer()
sess = tf.Session()
sess.run(init)

for epoch in range(4000):
    sess.run(train_step, feed_dict={
        x: X,
        t: Y
    })
    if epoch % 1000 == 0:
        print('epoch:', epoch)
```

学習回数が多いので、途中で進捗を出力しています。

以上で学習ができるので、結果を確認してみましょう。

```
classified = correct_prediction.eval(session=sess, feed_dict={
    x: X,
    t: Y
})
prob = y.eval(session=sess, feed_dict={
    x: X
})

print('classified:')
print(classified)
print()
print('output probability:')
print(prob)
```

とすると、

```
classified:
[[ True]
 [ True]
 [ True]
 [ True]]

output probability:
[[ 0.00766729]
 [ 0.99138135]
 [ 0.99138099]
 [ 0.01342883]]
```

となり、確かにXORの学習ができることが分かります。

3.6.3.2 ● Kerasによる実装

Kerasでは、`model.add()` でどんどん層の追加ができるので、

```
model = Sequential()

# 入力層 - 隠れ層
model.add(Dense(input_dim=2, units=2))
model.add(Activation('sigmoid'))

# 隠れ層 - 出力層
model.add(Dense(units=1))
model.add(Activation('sigmoid'))

model.compile(loss='binary_crossentropy', optimizer=SGD(lr=0.1))
```

とすれば、3 層のネットワークが構築できます。実際の学習もこれまでどおり、

```
model.fit(X, Y, epochs=4000, batch_size=4)
```

とするだけです。下記で結果を確認すると、こちらも正しく学習できていることが確認できます。

```
classes = model.predict_classes(X, batch_size=4)
prob = model.predict_proba(X, batch_size=4)

print('classified:')
print(Y == classes)
print()
print('output probability:')
print(prob)
```

　また、これまでは Dense() を追加する際に Dense(input_dim=2, units=2) などと記述をしてきましたが、これは

```
Dense(2, input_dim=2)
```

というように units= を省略して書くことができます。同様に、上記の「隠れ層 - 出力層」の部分では Dense(units=1) と書きましたが、こちらも

```
Dense(1)
```

と表すことができます。今後は、このように units= は記述せずに実装を進めることにします▶13。

▶ 13　Keras の Dense クラスの実装（https://github.com/fchollet/keras/blob/master/keras/layers/core.py）を見ても、def __init__(self, units, ..., **kwargs) となっていることより、units= は不要の前提で実装されていることが分かります。

3.7 モデルの評価

3.7.1 分類から予測へ

ここまでで、ロジスティック回帰や多層パーセプトロンといった手法を用いて、簡単なデータ群を適切に分類できることを見てきました。しかし、これまではすべてのデータを正しく分類できる「キレイ」なデータだけを用いてネットワークを学習できるかを見てきたので、データを分類できることにどのような意味や価値があるのか実感が湧きにくかったかもしれません。一方、実社会で扱うデータはもっと複雑であったり、異常値やノイズが混ざっていたりすることがほとんどです。そのため、複雑なデータを前に、機械が「どのようにデータを分類するか」は非常に重要になります。

例として、**図3.27**のような2クラスのデータ群を考えてみましょう。大きく2つのかたまりに分類できそうだということは見て分かりますが、データに重なりがあるため、100%正しく分類できることはなさそうです。世の中のデータはこうした「キレイではない」ものである場合がほとんどなので、ある程度分類に誤りが発生するのは避けられません。そのため、与えられたデータから、最も「よい」分類を考える必要があります。

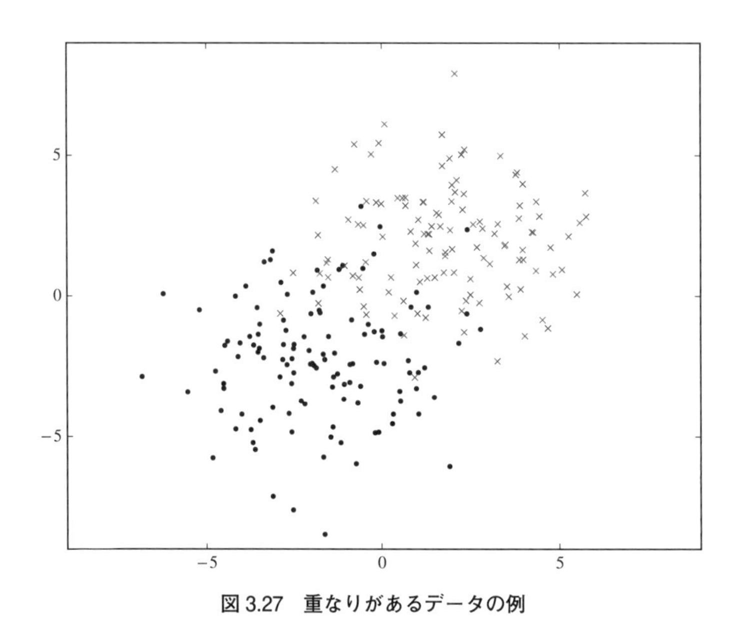

図3.27 重なりがあるデータの例

では、何をもって「よい」分類と考えるべきでしょうか。分類の仕方はさまざまですが、例えば**図3.28**を見たときに、右図よりも左図のほうが「よい」分類だと直観的に思うはずです。しかし、与えられたデータをうまく分類できているのは右図です。

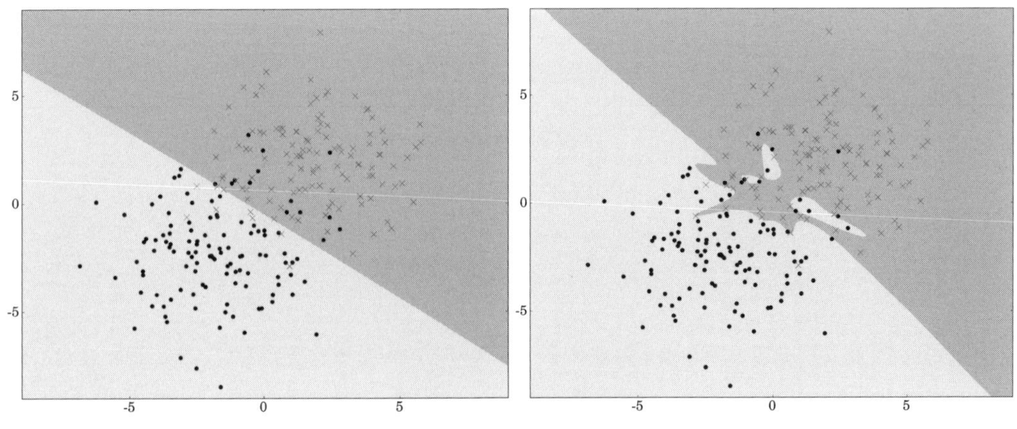

図 3.28 データ分類の例

理想は、データが持つ真のパターンを見つけ出すことです。左図のほうが「よい」分類だと思うのは、左図のほうが与えられたデータが持つ特徴をつかんでいそうだと予想したためでしょう。これを評価するには、与えられたデータを分類した後、「また同じようなデータが与えられたときに正しく分類できる確率を上げる」ことが考えられます。すなわち、ニューラルネットワークにおける学習とは、データの分類（だけ）ではなく、データが持つ真のパターンを予測することを表します。

3.7.2 予測の評価

データから適切な予測ができているかどうかを測るには、与えられたデータ以外の未知のデータに対して正しい分類ができているかを見る必要があります。すなわち、モデルの予測の「よさ」を測るには、2つのデータセットを準備しなければなりません。これまで見てきたような、モデルの学習に必要なデータのことを**訓練データ** (training data) と呼び、「よさ」を測るための未知のデータのことを**テストデータ** (test data) と呼びます。ただし、本当に未知のデータは入手が困難なので、実際には与えられた全データを訓練データとテストデータに（ランダムに）分割することで擬似的に未知のデータを作り、モデルの評価を行うことになります▶14。すなわち、流れとしては次のようになります。

▶14 あるいは、ここで言うテストデータを**検証データ** (validation data) と呼び、本当に未知のデータをテストデータと呼ぶ場合もあります。その場合、3つのデータセットで評価を行うことになります。特に訓練データの数が多い場合は、検証データも用いて実験するのが一般的です。

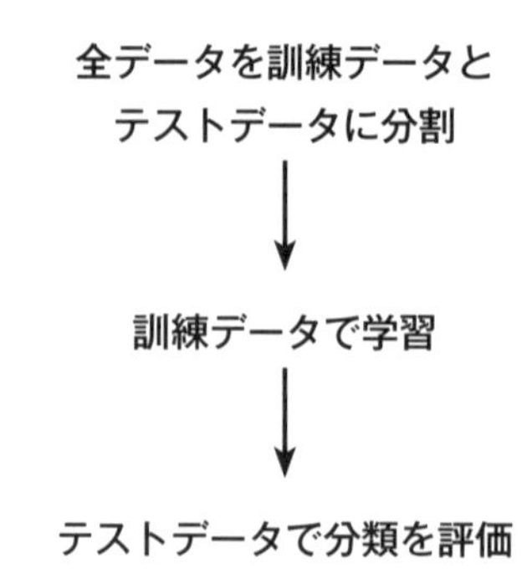

さて、100% 正しい分類ができないとすると、評価のための指標も必要です。よく用いられる代表的な指標として、**正解率** (accuracy)、**適合率** (precision)、**再現率** (recall) があります。それぞれどのような指標なのか、2クラス分類のときを例にとって見ていきましょう。2クラス分類では、モデルの予測値 $y = 1$ (ニューロンが発火する) または $y = 0$ (ニューロンが発火しない) に対して、実際の値 t もまた $t = 1$ あるいは $t = 0$ を取り得るので、(t, y) の組み合わせによって予測の正解・不正解が表されることになります。例えば、あるテストデータに対して予測を行った結果、**表 3.8** で表されるデータ数が得られたとしましょう。この組み合わせを表したものを**混合行列** (confusion matrix) と呼びます。

表 3.8 混合行列

	$y = 1$	$y = 0$
$t = 1$	TP	FN
$t = 0$	FP	TN

各組み合わせにはそれぞれ名称が付いており、$(t, y) = (1, 1)$ となったものを**真陽性** (true positive)、$(t, y) = (0, 1)$ を**偽陽性** (false positive)、$(t, y) = (1, 0)$ を**偽陰性** (false negative)、$(t, y) = (0, 0)$ を**真陰性** (true negative) と呼びます。このとき、3つの指標はそれぞれ**表 3.9** で表されます。

表 3.9 モデルの評価指標

名称	式
正解率	$\dfrac{\mathrm{TP}+\mathrm{FP}}{\mathrm{TP}+\mathrm{FN}+\mathrm{FP}+\mathrm{TN}}$
適合率	$\dfrac{\mathrm{TP}}{\mathrm{TP}+\mathrm{FP}}$
再現率	$\dfrac{\mathrm{TP}}{\mathrm{TP}+\mathrm{TN}}$

すなわち、正解率は全データの中でニューロンが発火する・しないを正しく予測できたデータの割合を表しており、適合率はニューロンが発火したデータのうち本当に発火すべきだったデータの割合を表しており、再現率はニューロンが発火すべきデータのうち本当に発火したデータの割合を表しています。

これら3つの指標でモデルの分類・予測の「よさ」を測ることになります。ただし、厳密に評価を行いたい場合は3つとも求める必要がありますが、一般的には正解率だけ求めて評価を行ってしまいます。単に「予測精度がいくらだった」と言う場合は、正解率のことを指します。

3.7.3 簡単な実験

予測の評価を行うための簡単な実験を行ってみましょう。ライブラリ sklearn を用いると、実験用のデータを簡単に生成できます。例えば下記を実行すると、**図 3.29** のような「月形」の2クラスのデータが150個ずつ生成されます。

```
from sklearn import datasets

N = 300
X, y = datasets.make_moons(N, noise=0.3)
```

noise=0.3 により、データが重なり合う「キレイではない」部分をわざと作っていますが、全体的にはパターンがあることが見て取れるので、多層パーセプトロンにより分類・予測ができそうです。このような実験的な問題のことを**トイ・プロブレム (toy problem)** と呼びます。

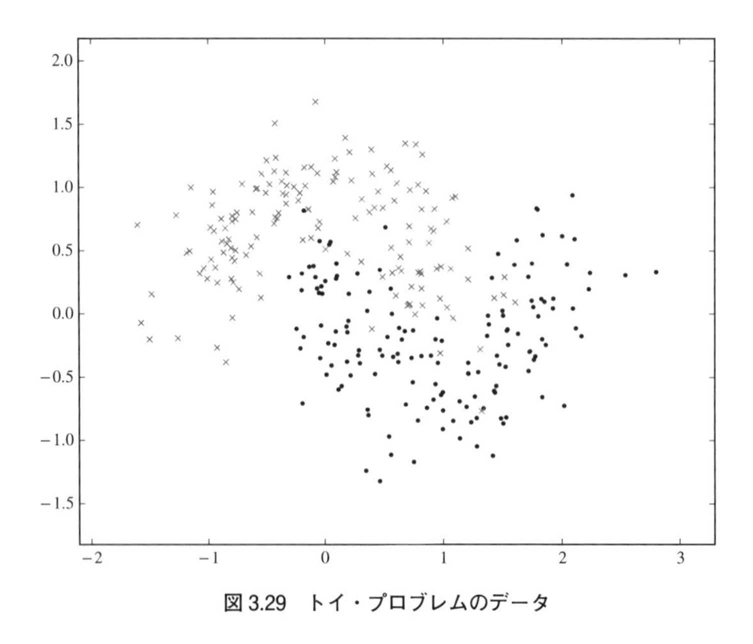

図 3.29　トイ・プロブレムのデータ

このデータセットを用いて、多層パーセプトロンの予測精度を測ってみます。まず、全データを訓練データとテストデータに分ける必要がありますが、これは sklearn.model_selection.train_test_split() を使うことで簡単に実現できます▶15。

```
from sklearn.model_selection import train_test_split

Y = y.reshape(N, 1)
X_train, X_test, Y_train, Y_test =\
    train_test_split(X, Y, train_size=0.8)
```

最初の y.reshape() で、TensorFlow 向けに正解データの次元を合わせる処理を行っています。これにより、訓練データとテストデータが 8：2 に分割されました。

モデルの生成はこれまでと同様です。まずは隠れ層の次元数 2 で実験してみましょう。

▶15　sklearn のバージョンが 0.17 以下では、sklearn.model_selection ではなく sklearn.cross_validation となります。

```
print(sklearn.__version__)
```

の結果が 0.17.X の場合、

```
$ pip install scikit-learn -U
```

を実行してバージョンを 0.18 以上にしておきましょう。

```
num_hidden = 2

x = tf.placeholder(tf.float32, shape=[None, 2])
t = tf.placeholder(tf.float32, shape=[None, 1])

# 入力層 - 隠れ層
W = tf.Variable(tf.truncated_normal([2, num_hidden]))
b = tf.Variable(tf.zeros([num_hidden]))
h = tf.nn.sigmoid(tf.matmul(x, W) + b)

# 隠れ層 - 出力層
V = tf.Variable(tf.truncated_normal([num_hidden, 1]))
c = tf.Variable(tf.zeros([1]))
y = tf.nn.sigmoid(tf.matmul(h, V) + c)

cross_entropy = - tf.reduce_sum(t * tf.log(y) + (1 - t) * tf.log(1 - y))
train_step = tf.train.GradientDescentOptimizer(0.05).minimize(cross_entropy)
correct_prediction = tf.equal(tf.to_float(tf.greater(y, 0.5)), t)
```

また、予測精度を測るためにaccuracyを定義しておきます。これは以下のように記述できます。

```
accuracy = tf.reduce_mean(tf.cast(correct_prediction, tf.float32))
```

correct_predictionは、feed_dictで与えたデータ分の結果を返すので、tf.reduce_mean()で平均値をとれば、「合っていた数 / 全データ数」が得られます。ただし、correct_predictionはブール型を返すので、tf.cast()により浮動小数点数に変換し、数値計算できるようにしています。

モデルの学習もこれまでと同様です。

```
batch_size = 20
n_batches = N // batch_size

init = tf.global_variables_initializer()
sess = tf.Session()
sess.run(init)

for epoch in range(500):
    X_, Y_ = shuffle(X_train, Y_train)

    for i in range(n_batches):
        start = i * batch_size
        end = start + batch_size

        sess.run(train_step, feed_dict={
            x: X_[start:end],
```

```
            t: Y_[start:end]
        })
```

ただし、ここで注意すべきなのが、学習の際には必ず訓練データだけを用い、テストデータを用いないようにすることです。テストデータは「未知のデータ」でなければならないので、学習時にテストデータを用いてしまっては、テストの意味がなくなってしまうからです。

学習が終わったら、テストデータを用いて予測精度を評価します。

```
accuracy_rate = accuracy.eval(session=sess, feed_dict={
    x: X_test,
    t: Y_test
})
print('accuracy: ', accuracy_rate)
```

これを実行すると、

```
accuracy:  0.916667
```

が得られるので、このモデルは予測精度 91.6667% という結果になりました。この予測精度を高めていくべく、隠れ層の次元数や、学習率やエポック数などを調整していくことになります。試しに num_hidden = 3 で実験してみると、

```
accuracy:  0.933333
```

が得られ、隠れ層の次元数が 3 のモデルのほうがより「よい」モデルであることが分かります。それぞれの分類境界を図示してみると、**図 3.30** のようになり、確かに隠れ層の次元数が 3 のときのほうが、「月形」というデータの特徴を捉えていることが確認できます。

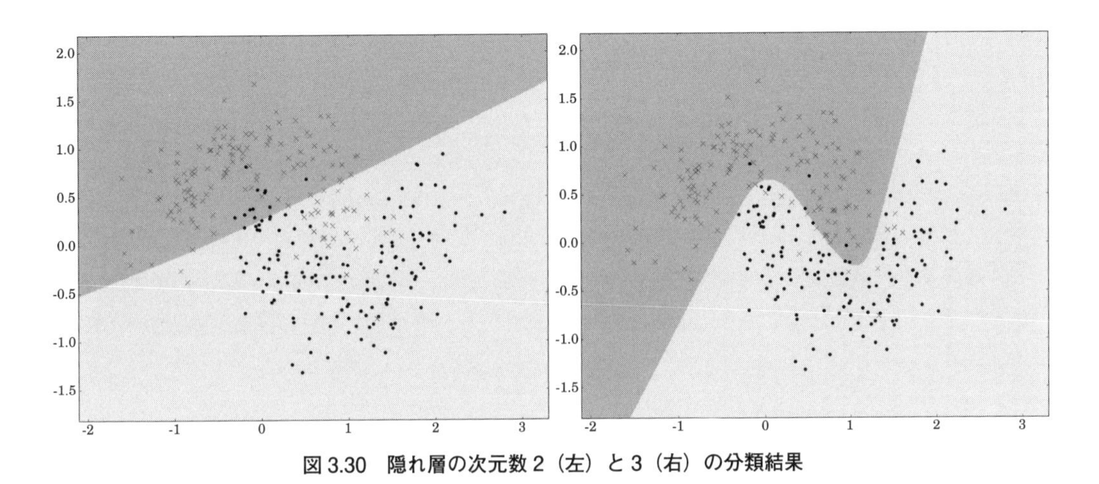

図 3.30　隠れ層の次元数 2（左）と 3（右）の分類結果

Kerasでも、実装はこれまでとほとんど変わりません。

```
N = 300
X, y = datasets.make_moons(N, noise=0.3)

X_train, X_test, y_train, y_test = train_test_split(X, y, train_size=0.8)
```

で訓練データとテストデータを用意し、

```
model = Sequential()
model.add(Dense(3, input_dim=2))
model.add(Activation('sigmoid'))
model.add(Dense(1))
model.add(Activation('sigmoid'))
model.compile(loss='binary_crossentropy',
              optimizer=SGD(lr=0.05),
              metrics=['accuracy'])
```

でモデルを生成します。これまでとの違いは、最後の metrics=['accuracy'] の部分です。Kerasでは、これだけで accuracy を計算してくれるようになります。

```
model.fit(X_train, y_train, epochs=500, batch_size=20)
```

で学習を行うと、

```
loss_and_metrics = model.evaluate(X_test, y_test)
```

```
print(loss_and_metrics)
```

により結果が確認できます。結果は下記のようになります。

```
[0.25150140027205148, 0.88333332141240439]
```

この最初の要素が誤差関数の値で、2番目の要素が予測精度の値になります。ここでは約88%という結果[16]となりましたが、これはあくまでも今回試したパラメータの組み合わせや初期値において得られた値であり、TensorFlowのほうがKerasより「優れている」というわけではないことに注意してください。

3.8 まとめ

本章では、ディープラーニングへの準備として、ニューラルネットワークの手法について基本からしっかりと学んでいきました。単純パーセプトロンからはじめて、ロジスティック回帰、多層パーセプトロンと順番に見ていくことで、人間の脳の仕組みをどのようにして数式に落とし込むのか、そしてそれをどのように実装に落とし込むのかが理解できたのではないかと思います。

モデルが単純であろうと複雑であろうと、基本的にモデルの学習は

1. モデルの出力を式で表す
2. 誤差関数を定義する
3. 誤差関数を最小化すべく、各パラメータに対する勾配を求める
4. 確率的勾配降下法により最適なパラメータを探索する

という流れをたどることになります。次章からいよいよディープラーニングの理論について見ていきますが、この基本を踏まえておけば、どんなモデルもしっかりと理解できるはずです。

▶16 KerasはTensorFlowのラッパーライブラリであるため、KerasとTensorFlowのバージョンの組み合わせによっては、`np.random.seed()`などによる乱数シードがうまくいかない可能性があります。これはKerasのページ上でも議論されています(`https://github.com/fchollet/keras/issues/2280`)。今回の実験を含め、以降本書内で書かれている予測精度も、実際に手元の環境で試してみると異なる結果が得られる場合があるかもしれませんが、本筋には影響しません。

第4章 ディープニューラルネットワーク

本章から、ディープラーニングの理論および実装について扱っていきます。ディープラーニングと言っても、基本的にはこれまで見てきたニューラルネットワークのモデルの発展形なので、基本の理論をしっかりと理解していれば、問題なく読み進められるはずです。ニューラルネットワークから「ディープ」ニューラルネットワークになる上で、どのような課題が発生するのか、またそれをどのようなテクニックで解決するのか見ていきましょう。

4.1 ディープラーニングへの準備

入力層と出力層のみのモデルでは、ニューラルネットワークのモデルは線形分類しかできず、XORのような簡単なパターンも学習もできませんでした。しかし、論理ゲートにおいてANDゲート・ORゲート・NOTゲートを組み合わせることでXORゲートを作ることができたように、ニューラルネットワークにおいても、隠れ層を増やすことによって非線形分類ができるようになりました。ニューラルネットワークは各ニューロンが出火するかどうかのパターンの組み合わせによって与えられたデータを分類するので、論理回路同様、ニューロンの数を増やし、組み合わせることで、より複雑なパターンを認識・分類できるようになるはずです。そのためには、

- 隠れ層内のニューロン数を増やす
- 隠れ層の数を増やす

という2つのアプローチが考えられます。特に、後者のアプローチをとることによってニューラルネットワークの層は深くなりますが、そうした深い層を持つネットワークのことを**ディープニューラルネットワーク**（deep neural networks）と呼びます。そして、ディープニューラルネットワークを学

習する手法のことを総じて**ディープラーニング（deep learning）**、あるいは**深層学習**と呼びます。

簡単な実験をしてみましょう。これまではプログラム上で生成したトイ・プロブレムのデータを用いてきましたが、ここでは**MNIST**▶1という、現実のデータを扱うことにします。MNISTは、ニューラルネットワークのモデルの予測精度を比較する上でよく用いられるベンチマークテスト用のデータセットで、0から9までの数字が手書きされた70,000枚の画像データ（学習用のデータ60,000枚、テスト用のデータ10,000枚）から成っています。**図4.1**はその一例です。各画像は28×28ピクセルの大きさとなっています。

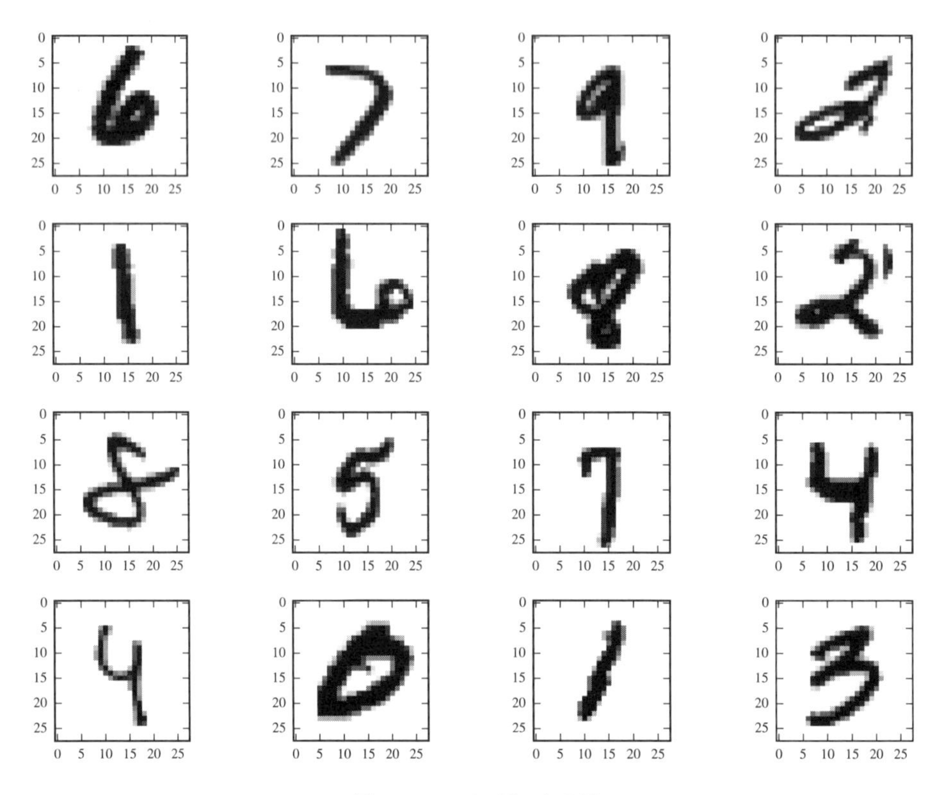

図4.1　MNISTデータの例

MNISTのデータは、sklearnを用いると簡単に読み込むことができます▶2。

▶1　http://yann.lecun.com/exdb/mnist/

▶2　TensorFlowでは from tensorflow.examples.tutorials.mnist import input_data、Kerasでは from keras.datasets import mnist というように、それぞれのライブラリのAPIを用いることでもMNISTデータを読み込むことができますが、sklearnを用いることでどちらのライブラリ（および別のライブラリや独自の実装）でも同じ処理で読み込めるようにしています。

```
from sklearn import datasets
mnist = datasets.fetch_mldata('MNIST original', data_home='.')
```

とすると、data_home で指定したディレクトリ（ここではスクリプトを実行したディレクトリ）にMNISTの圧縮ファイルがダウンロードされます▶3。これにより、次回からはローカルにあるデータを読み込んで高速に処理を行えるようになります。データは mnist.data と mnist.target に分かれており、前者は各画像をグレースケールで数値化したデータ、後者は実際の0から9までの数字データに対応しています▶4。

MNISTの70,000データすべてを用いて実験を行ってもよいのですが、ここでは簡易的な実験を行うため、訓練データ・テストデータ合わせて10,000枚のデータで試してみることにします。ランダムに10,000枚を選ぶ処理は下記になります。

```
n = len(mnist.data)
N = 10000  # MNISTの一部のデータで実験
indices = np.random.permutation(range(n))[:N]  # ランダムにN枚を選択
X = mnist.data[indices]
y = mnist.target[indices]
Y = np.eye(10)[y.astype(int)]  # 1-of-K表現に変換

X_train, X_test, Y_train, Y_test = train_test_split(X, Y, train_size=0.8)
```

まずは一般的な多層パーセプトロンをモデルとして予測してみましょう。入力層の次元を784とし、それに対して隠れ層の次元を200とします。実装はこれまでと変わらないので、Kerasを用いると次のように書くことができます。

▶3 ただし、fetch_mldata は http://mldata.org/ にてホストされているデータをダウンロードしているため、このサイトが何かしらの原因でサーバーエラーになっている場合、データの取得ができません。その場合は、https://github.com/yusugomori/deeplearning-tensorflow-keras/blob/master/mldata/mnist-original.mat に同じデータが置いてあるので、ここからファイルをダウンロードし、$ mkdir ./mldata によって作成した mldata ディレクトリにダウンロードしたファイルを置くと、プログラムが実行できるようになります。

▶4 ただし、mnist.data は実際には 長さ 28×28 = 784 の1次元配列の並びになっており、print(mnist.data[0]) などとするとそれを確認できます。もし28×28にリサイズしたい場合、mnist.data[0].reshape(28, 28) などとしなければなりませんが、これまでに見てきたニューラルネットワークのモデルでは、入力層のデータ形式は1次元配列となっているので、mnist.data そのままの形式で問題ありません。

```
'''
モデル設定
'''
n_in = len(X[0])  # 784
n_hidden = 200
n_out = len(Y[0])  # 10

model = Sequential()
model.add(Dense(n_hidden, input_dim=n_in))
model.add(Activation('sigmoid'))

model.add(Dense(n_out))
model.add(Activation('softmax'))

model.compile(loss='categorical_crossentropy',
              optimizer=SGD(lr=0.01),
              metrics=['accuracy'])

'''
モデル学習
'''
epochs = 1000
batch_size = 100

model.fit(X_train, Y_train, epochs=epochs, batch_size=batch_size)

'''
予測精度の評価
'''
loss_and_metrics = model.evaluate(X_test, Y_test)
print(loss_and_metrics)
```

これを実行すると、予測精度(正解率)として87.30%という結果を得ることができます。そこそこの予測精度を得ることはできましたが、まだまだ高い精度を目指せそうです。では、より多くのパターンを表現できるよう、隠れ層内のニューロン数を増やすとどうなるでしょうか。ニューロン数400、2000、4000で試した結果が**表4.1**になります。

表4.1 隠れ層内のニューロン数を変えた場合

ニューロン数	正解率(%)
200	87.30
400	88.80
2000	90.70
4000	85.95

ニューロン数を増やすことで予測精度が上がっていくように見えますが、ただ単純に増やせばよいというわけではないことが分かります。また、ここで気を付けなければならないのが、計算実行時間です。各層のニューロン数をそれぞれ n_i, n_h, n_o で表したとすると、各ニューロン間のつながりの数は $(n_i \cdot n_h) + (n_h \cdot n_o)$ となるので、同じ予測精度が実現できるのであれば、n_h は少ないに越したことはありません。

ニューロン数を増やすアプローチでは限界があることが分かりました。では、隠れ層の数自体を増やすアプローチはどうなるでしょうか。各隠れ層内のニューロン数がすべて同じ200だとすると、実装は

```
model.add(Dense(n_hidden))
model.add(Activation('sigmoid'))
```

を追加していくだけです。すなわち、モデル全体は、

```
model = Sequential()
model.add(Dense(n_hidden, input_dim=n_in))
model.add(Activation('sigmoid'))

model.add(Dense(n_hidden))
model.add(Activation('sigmoid'))

model.add(Dense(n_hidden))
model.add(Activation('sigmoid'))

model.add(Dense(n_out))
model.add(Activation('softmax'))
```

のようになります（隠れ層が3つの場合）。隠れ層の数を1、2、3、4としてそれぞれ予測した結果が**表4.2**になります。層の数が多いほど複雑なパターンを表現できるはずが、予測精度は上がるどころか下がってしまいました。特に隠れ層の数が4のときの結果を見ると、学習がほとんどできていないことが分かります。

表4.2　隠れ層の数を変えた場合

隠れ層の数	正解率 (%)
1	87.30
2	87.30
3	82.20
4	36.20

このように、ディープラーニングは、アプローチ自体は非常にシンプルなのですが、いざ実際にモデルを学習させてみると、単純に隠れ層の数を増やすだけではうまくいかないことが分かります。しかし、本来はモデルがディープであればあるほど、表現・分類できるパターンは多いはずです。何が問題で学習がうまくいかないのかを特定し、どうすれば解決できるのかを考える必要があります。

4.2 学習における問題

4.2.1 勾配消失問題

ニューラルネットワークのモデルにおいて、単純に隠れ層の数を増やすだけでは学習がうまくいかないことが分かりました。その原因の1つとして、**勾配消失問題** (vanishing gradient problem) が挙げられます。モデルの学習では、最適解を求めるために各パラメータの勾配を求める必要がありましたが、勾配消失問題は、文字どおりこの勾配が消えてしまう（= 0 になってしまう）問題のことを言います。勾配が消失してしまうと、誤差逆伝播法は理想的な挙動をしません。**表 4.2** の結果からも分かるように、特に層の数が増えるほど勾配消失問題は顕著になりますが、その原因について考えてみましょう。

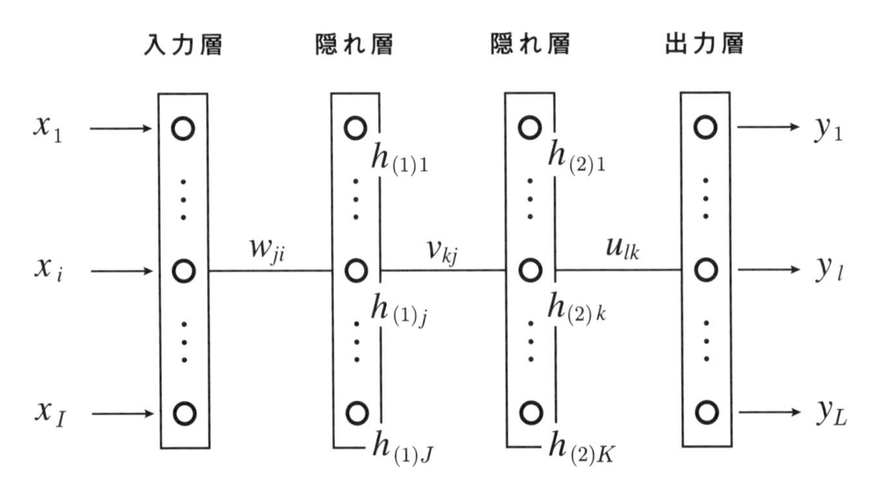

図 4.2　隠れ層が 2 つのニューラルネットワーク

簡単な例として、**図 4.2** のような、隠れ層が2つのニューラルネットワークを考えます。見やすさのためニューロン間のつながりを簡略化して描いていますが、実際には各層間のニューロンはこれまでどおり全結合しているものとして考えてください。入力層の値を $\boldsymbol{x}$、隠れ層の値をそれぞれ $\boldsymbol{h}_{(1)}, \boldsymbol{h}_{(2)}$、出力層の値を $\boldsymbol{y}$ とします。各層間の重み行列を W, V, U、バイアスベクトルを $\boldsymbol{b}, \boldsymbol{c}, \boldsymbol{d}$ とし、また活性化関数がシグモイド関数 $\sigma(\cdot)$ だとすると、それぞれの層におけるニューロンの出力は、

$$\boldsymbol{h}_{(1)} = \sigma(W\boldsymbol{x} + \boldsymbol{b}) \tag{4.1}$$

$$\boldsymbol{h}_{(2)} = \sigma(V\boldsymbol{h}_1 + \boldsymbol{c}) \tag{4.2}$$

$$\boldsymbol{y} = \mathrm{softmax}(U\boldsymbol{h}_2 + \boldsymbol{d}) \tag{4.3}$$

と書くことができます。ここで、多層パーセプトロンのモデル化で考えたときと同様に、

$$\boldsymbol{p} := W\boldsymbol{x} + \boldsymbol{b} \tag{4.4}$$

$$\boldsymbol{q} := V\boldsymbol{h}_1 + \boldsymbol{c} \tag{4.5}$$

$$\boldsymbol{r} := U\boldsymbol{h}_2 + \boldsymbol{d} \tag{4.6}$$

を定義すると、重み $W = (\boldsymbol{w}_1\ \boldsymbol{w}_2 \cdots \boldsymbol{w}_J)^T$ に対する勾配は

$$\frac{\partial E_n}{\partial \boldsymbol{w}_j} = \frac{\partial E_n}{\partial p_j}\frac{\partial p_j}{\partial \boldsymbol{w}_j} = \frac{\partial E_n}{\partial p_j}\boldsymbol{x} \tag{4.7}$$

で表されるので、$\frac{\partial E_n}{\partial p_j}$ を考えていけばよいことになります。偏微分の連鎖率を用いると、

$$\frac{\partial E_n}{\partial p_j} = \sum_{k=1}^{K} \frac{\partial E_n}{\partial q_k}\frac{\partial q_k}{\partial p_j} \tag{4.8}$$

$$= \sum_{k=1}^{K} \frac{\partial E_n}{\partial q_k}\left(\sigma'(p_j)v_{kj}\right) \tag{4.9}$$

となりますが、3 層のときは式 (3.92) のとおり、これで各勾配が求められました。

一方、ネットワークが 4 層のときはさらにこの $\frac{\partial E_n}{\partial q_k}$ も求める必要があります。そこで、もう一度偏微分の連鎖率を用いると、

4

$$\frac{\partial E_n}{\partial q_k} = \sum_{l=1}^{L} \frac{\partial E_n}{\partial r_l} \frac{\partial r_l}{\partial q_k} \tag{4.10}$$

$$= \sum_{l=1}^{L} \frac{\partial E_n}{\partial r_l} (\sigma'(q_k) u_{lk}) \tag{4.11}$$

と表されますが、$\frac{\partial E_n}{\partial r_l}$ は出力層部分なので、

$$\frac{\partial E_n}{\partial r_l} = -(t_l - y_l) \tag{4.12}$$

となります。すなわち、これがネットワークの誤差にあたるので、

$$\delta_j := \frac{\partial E_n}{\partial p_j} \tag{4.13}$$

$$\delta_k := \frac{\partial E_n}{\partial q_k} \tag{4.14}$$

$$\delta_l := \frac{\partial E_n}{\partial r_l} \tag{4.15}$$

とおくと、

$$\delta_j = \sum_{k=1}^{K} \sigma'(p_j) v_{kj} \delta_k \tag{4.16}$$

$$= \sum_{l=1}^{L} \sum_{k=1}^{K} \Big(\sigma'(q_k)\sigma'(p_j)\Big)\Big(u_{lk} v_{kj}\Big) \delta_l \tag{4.17}$$

という、4層のネットワークにおける誤差逆伝播法の式が得られます。隠れ層の数が増えても、偏微分の連鎖率を繰り返し適用することで、各パラメータの勾配を定式化できることが分かります。

理論上はこれで問題ないのですが、実際にアルゴリズムを適用しようとすると、大きな問題があります。式 (4.17) を見ると、誤差逆伝播の式には「シグモイド関数の微分の積のかたまり」がありますが、シグモイド関数の導関数は、

$$\sigma'(x) = \sigma(x)(1 - \sigma(x)) \tag{4.18}$$

で表されました。この関数をグラフで見てみると図4.3のようになります。グラフからも分かるように、シグモイド関数の導関数 $\sigma'(x)$ は $x = 0$ のときに最大値 $\sigma'(0) = 0.25$ をとります。これが意味するのは、式(4.17)では 最大でも 0.25^2 が係数としてかかるように、隠れ層の数が N の場合、$A_N \leq 0.25^N < 1$ なる係数 A_N が誤差を計算する上でかかってくるということです。そのため、隠れ層の数が増えるにつれ誤差項の値が急速に0に近づいていってしまうという問題が発生します。これが勾配消失問題の原因です。この問題を回避するには、「微分しても値が小さくならない活性化関数」を考えるといった対策が必要となります。

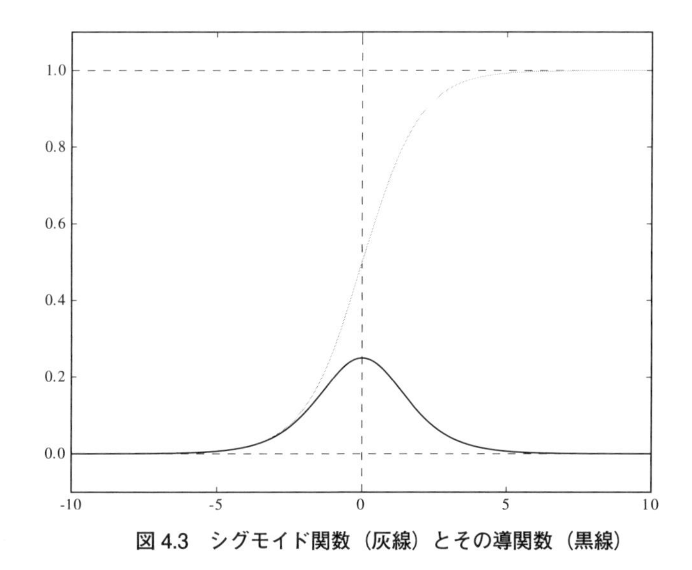

図4.3 シグモイド関数（灰線）とその導関数（黒線）

また、この勾配消失問題は層が深くない場合にも起こり得ます。特に各層の次元数が多い場合、シグモイド関数によって活性化される $\boldsymbol{Wx} + \boldsymbol{b}$ などの値が大きくなりやすいので、層が深い場合と同様、勾配が消失しやすくなります[▶5]。

▶5 このとき、シグモイド関数の値が $\sigma(x) \rightarrow 1$ から動かなくなってしまいますが、これを英語の "saturation" から「サチる」と表現することがあります。

4.2.2 オーバーフィッティング問題

勾配消失問題に加え、もう1つ大きな問題となるのが**オーバーフィッティング(overfitting)**です。これは**過学習**あるいは**過剰適合**とも呼ばれますが、文字どおり「データを学習しすぎた」状態になってしまうことを言います。これの何が問題になるのか、簡単な例で考えてみましょう。例えば**図4.4**で表されるように、真の分布 $f(x) = \cos\left(\frac{3\pi}{2}x\right)$ に対し、実際に手元にあるのはその分布に従う30個のデータだったとします。

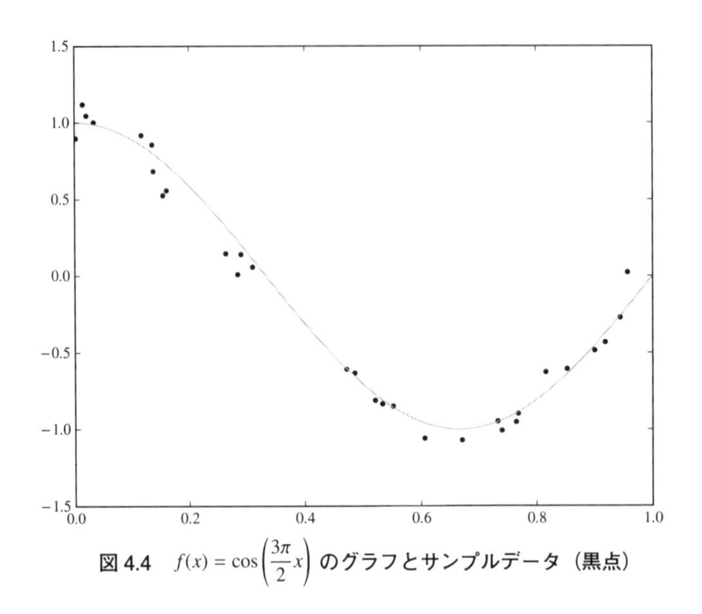

図4.4 $f(x) = \cos\left(\frac{3\pi}{2}x\right)$ **のグラフとサンプルデータ(黒点)**

さて、真の分布(関数)が簡単に見つかれば問題はないのですが、実際には与えられたサンプルデータのみから完全に真の分布を見つけ出すのは困難です。そこで、ニューラルネットワーク(をはじめとするデータ分類・予測手法)は、与えられたデータの中からなるべく真の分布に近づくような関数を近似することで、予測精度を上げようとします。この近似に用いる関数をどのように設定するかが重要になってきます。例えば多項式関数

$$\hat{f}(x) = a_0 + a_1 x + a_2 x^2 + \cdots + a_n x^n = \sum_{i=0}^{n} a_i x^i \tag{4.19}$$

で真の分布を近似することを考えた場合、n を大きくするほど、複雑な関数を近似できるようになります($n = 1$ では直線しか表せないのに対し、$n = 2$ では曲線も表せます)。では、n を単純に大きくすればよいのかと言うと、必ずしもそうではありません。**図4.5**は、それぞれ n=1, 4, 16 に

対して、与えられた30個のデータから真の分布を近似した結果です。

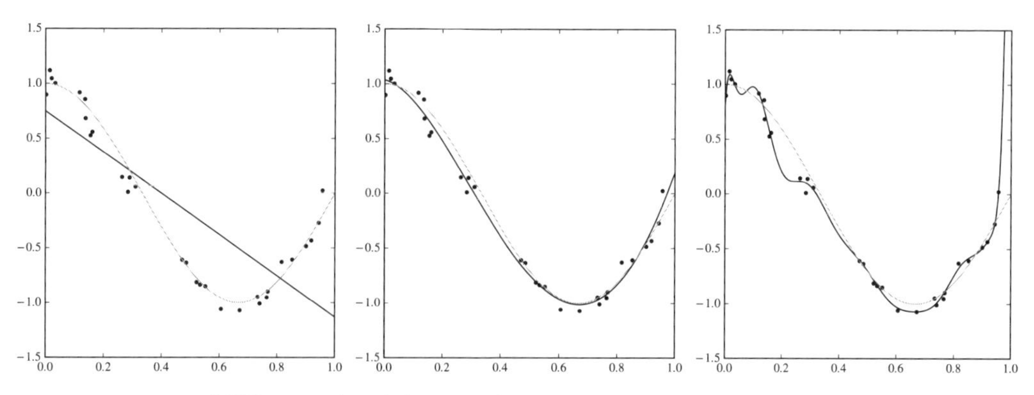

図 4.5 1次関数による近似（左）、4次関数による近似（中）、16次関数による近似（右）

4

直線しか表現できない $n = 1$ ではうまく近似できないのはすぐ分かるかと思いますが、より複雑な近似ができる $n = 16$ の場合、サンプルデータのみを表せるように近似しすぎてしまい、結果的に真の分布からは遠ざかってしまいました。このように、サンプルデータは数に限りがあるので、与えられたデータだけをうまく表現できる関数を考えたとしても、それが新しく手に入る未知のデータにも当てはまるとは限りません。この $n = 16$ のときのように、サンプルデータのみを過剰に近似してしまっている状態のことを「オーバーフィッティング」と言います▶6。

ニューラルネットワークでは、このオーバーフィッティングが大きな問題となります。隠れ層内のニューロン数を増やすにせよ、隠れ層の数を増やすにせよ、ネットワーク全体のニューロン数が増えることでより複雑なパターンを表現できるようになりますが、まさしく上記で考えた例と同様、訓練データのみを複雑に表現してしまうと、実際のデータの分布とは異なるパターン分類になってしまう可能性が高まります。モデルの学習では、誤差関数 E の値を最小化するようパラメータの値を更新していきますが、単純に E を最小化するとオーバーフィッティングしてしまう可能性があるため、必ずしもただ最小化すればよいわけではない、ということになります。実験において、訓練データに対しての予測はうまくいくのに、テストデータはうまく予測できないという場面に遭遇した場合、まずオーバーフィッティングを疑うのがよいでしょう。

▶6　オーバーフィッティング (overfitting) に対して、$n = 1$ のように、近似ができていない状態のことを**アンダーフィッティング (underfitting)** と言います。

4.3 学習の効率化

ディープニューラルネットワークを考える上で、適切な学習を進めるにはさまざまな課題を解決しなければならないことが分かりました。しかし、勾配消失問題にせよ、オーバーフィッティング問題にせよ、原因は分かっているので、あとはそれにどう対処すればよいのか考えるだけです。ディープラーニングは、ネットワークを深層にする際に生じる問題を解決するテクニックの積み重ねです。その1つ1つは決して難しいものではないので、順番に理解していきましょう。

4.3.1 活性化関数

多層パーセプトロンのモデル化でも説明したとおり、出力層における活性化関数は確率を出力する関数でなければならないので、通常シグモイド関数あるいはソフトマックス関数が用いられますが、隠れ層における活性化関数は、「受け取る値が小さければ小さい値を出力し、受け取る値が大きければ大きい値を出力する」関数であれば、理論上問題はありません。シグモイド関数を用いることで勾配が消失してしまうのであれば、別の活性化関数を用いることでこの問題を回避できないか考えてみましょう。

4.3.1.1 ● 双曲線正接関数(tanh)

どのような活性化関数を用いればよいのかについて、まずは「シグモイド関数と似た形をしているが、勾配が消失しにくい」関数を用いるアプローチが考えられます。この条件に当てはまるのが、**双曲線正接関数**(hyperbolic tangent function)です。英名そのまま**ハイパボリックタンジェント**とも呼ばれます。これは $\tanh(x)$ と記される関数で、下式で定義されます。

$$\tanh(x) = \frac{e^x - e^{-x}}{e^x + e^{-x}} \tag{4.20}$$

また、グラフは**図4.6**のようになります。シグモイド関数 $\sigma(x)$ と形は似ていますが▶7、$-\infty < x < +\infty$ において、$0 < \sigma(x) < 1$ であるのに対し、$-1 < \tanh(x) < 1$ となっていることに注意してください。

活性化関数に双曲線正接関数を用いる場合、勾配を求めるには $\tanh'(x)$ が必要となりますが、これを計算すると式(4.21)が得られます。

▶7 シグモイド関数と双曲線正接関数は $\tanh(x) = 2\sigma(2x) - 1$ という関係性があるので、形が似ているのは当然と言えば当然です。シグモイド関数を「横に短く、縦に長く」する(=スケーリングする)と双曲線正接関数になります。

$$\tanh'(x) = \frac{4}{(e^x + e^{-x})^2} \tag{4.21}$$

こちらもグラフで表すと、**図 4.7** のようになります。シグモイド関数の導関数 $\sigma'(x)$ が最大値 $\sigma(0) = 0.25$ であるのに対し、$\tanh'(x)$ は $\tanh'(0) = 1$ が最大値となるので、シグモイド関数と比べ勾配が消失しにくいことが分かります。

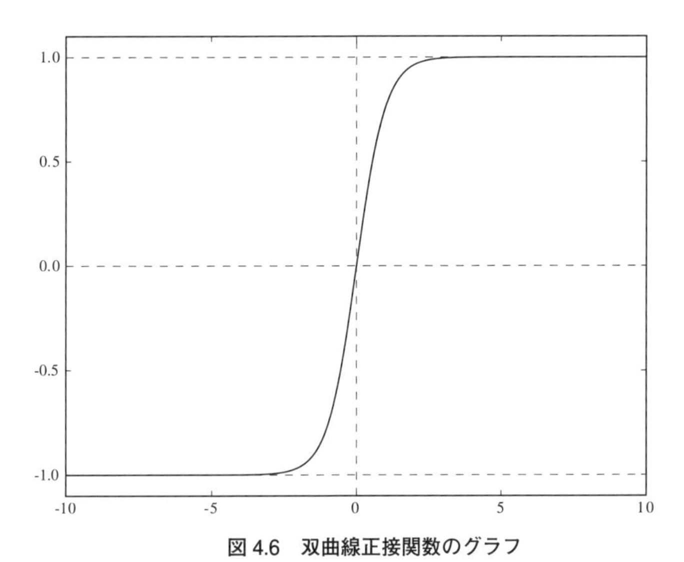

図 4.6　双曲線正接関数のグラフ

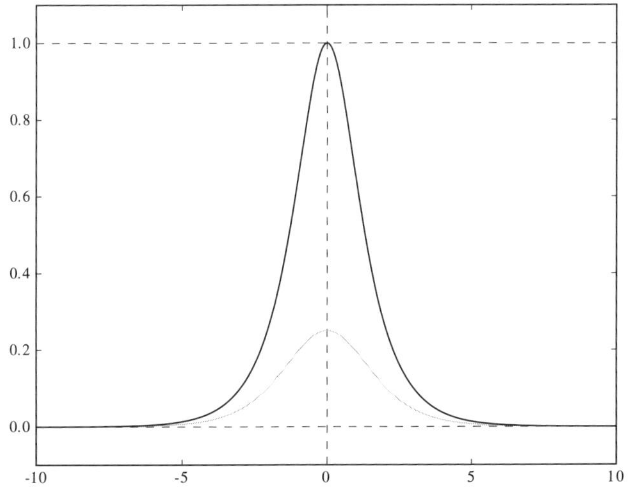

図 4.7　シグモイド関数の導関数（灰線）と双曲線正接関数の導関数（黒線）

実装で双曲線正接関数を用いる場合、TensorFlowでは `tf.nn.sigmoid()` の代わりに `tf.nn.tanh()` を、Kerasでは `Activation('sigmoid')` の代わりに `Activation('tanh')` を用いればよいだけなので、簡単に実現できます。試しに、シグモイド関数のときには学習できなかった隠れ層が4つのネットワークでMNISTデータ10,000枚による実験をしてみると、Kerasにおける(モデル部分の)コードは

```
model = Sequential()
model.add(Dense(n_hidden, input_dim=n_in))
model.add(Activation('tanh'))

model.add(Dense(n_hidden))
model.add(Activation('tanh'))

model.add(Dense(n_hidden))
model.add(Activation('tanh'))

model.add(Dense(n_hidden))
model.add(Activation('tanh'))

model.add(Dense(n_out))
model.add(Activation('softmax'))

model.compile(loss='categorical_crossentropy',
              optimizer=SGD(lr=0.01),
              metrics=['accuracy'])
```

となりますが、これを実行すると予測精度91.60%が得られ、確かに学習ができていることが分かります▶8▶9。

4.3.1.2 ● ReLU

双曲線正接関数を用いることで勾配は消失しにくくなりましたが、シグモイド関数と同様、高次元のデータを扱う場合など関数の中身の値が大きくなる場合は勾配が消えてしまうという問題が依然としてありました。複雑なデータほど高次元であることが多いため、この問題を回避できる活性化関数を用いるのが理想です。そこで用いられるようになったのが**ReLU**(**rectified linear unit**)と

▶8 TensorFlowのコードはここでは説明しませんが、実装は https://github.com/yusugomori/deeplearning-tensorflow-keras/blob/master/4/tensorflow/01_mnist_tanh_tensorflow.py に載っているので、確認してみてください。

▶9 シグモイド関数と双曲線正接関数をそれぞれ活性化関数に用いた比較実験および考察は文献[1]にも詳しくまとまっているので、参考にしてください。

いう関数です▶10。これは式では

$$f(x) = \max(0, x) \tag{4.22}$$

で定義される関数で、グラフは**図 4.8** のように表されます。シグモイド関数や双曲線正接関数とは異なり、曲線部分がないのが特徴です。また、ReLU は微分すると

$$f'(x) = \begin{cases} 1 & (x > 0) \\ 0 & (x \leq 0) \end{cases} \tag{4.23}$$

となり、ステップ関数の形をしていることが分かります。

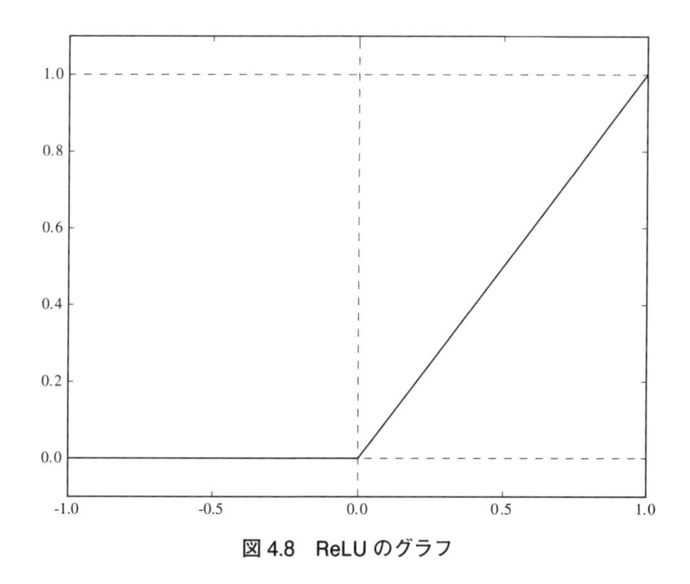

図 4.8 ReLU のグラフ

ReLU の導関数は x がどんなに大きくなっても 1 を返すので、勾配が消失することはありません。また、これによりシグモイド関数や双曲線正接関数と比べ、学習が早く進みやすくなることも分かっています。ReLU およびその導関数は指数関数の計算もなく単純な式で表されるため、計算が高速化されるという利点もあります▶11。

▶10 日本語では**ランプ関数**あるいは**正規化線形関数**とも呼ばれますが、一般的には ReLU としてそのまま記述されることが多いので、本書でも ReLU を用います。

▶11 ReLU を活性化関数に用いることによる学習の効率化については、文献 **[2]** にまとめられています。

一方、$x \leq 0$ のときは関数の値も勾配も0となるので、ReLUを活性化関数に用いたネットワーク内のニューロンは、一度不活性になると、学習の間中ずっと不活性のまま、といったことが起こり得ます。特に、学習率を大きい値に設定すると、最初の誤差逆伝播でニューロンの値が小さくなりすぎてしまい、そのニューロンはネットワーク内に存在しないのと同じ状態になってしまうので注意が必要です。とは言え、ReLUはその便利な性質から、ディープラーニングで最もよく用いられる活性化関数の1つです。

ReLUも、TensorFlow、Kerasではそれぞれ `tf.nn.relu()` あるいは `Activation('relu')` とするだけなので、簡単に実装できます。例えばKerasでは、双曲線正接関数のときと同様、モデルを下記のように定義できます。

```
model = Sequential()
model.add(Dense(n_hidden, input_dim=n_in))
model.add(Activation('relu'))

model.add(Dense(n_hidden))
model.add(Activation('relu'))

model.add(Dense(n_hidden))
model.add(Activation('relu'))

model.add(Dense(n_hidden))
model.add(Activation('relu'))

model.add(Dense(n_out))
model.add(Activation('softmax'))

model.compile(loss='categorical_crossentropy',
              optimizer=SGD(lr=0.01),
              metrics=['accuracy'])
```

これを実行すると、エポック数50で93.5%の予測精度が得られることを確認できます▶12。

4.3.1.3 ● Leaky ReLU

Leaky ReLU（LReLU）は、ReLUの改良版と言える関数で、下式で定義されます。

$$f(x) = \max(\alpha x, x) \tag{4.24}$$

▶12 こちらもTensorFlowによる実装を `https://github.com/yusugomori/deeplearning-tensorflow-keras/blob/master/4/tensorflow/02_mnist_relu_tensorflow.py` に載せています。

ここで、α は 0.01 など小さい定数を表します。グラフで表すと**図 4.9** のとおりです。ReLU との違いはこの αx の部分で、これにより $x < 0$ のときにもわずかな傾き ($= \alpha$) を持つようになります。これは LReLU を微分することでも確認できます。

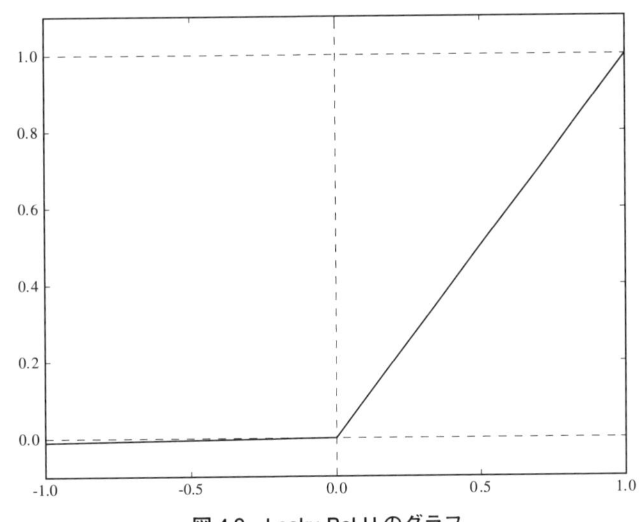

図 4.9 Leaky ReLU のグラフ

$$f'(x) = \begin{cases} 1 & (x > 0) \\ \alpha & (x \leq 0) \end{cases} \tag{4.25}$$

ReLU は $x < 0$ のときに勾配が消えてしまうので、学習が不安定になり得るという問題がありましたが、LReLU は $x < 0$ でも学習が進むので、ReLU よりも効果的な活性化関数として期待されました。しかし、実際には効果が出るときもあれば出ないときもあり、どのようなときに効果が出るのかについては、まだはっきりとは分かっていないというのが現状です▶13。

実装で LReLU を使いたい場合、TensorFlow では API が提供されていないため、自分で定義する必要があります。とは言え、LReLU の式は単純なので難しいことはなく、

```
def lrelu(x, alpha=0):
    return tf.maximum(alpha * x, x)
```

と関数を定義しておけば、これまで `tf.nn.relu()` などと書いていたところを `lrelu()` と書き換えるだけで実装できます。よって、モデルの出力部分は次のように書くことができます。

▶13 例えば LReLU を最初に提案した文献 [3] では、「LReLU による効果はない」と言及されています。

```
# 入力層 - 隠れ層
W0 = tf.Variable(tf.truncated_normal([n_in, n_hidden], stddev=0.01))
b0 = tf.Variable(tf.zeros([n_hidden]))
h0 = lrelu(tf.matmul(x, W0) + b0)

# 隠れ層 - 隠れ層
W1 = tf.Variable(tf.truncated_normal([n_hidden, n_hidden], stddev=0.01))
b1 = tf.Variable(tf.zeros([n_hidden]))
h1 = lrelu(tf.matmul(h0, W1) + b1)

W2 = tf.Variable(tf.truncated_normal([n_hidden, n_hidden], stddev=0.01))
b2 = tf.Variable(tf.zeros([n_hidden]))
h2 = lrelu(tf.matmul(h1, W2) + b2)

W3 = tf.Variable(tf.truncated_normal([n_hidden, n_hidden], stddev=0.01))
b3 = tf.Variable(tf.zeros([n_hidden]))
h3 = lrelu(tf.matmul(h2, W3) + b3)

# 隠れ層 - 出力層
W4 = tf.Variable(tf.truncated_normal([n_hidden, n_out], stddev=0.01))
b4 = tf.Variable(tf.zeros([n_out]))
y = tf.nn.softmax(tf.matmul(h3, W4) + b4)
```

一方、Kerasでは、これまでは keras.layers.core から Activation をインポートして用いていましたが、LReLUは keras.layers.advanced_activations で提供されています。

```
from keras.layers.advanced_activations import LeakyReLU
```

とファイルの先頭でインポートしておくことによって、

```
alpha = 0.01

model = Sequential()
model.add(Dense(n_hidden, input_dim=n_in))
model.add(LeakyReLU(alpha=alpha))

model.add(Dense(n_hidden))
model.add(LeakyReLU(alpha=alpha))

model.add(Dense(n_hidden))
model.add(LeakyReLU(alpha=alpha))

model.add(Dense(n_hidden))
model.add(LeakyReLU(alpha=alpha))
```

```
model.add(Dense(n_out))
model.add(Activation('softmax'))
```

のように書くことができます。

4.3.1.4 Parametric ReLU

LReLU は $x < 0$ における傾斜 α が固定でしたが、これも学習によって最適化しよう、というアプローチをとったものが **Parametric ReLU** (PReLU) です。活性化前の値（ベクトル）$\boldsymbol{p} := (p_1 \cdots p_j \cdots p_J)^T$ に対し、活性化関数 PReLU は下記の $f(\cdot)$ で与えられます。

$$f(p_j) = \begin{cases} p_j & (p_j > 0) \\ \alpha_j p_j & (p_j \leq 0) \end{cases} \tag{4.26}$$

すなわち、PReLU ではスカラー α ではなく、ベクトル $\boldsymbol{\alpha} := (\alpha_1 \cdots \alpha_j \cdots \alpha_J)^T$ が与えられます。

このベクトルが最適化すべきパラメータ（の1つ）となるので、重みやバイアスの最適化を考えるときと同様、誤差関数 E の α_j に対する勾配を求めればよいことになります。これを計算してみると、偏微分の連鎖率を用いることにより、

$$\frac{\partial E}{\partial \alpha_j} = \sum_{p_j} \frac{\partial E}{\partial f(p_j)} \frac{\partial f(p_j)}{\partial \alpha_j} \tag{4.27}$$

で表されますが、右辺の2つの項のうち、$\frac{\partial E}{\partial f(p_j)}$ は前の層（順伝播では次の層）から逆伝播してくる誤差項なので既知であり、また $\frac{\partial f(p_j)}{\partial \alpha_j}$ は、式 (4.26) より、

$$\frac{\partial f(p_j)}{\partial \alpha_j} = \begin{cases} 0 & (p_j > 0) \\ p_j & (p_j \leq 0) \end{cases} \tag{4.28}$$

のように求められます。よって勾配が計算できるので、確率的勾配降下法でパラメータを最適化できることが分かります。

実装では、LReLU 同様 TensorFlow では API がないので、自分で PReLU 関数を定義する必要があります。ここで、式 (4.26) は

$$f(p_j) = \max(0, p_j) + \alpha_j \min(0, p_j) \tag{4.29}$$

のように書き換えることができるので、実装のときは1行で書けるこちらを用いるのが望ましいでしょう。これを prelu() として定義すると、

```
def prelu(x, alpha):
    return tf.maximum(tf.zeros(tf.shape(x)), x) \
        + alpha * tf.minimum(tf.zeros(tf.shape(x)), x)
```

と表されます。また、$\boldsymbol{\alpha}$ はパラメータなので、各層の定義は、

```
# 入力層 - 隠れ層
W0 = tf.Variable(tf.truncated_normal([n_in, n_hidden], stddev=0.01))
b0 = tf.Variable(tf.zeros([n_hidden]))
alpha0 = tf.Variable(tf.zeros([n_hidden]))
h0 = prelu(tf.matmul(x, W0) + b0, alpha0)

# 隠れ層 - 隠れ層
W1 = tf.Variable(tf.truncated_normal([n_hidden, n_hidden], stddev=0.01))
b1 = tf.Variable(tf.zeros([n_hidden]))
alpha1 = tf.Variable(tf.zeros([n_hidden]))
h1 = prelu(tf.matmul(h0, W1) + b1, alpha1)

W2 = tf.Variable(tf.truncated_normal([n_hidden, n_hidden], stddev=0.01))
b2 = tf.Variable(tf.zeros([n_hidden]))
alpha2 = tf.Variable(tf.zeros([n_hidden]))
h2 = prelu(tf.matmul(h1, W2) + b2, alpha2)

W3 = tf.Variable(tf.truncated_normal([n_hidden, n_hidden], stddev=0.01))
b3 = tf.Variable(tf.zeros([n_hidden]))
alpha3 = tf.Variable(tf.zeros([n_hidden]))
h3 = prelu(tf.matmul(h2, W3) + b3, alpha3)

# 隠れ層 - 出力層
W4 = tf.Variable(tf.truncated_normal([n_hidden, n_out], stddev=0.01))
b4 = tf.Variable(tf.zeros([n_out]))
y = tf.nn.softmax(tf.matmul(h3, W4) + b4)
```

のようになります。

Keras では LeakyReLU と同様、keras.layers.advanced_activations から PReLU をインポートすることで PReLU に対応できます。これを用いると、モデルの定義は、

```
from keras.layers.advanced_activations import PReLU

model = Sequential()
model.add(Dense(n_hidden, input_dim=n_in))
model.add(PReLU())

model.add(Dense(n_hidden))
model.add(PReLU())

model.add(Dense(n_hidden))
model.add(PReLU())

model.add(Dense(n_hidden))
model.add(PReLU())

model.add(Dense(n_out))
model.add(Activation('softmax'))

model.compile(loss='categorical_crossentropy',
              optimizer=SGD(lr=0.01),
              metrics=['accuracy'])
```

のように書くことができます▶14。

ReLUの派生として、$x \leq 0$ のときに傾斜をつけるLReLU、PReLUを見てきましたが、実はこれ以外にも、例えば学習時には傾斜を一様乱数から選び、テスト時はその平均を用いる **Randomized ReLU**（RReLU）や、

$$f(x) = \begin{cases} x & (x > 0) \\ e^x - 1 & (x \leq 0) \end{cases} \tag{4.30}$$

で与えられる関数 $f(\cdot)$ を用いる **Exponential Linear Units**（ELU）など、たくさんのReLUをベースにした活性化関数が提案されています。しかし、いずれの活性化関数も基本の考え方はこれまでとまったく変わりません。また、「どの活性化関数を用いて実験すべきか」については、まずReLUあるいはLReLUを用いれば十分な場合が多いです。RReLUやELUについての詳細は文献 **[5]** や **[6]** を参考にしてください。

▶14 他の手法との比較実験などについては、PReLUが提案された文献 **[4]** によくまとめられています。

4.3.2 ドロップアウト

活性化関数を工夫することで勾配消失問題は解決できましたが、ディープニューラルネットワークを学習する上で、もう1つオーバーフィッティングという大きな問題がありました。訓練データだけに最適化されず、テストデータ（未知のデータ）に対しての予測精度が上がるようにパターン分類することを**汎化** (generalization) と言いますが、オーバーフィッティングを防ぐには、モデルの汎化性能を向上させる必要があります。

幸いにも、シンプルな手法でニューラルネットワークの汎化性能を向上させることができます。その手法は**ドロップアウト** (dropout) と呼ばれますが、これは名前のとおり、学習の際にランダムにニューロンを「ドロップアウト（＝除外）」させるものです。ドロップアウトを適用したニューラルネットワークの例が**図 4.10** となります。× 印がついたニューロンがドロップアウトしたニューロンであり、これはあたかも「ネットワーク上に存在しない」ものとして扱われます。学習ごとにランダムにドロップアウトするニューロンを選ぶことで、学習全体ではパラメータの値が調整されることになります。ドロップアウト確率 p は、一般的には $p = 0.5$ が選ばれます。学習が終わった後のテスト・予測の際はドロップアウトしませんが、代わりに例えば重みが W だとした場合、学習全体の「平均」である $(1-p)W$ を出力に用います。

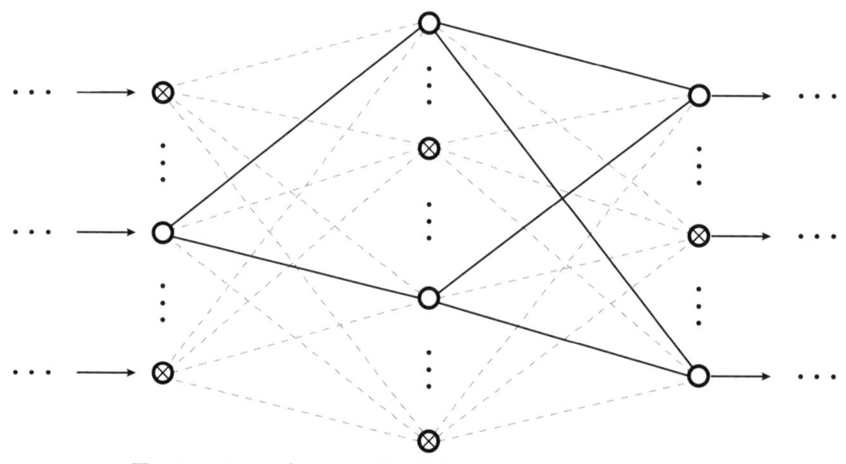

図 4.10　ドロップアウトを適用したニューラルネットワークの例

なぜ、ドロップアウトで汎化性能が向上するのでしょうか。それはドロップアウトを適用することによって、実質的にたくさんのモデルを生成・学習し、それらの中で予測を試みているからと考えると分かりやすいかもしれません。1つのモデルで学習を行うと、どうしてもオーバーフィッティングしてしまう可能性がありますが、複数のモデルで学習を行い、それぞれで予測をすれば、いわば「集合知」を得ることによりオーバーフィッティングのリスクを軽減できます。ドロップアウトのもともとのニューラルネットワークのモデルは1つですが、実際に複数のモデルを生成して学習を行うことを**アンサンブル学習**(ensemble learning)と呼びます。つまり、ドロップアウトは擬似的にアンサンブル学習を行っていることになります▶15。

では、ドロップアウトはどのように数式で表せばよいでしょうか。実はこれは難しくなく、ニューロンにランダムで0か1の値をとる「マスク」をかけることで実現できます。$\boldsymbol{m} := (m_1 \cdots m_j \cdots m_J)^T$ なるベクトルを考えたとき、m_j は確率 $(1-p)$ で 1 を、確率 p で 0 をとる値だとします。ドロップアウトがない場合、ある層におけるネットワークの順伝播の式は、

$$\boldsymbol{h}_1 = f(W\boldsymbol{x} + \boldsymbol{b}) \tag{4.31}$$

の形で表されましたが、ドロップアウトがある場合、ここにマスクが加わるのでこの順伝播の式は、

$$\boldsymbol{h}_1 = f(W\boldsymbol{x} + \boldsymbol{b}) \odot \boldsymbol{m} \tag{4.32}$$

で表されることになります。すなわち、ドロップアウトはマスクベクトル $\boldsymbol{m}$ を掛けるだけで表現できるので、式上でも非常にシンプルな形にまとまることが分かります。ただし、順伝播でマスク項が付くということは、逆伝播の際にもマスク項が付くことになる点に注意が必要です。$\boldsymbol{h}_1$ の次の層として、

$$\boldsymbol{h}_2 = g(V\boldsymbol{h}_1 + \boldsymbol{c}) \tag{4.33}$$

を定義すると、

$$\boldsymbol{p} := W\boldsymbol{x} + \boldsymbol{b} \tag{4.34}$$
$$\boldsymbol{q} := V\boldsymbol{h}_1 + \boldsymbol{c} \tag{4.35}$$

に対して、誤差項 $\boldsymbol{e}_{h1}, \boldsymbol{e}_{h2}$ は、

▶15 **4.3.1.4 項**で取り上げたRandomized ReLUも、アンサンブル学習を行っていると言えます。

$$\boldsymbol{e}_{h_1} := \frac{\partial E_n}{\partial \boldsymbol{p}} \tag{4.36}$$

$$\boldsymbol{e}_{h_2} := \frac{\partial E_n}{\partial \boldsymbol{q}} \tag{4.37}$$

で表されました（式 (3.97) ～ (3.101) を参照）。ここで、

$$\boldsymbol{q} = Vf(\boldsymbol{p}) \odot \boldsymbol{m} + \boldsymbol{c} \tag{4.39}$$

なので、

$$\boldsymbol{e}_{h_1} = \frac{\partial E_n}{\partial \boldsymbol{q}}\frac{\partial \boldsymbol{q}}{\partial \boldsymbol{p}} \tag{4.40}$$

$$= f'(\boldsymbol{p}) \odot \boldsymbol{m} \odot V^T \boldsymbol{e}_{h_2} \tag{4.41}$$

が求められ、誤差逆伝播においてもマスク項 $\boldsymbol{m}$ が必要なことが分かります。

ドロップアウトは、実装でもシンプルにまとまります。まずは TensorFlow から見ていきましょう。ドロップアウトを適用するには、tf.nn.dropout() を用います。定式化の際、順伝播の基本式を求めてからマスクをかけるという順で計算しましたが、実装上もこの順番でモデルを定義していきます。例えば「入力層 - 出力層」において、これまでは

```
W0 = tf.Variable(tf.truncated_normal([n_in, n_hidden], stddev=0.01))
b0 = tf.Variable(tf.zeros([n_hidden]))
h0 = tf.nn.relu(tf.matmul(x, W0) + b0)
```

でしたが、ドロップアウトを適用する場合、さらにこれに対し

```
h0_drop = tf.nn.dropout(h0, keep_prob)
```

を定義します。ここで、keep_prob はドロップアウトしない確率 $(=1-p)$ を表します。この keep_prob は、学習時は 0.5、テスト時は 1.0 と値が変わるため、placeholder として定義しておく必要があります。すなわち、モデル全体は次のようになります。ただし、今回は隠れ層を 3 つにしています。

```
x = tf.placeholder(tf.float32, shape=[None, n_in])
t = tf.placeholder(tf.float32, shape=[None, n_out])
keep_prob = tf.placeholder(tf.float32)  # ドロップアウトしない確率

# 入力層 - 隠れ層
W0 = tf.Variable(tf.truncated_normal([n_in, n_hidden], stddev=0.01))
b0 = tf.Variable(tf.zeros([n_hidden]))
h0 = tf.nn.relu(tf.matmul(x, W0) + b0)
h0_drop = tf.nn.dropout(h0, keep_prob)

# 隠れ層 - 隠れ層
W1 = tf.Variable(tf.truncated_normal([n_hidden, n_hidden], stddev=0.01))
b1 = tf.Variable(tf.zeros([n_hidden]))
h1 = tf.nn.relu(tf.matmul(h0_drop, W1) + b1)
h1_drop = tf.nn.dropout(h1, keep_prob)

W2 = tf.Variable(tf.truncated_normal([n_hidden, n_hidden], stddev=0.01))
b2 = tf.Variable(tf.zeros([n_hidden]))
h2 = tf.nn.relu(tf.matmul(h1_drop, W2) + b2)
h2_drop = tf.nn.dropout(h2, keep_prob)

# 隠れ層 - 出力層
W3 = tf.Variable(tf.truncated_normal([n_hidden, n_out], stddev=0.01))
b3 = tf.Variable(tf.zeros([n_out]))
y = tf.nn.softmax(tf.matmul(h2_drop, W3) + b3)
```

このモデルに対し、実際の学習時にドロップアウトを適用するためのコードは下記となります。

```
for epoch in range(epochs):
    X_, Y_ = shuffle(X_train, Y_train)

    for i in range(n_batches):
        start = i * batch_size
        end = start + batch_size

        sess.run(train_step, feed_dict={
            x: X_[start:end],
            t: Y_[start:end],
            keep_prob: 0.5
        })
```

keep_prob: 0.5 を与えている点に注意してください。一方、学習後のテストでは、ドロップアウトはしないので、

```
accuracy_rate = accuracy.eval(session=sess, feed_dict={
    x: X_test,
    t: Y_test,
    keep_prob: 1.0
})
```

となります。

Kerasでも同様のアプローチがとられます。

```
from keras.layers.core import Dropout
```

により Dropout をインポートすることで、

```
model.add(Dense(n_hidden, input_dim=n_in))
model.add(Activation('tanh'))
model.add(Dropout(0.5))
```

のように、簡単にドロップアウトを適用できるようになります。ここで 0.5 は TensorFlow と同じくドロップアウトしない確率となります。また、ドロップアウトの定式化を振り返ると分かりますが、活性化関数は何を用いても問題ないので、ここでは試しに Activation('tanh') としています。モデル全体は下記のようになります。

```
model = Sequential()
model.add(Dense(n_hidden, input_dim=n_in))
model.add(Activation('tanh'))
model.add(Dropout(0.5))

model.add(Dense(n_hidden))
model.add(Activation('tanh'))
model.add(Dropout(0.5))

model.add(Dense(n_hidden))
model.add(Activation('tanh'))
model.add(Dropout(0.5))

model.add(Dense(n_out))
model.add(Activation('softmax'))
```

これまで同様、ライブラリを用いることで、ドロップアウト時の誤差逆伝播における勾配計算を意識することなく実装を進めることができます。

4.4 実装の設計

4.4.1 基本設計

ここまでで、ReLU などの活性化関数やドロップアウトなどを用いたディープラーニングのモデルを実装してきました。TensorFlow や Keras といったライブラリを用いることで、

```
W = tf.Variable(tf.truncated_normal([m, n], stddev=0.01))
b = tf.Variable(tf.zeros([n]))
h = tf.nn.relu(tf.matmul(x, W) + b)
h_drop = tf.nn.dropout(h, keep_prob)
```

あるいは

```
model.add(Dense(n))
model.add(Activation('relu'))
model.add(Dropout(0.5))
```

といった実装で表される層をどんどん書き増していくだけで、モデルを簡単に設定できます。しかし、層の数をもっと増やしたい、あるいはモデルの一部に変更を加えたい(例えば活性化関数を変えたいなど)といった場合に、このままでは少し不便です。そこで、本項では、ディープラーニングの理論からは一旦離れ、どのように実装すれば効率よくモデルを定義できるのか見ていくことにしましょう。

4.4.1.1 ● TensorFlow による実装

ニューラルネットワークのモデルを定義するにあたり、全体の流れを整理すると、

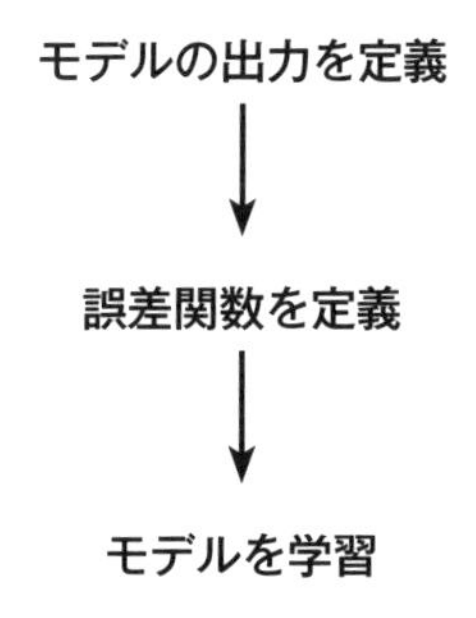

という形になっていることが分かるかと思います。TensorFlowでは、この流れをステップごとに関数化することを推奨しており、それぞれ inference()、loss()、training() と定義すべきだとしています[16]。すなわち、これらは下記のようにまとめられます。

- inference() … モデル全体の設定を行い、モデルの出力・予測結果を返す
- loss() … モデルの誤差関数を定義し、誤差・損失を返す
- training() … モデルの学習を行い、学習結果（進み具合）を返す

なので、実装全体の大まかな流れは、

```
def inference(x):
    # モデルの定義


def loss(y, t):
    # 誤差関数の定義


def training(loss):
    # 学習アルゴリズムの定義


if __name__ == '__main__':
    # 1. データの準備
    # 2. モデル設定
    y = inference(x)
    loss = loss(y, t)
    train_step = training(loss)
    # 3. モデル学習
    # 4. モデル評価
```

のように書くことができます[17]。つまり、inference()、loss()、training() は、上記の「2. モデル設定」をきれいに実装するための方法と言えます。それぞれ順番に見ていきましょう。

まず y = inference(x) ですが、これまでは各層を h0、h1 など順番に定義してきました。これをまとめて定義するために、各層のニューロン数を引数でとるようにしましょう。また、ドロップアウトに対応するためには、x 以外に keep_prob を引数にとる必要があるので、

▶16　https://www.tensorflow.org/get_started/mnist/mechanics

▶17　if __name__ == '__main__': はなくても問題ありませんが、これを書いておくことで、例えば外部ファイルから関数だけ参照したいときに中身が実行されなくなるので便利です。

```
def inference(x, keep_prob, n_in, n_hiddens, n_out):
    # モデルの定義


if __name__ == '__main__':
    # 2. モデル設定
    n_in = 784
    n_hiddens = [200, 200, 200]  # 各隠れ層の次元数
    n_out = 10

    x = tf.placeholder(tf.float32, shape=[None, n_in])
    keep_prob = tf.placeholder(tf.float32)

    y = inference(x, keep_prob, n_in=n_in, n_hiddens=n_hiddens, n_out=n_out)
```


のように定義するとうまく処理をまとめることができます。では、実際の inference() の中身を定義しましょう。入力層から出力層の手前までは、すべての出力を同じ式で表せますが、出力層だけは活性化関数がソフトマックス関数（あるいはシグモイド関数）になるので、以下のように書くことができます。

```
def inference(x, keep_prob, n_in, n_hiddens, n_out):
    def weight_variable(shape):
        initial = tf.truncated_normal(shape, stddev=0.01)
        return tf.Variable(initial)

    def bias_variable(shape):
        initial = tf.zeros(shape)
        return tf.Variable(initial)

    # 入力層 - 隠れ層、隠れ層 - 隠れ層
    for i, n_hidden in enumerate(n_hiddens):
        if i == 0:
            input = x
            input_dim = n_in
        else:
            input = output
            input_dim = n_hiddens[i-1]

        W = weight_variable([input_dim, n_hidden])
        b = bias_variable([n_hidden])

        h = tf.nn.relu(tf.matmul(input, W) + b)
        output = tf.nn.dropout(h, keep_prob)

    # 隠れ層 - 出力層
```

```
    W_out = weight_variable([n_hiddens[-1], n_out])
    b_out = bias_variable([n_out])
    y = tf.nn.softmax(tf.matmul(output, W_out) + b_out)
    return y
```

weight_variable() および bias_variable() を定義することによって、重みおよびバイアスの初期化処理を共通化しています▶18。for 文の中に関しては、「入力層 - 隠れ層」と「隠れ層 - 隠れ層」とで若干処理が異なりますが、基本的には、前の層の output が次の層の input になる、ということをそのまま実装しているにすぎません。

モデルの出力が定義できたので、次は loss(y, t) および training(loss) ですが、これはこれまでと変わりません。実装は下記のようになります。

```
def loss(y, t):
    cross_entropy = tf.reduce_mean(
        -tf.reduce_sum(t * tf.log(y), reduction_indices=[1]))
    return cross_entropy


def training(loss):
    optimizer = tf.train.GradientDescentOptimizer(0.01)
    train_step = optimizer.minimize(loss)
    return train_step
```

関数の本体で書いているコード自体はこれまでと変わりませんが、関数に切り出すことによって全体の設計がきれいにまとまるという利点があります▶19。また、TensorFlow には、モデルの設計や学習の進み具合をブラウザ上で可視化してくれる機能があります。詳細は『A.2 TensorBoard』でまとめていますが、上記の設計をしておくことで、可視化にも対応しやすくなります。

4.4.1.2 ● Keras による実装

Keras では、もともとがシンプルな実装ということもあり、TensorFlow のように実装の指針といったものは明確には定められていません。ただし、TensorFlow で考えたときと同様、各層はまとめて定義できるので、モデルの設定を次のように書くことができます。

▶18 weight_variable() や bias_variable() はもちろん inference() の外で定義することもできますが、inference() という「モデル」における重みおよびバイアスという意味で、関数内で定義しています。

▶19 この節を通した全体のコードは https://github.com/yusugomori/deeplearning-tensorflow-keras/blob/master/4/tensorflow/06_mnist_plot_tensorflow.py にまとめています。

```
n_in = 784
n_hiddens = [200, 200]
n_out = 10
activation = 'relu'
p_keep = 0.5

model = Sequential()
for i, input_dim in enumerate(([n_in] + n_hiddens)[:-1]):
    model.add(Dense(n_hiddens[i], input_dim=input_dim))
    model.add(Activation(activation))
    model.add(Dropout(p_keep))

model.add(Dense(n_out))
model.add(Activation('softmax'))
```


([n_in] + n_hiddens)[:-1] をループさせることによって、出力層の手前までの各層の入力、出力の次元を Dense() に与えています。層を別々に定義していたときと比べ、だいぶすっきりと記述することができました[20]。

4.4.1.3 発展 TensorFlow におけるモデルのクラス化

TensorFlow では、inference()、loss()、training() の3つの関数にそれぞれ処理を切り分けることで、実装がしやすくなりました。一方、実際のモデルの学習部分はこれらの中に含まれないので、メインの処理の記述が少し長くなりがちです。学習部分も含めてすべて1つのクラスにまとめてしまえば、例えば

```
model = DNN()
model.fit(X_train, Y_train)
model.evaluate(X_test, Y_test)
```

というように、Keras に似た記述を行うことができるようになります。このスキームを実現するための実装を考えてみましょう。全体の構成は下記のようになります。

```
class DNN(object):
    def __init__(self):
        # 初期化処理

    def weight_variable(self, shape):
        initial = tf.truncated_normal(shape, stddev=0.01)
```

▶20 こちらも、全体のコードは https://github.com/yusugomori/deeplearning-tensorflow-keras/blob/master/4/keras/06_mnist_plot_keras.py にまとめています。

```
        return tf.Variable(initial)

    def bias_variable(self, shape):
        initial = tf.zeros(shape)
        return tf.Variable(initial)

    def inference(self, x, keep_prob):
        # モデルの定義
        return y

    def loss(self, y, t):
        cross_entropy = tf.reduce_mean(-tf.reduce_sum(t * tf.log(y),
                                       reduction_indices=[1]))
        return cross_entropy

    def training(self, loss):
        optimizer = tf.train.GradientDescentOptimizer(0.01)
        train_step = optimizer.minimize(loss)
        return train_step

    def accuracy(self, y, t):
        correct_prediction = tf.equal(tf.argmax(y, 1), tf.argmax(t, 1))
        accuracy = tf.reduce_mean(tf.cast(correct_prediction, tf.float32))
        return accuracy

    def fit(self, X_train, Y_train):
        # 学習の処理

    def evaluate(self, X_test, Y_test):
        # 評価の処理
```

loss()、training()、accuracy() は、メソッド化のために self を引数に設定する以外はこれまでと同じです。

まずはモデルの初期化について考えてみます。ここでは、モデルの構成を決めてしまうのが望ましいので、引数として各層の次元数を受け取るようにします。また、各層の重みとバイアスもモデルの構成を決めるので、これも定義しておきます。

```
def __init__(self, n_in, n_hiddens, n_out):
    self.n_in = n_in
    self.n_hiddens = n_hiddens
    self.n_out = n_out
    self.weights = []
    self.biases = []
```

これにより、inference() を下記のように実装できます。

```
def inference(self, x, keep_prob):
    # 入力層 - 隠れ層、隠れ層 - 隠れ層
    for i, n_hidden in enumerate(self.n_hiddens):
        if i == 0:
            input = x
            input_dim = self.n_in
        else:
            input = output
            input_dim = self.n_hiddens[i-1]

        self.weights.append(self.weight_variable([input_dim, n_hidden]))
        self.biases.append(self.bias_variable([n_hidden]))

        h = tf.nn.relu(tf.matmul(
            input, self.weights[-1]) + self.biases[-1])
        output = tf.nn.dropout(h, keep_prob)

    # 隠れ層 - 出力層
    self.weights.append(self.weight_variable([self.n_hiddens[-1], self.n_out]))
    self.biases.append(self.bias_variable([self.n_out]))

    y = tf.nn.softmax(tf.matmul(
        output, self.weights[-1]) + self.biases[-1])
    return y
```

これまでは各層の次元数を引数として受け取っていましたが、self.n_in などで代替できるようになりました。

続いて、学習を行う fit() です。引数はKerasと同様、学習データ、エポック数、バッチサイズをとるのが望ましいでしょう。今回はドロップアウトもまとめて行うため、ドロップアウト確率も引数に含めると、実装は下記のようになります。ほとんどは、これまでメイン部分に書いていたものとなります。

```
def fit(self, X_train, Y_train,
        epochs=100, batch_size=100, p_keep=0.5,
        verbose=1):
    x = tf.placeholder(tf.float32, shape=[None, self.n_in])
    t = tf.placeholder(tf.float32, shape=[None, self.n_out])
    keep_prob = tf.placeholder(tf.float32)

    # evaluate() 用に保持
    self._x = x
    self._t = t
```

```
        self._keep_prob = keep_prob

        y = self.inference(x, keep_prob)
        loss = self.loss(y, t)
        train_step = self.training(loss)
        accuracy = self.accuracy(y, t)

        init = tf.global_variables_initializer()
        sess = tf.Session()
        sess.run(init)

        # evaluate()用に保持
        self._sess = sess

        N_train = len(X_train)
        n_batches = N_train // batch_size

        for epoch in range(epochs):
            X_, Y_ = shuffle(X_train, Y_train)

            for i in range(n_batches):
                start = i * batch_size
                end = start + batch_size

                sess.run(train_step, feed_dict={
                    x: X_[start:end],
                    t: Y_[start:end],
                    keep_prob: p_keep
                })
            loss_ = loss.eval(session=sess, feed_dict={
                x: X_train,
                t: Y_train,
                keep_prob: 1.0
            })
            accuracy_ = accuracy.eval(session=sess, feed_dict={
                x: X_train,
                t: Y_train,
                keep_prob: 1.0
            })
            # 値を記録しておく
            self._history['loss'].append(loss_)
            self._history['accuracy'].append(accuracy_)

            if verbose:
                print('epoch:', epoch,
                      ' loss:', loss_,
                      ' accuracy:', accuracy_)
```

```
    return self._history
```

コード内のコメント部分にあるように、テストの際にも用いる変数は evaluate() でも必要になるため、クラス内に保持しておく必要があります。また、学習の進み具合をクラスで把握していると学習後にデータ処理をしやすくなるため、self._history を定義しています。これらは __init__() の最後にまとめて定義しておきましょう。

```
def __init__(self, n_in, n_hiddens, n_out):
    self.n_in
    # ...
    self._x = None
    self._t = None,
    self._keep_prob = None
    self._sess = None
    self._history = {
        'accuracy': [],
        'loss': []
    }
```

evaluate() もこれまでとほとんど同じで、先ほど定義した self._sess などを用いて下記のように定義します。

```
def evaluate(self, X_test, Y_test):
    return self.accuracy.eval(session=self._sess, feed_dict={
        self._x: X_test,
        self._t: Y_test,
        self._keep_prob: 1.0
    })
```

以上でクラスの定義ができました。この DNN を定義しておくことで、メイン部分では、

```
model = DNN(n_in=784,
            n_hiddens=[200, 200, 200],
            n_out=10

model.fit(X_train, Y_train,
          epochs=50,
          batch_size=200,
          p_keep=0.5)

accuracy = model.evaluate(X_test, Y_test)
print('accuracy: ', accuracy)
```

と記述できるようになり、DNN がシンプルな高レベルの API のような振る舞いをすることになります[21]。

ここでは、fit() の処理を単純に書き下していきましたが、この中の処理をまた切り分けていくことで、より汎用性の高い API として使いまわすことができるでしょう。TensorFlow では、こうした高レベルの API も提供しており、それらはすべて tf.contrib.learn にて利用できます。ただし、本書ではきちんと理論を理解した上で「実装に落とし込む」、「数式レベルで実装をカスタマイズする」ということを意識するため、tf.contrib.learn を用いた実装は行いません。簡単な使い方については『A.3 tf.contrib.learn』にまとめてあるので、参考にしてください。

4.4.2 学習の可視化

これまでで、いくつかの手法やテクニックを用いて実験結果を見てきましたが、定量的な評価はテストデータに対する予測精度という形で行ってきただけでした。訓練データに対しても誤差関数の値や予測精度を出力してはいたものの、こちらはあくまで学習が進んでいるかの確認をするためだけで、どのように学習が進んでいるのかについてはおおよそしか把握できていませんでした。

一方、特にデータが大規模になる際は、検証データを用いた学習の評価も適切に行う必要があります。テストデータに対する予測精度は（データセットが1つの場合は）1つの数値としての結果が得られるのみですが、訓練データあるいは検証データに対する予測精度はエポックごとに評価する必要があるので、複数の数値を一度に見なければなりません。もちろん、ただ数字を並べて見るのでも問題はありませんが、それに加え、グラフとして学習の進み具合を可視化するほうが直観的です。そこで、**4.3 節**で実装したコードに対して、

- 検証データを用いた学習、予測
- 学習時の予測精度の可視化

の処理を加えることで、より効果的なモデルの評価を行うことを考えていきましょう。

4.4.2.1 ● TensorFlow による実装

まずは訓練データ、検証データ、テストデータを準備するところから実装しましょう。これまでは、

```
train_size = 0.8
```

▶21 全体のコードは https://github.com/yusugomori/deeplearning-tensorflow-keras/blob/master/4/tensorflow/99_mnist_mock_contrib_tensorflow.py にまとめてあります。

```
X_train, X_test, Y_train, Y_test =\
    train_test_split(X, Y, train_size=train_size)
```

のように訓練データとテストデータをセットしてきましたが、検証データを用いる場合、訓練データをさらに分割するので、

```
N_train = 20000
N_validation = 4000

X_train, X_test, Y_train, Y_test = \
    train_test_split(X, Y, train_size=N_train)

# 訓練データをさらに訓練データと検証データに分割
X_train, X_validation, Y_train, Y_validation = \
    train_test_split(X_train, Y_train, test_size=N_validation)
```

となります。これに伴い、モデルの学習評価にも、ここで分割した検証データを用いることになります▶22。検証データに対する損失(誤差関数の値)や予測精度はエポックごとに評価するので、モデル学習部分の実装は下記のようになります。

```
for epoch in range(epochs):
    X_, Y_ = shuffle(X_train, Y_train)

    for i in range(n_batches):
        start = i * batch_size
        end = start + batch_size

        sess.run(train_step, feed_dict={
            x: X_[start:end],
            t: Y_[start:end],
            keep_prob: p_keep
        })

    # 検証データを用いた評価
    val_loss = loss.eval(session=sess, feed_dict={
        x: X_validation,
```

▶22 このように、全学習用のデータを訓練データと検証データを完全に分離し、同じ検証データを評価に用いる手法を**ホールドアウト検証** (hold-out validation) と呼びます。これに対し、学習用のデータをまずは K 個のデータセットに分割し、そのうちの1つを検証データ、残りの $K-1$ 個を訓練データとして実験を行う手法を**K-分割交差検証** (k-cross validation) と呼びます。K-分割交差検証では、分割したそれぞれの組み合わせで全 K 回学習・検証を行い、得られた予測精度の平均をモデルの性能とします。こちらのほうがより汎化性能に関して厳密な評価ができますが、ディープラーニングではモデルの学習に莫大な時間がかかってしまうことが多いため、K-分割交差検証は通常用いられません。

```
        t: Y_validation,
        keep_prob: 1.0
    })
    val_acc = accuracy.eval(session=sess, feed_dict={
        x: X_validation,
        t: Y_validation,
        keep_prob: 1.0
    })
```

学習の検証データにおける損失 val_loss および予測精度 val_acc をエポックごとに出力することでも学習度合いを確認できますが、可視化のためにリストに保持しておきましょう。その場合、あらかじめ

```
history = {
    'val_loss': [],
    'val_acc': []
}
```

を定義しておき、上記の各エポックで得られる val_loss および val_acc をそれぞれ追加すれば問題ないでしょう。簡易的にコードを書くと下記のように表すことができます。

```
for epoch in range(epochs):
    X_, Y_ = shuffle(X_train, Y_train)

    for i in range(n_batches):
        sess.run()

    val_loss = loss.eval()
    val_acc = accuracy.eval()

    # 検証データに対する学習の進み具合を記録
    history['val_loss'].append(val_loss)
    history['val_acc'].append(val_acc)
```

　この学習時に記録した値をグラフで可視化してみましょう。Python では matplotlib という簡単にグラフを描画できるライブラリがあり、これも Anaconda のインストールとともに使えるようになっています。

```
import matplotlib.pyplot as plt
```

をファイルの冒頭に書いておきましょう。例えば history['val_acc'] をグラフ化するには、次の

実装だけで実現できます。

```
plt.rc('font', family='serif')  # フォント設定
fig = plt.figure()  # グラフを準備

# データをグラフに描き込み
plt.plot(range(epochs), history['val_acc'], label='acc', color='black')

# 軸の名前
plt.xlabel('epochs')
plt.ylabel('validation loss')

# グラフの表示 / 保存
plt.show()
# plt.savefig('mnist_tensorflow.eps')
```


このように、データを表示するには plt.plot() に対して（横軸、縦軸の）データのリストを渡すだけです。最後の plt.show() か plt.savefig() は、プログラム実行中にグラフを表示するか、画像ファイルとして保存するかの違いです。これを実行すると、**図 4.11** が得られます。

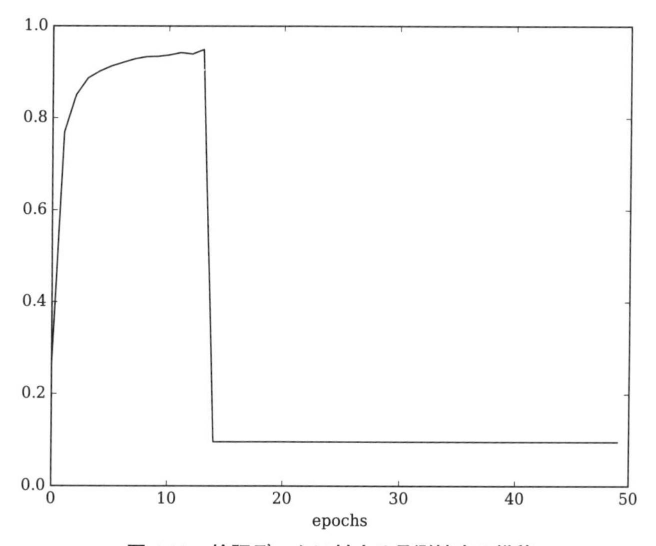

図 4.11　検証データに対する予測精度の推移

順調に予測精度が上がっていたにもかかわらず、途中からまったく学習ができなくなってしまっていることが分かります。これは、勾配消失問題同様、ソフトマックス関数（シグモイド関数）から伝わる勾配の値が小さくなりすぎてしまい、0 に丸め込まれて計算されてしまっていることが原因で

す。これを防ぐために、交差エントロピー誤差関数の式に相当する実装を下記のように変更します。

```
def loss(y, t):
    cross_entropy = \
        tf.reduce_mean(
            -tf.reduce_sum(
                t * tf.log(tf.clip_by_value(y, 1e-10, 1.0)),
                reduction_indices=[1]))
    return cross_entropy
```

新しく追加した `tf.clip_by_value()` により、計算で用いる下限値（および上限値）を定めています。この下限値を `1e-10` など小さい値に設定しておくことで、学習の計算に悪影響を与えることなく、0で割る問題を防ぐことができます。変更後の結果は**図4.12**のとおりです。

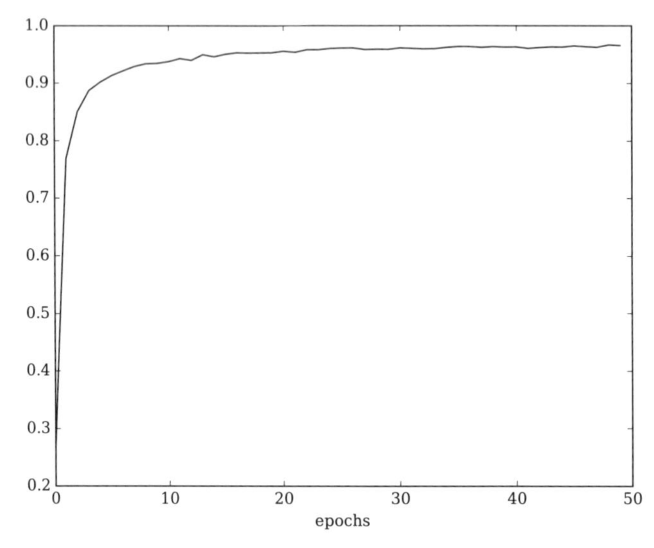

図4.12　誤差関数の実装を変えた場合の予測精度の推移

グラフより、学習が適切に進んでいることが分かります。また、予測精度と損失を同じグラフで表示するには、

```
fig = plt.figure()

ax_acc = fig.add_subplot(111)  # 予測精度用の軸設定
ax_acc.plot(range(epochs), history['val_acc'],
            label='acc', color='black')

ax_loss = ax_acc.twinx()  # 損失用の軸設定
```

```
ax_loss.plot(range(epochs), history['val_loss'],
             label='loss', color='gray')

plt.xlabel('epochs')
plt.show()
# plt.savefig('mnist_tensorflow.eps')
```

となります。これにより、**図 4.13** が得られます。

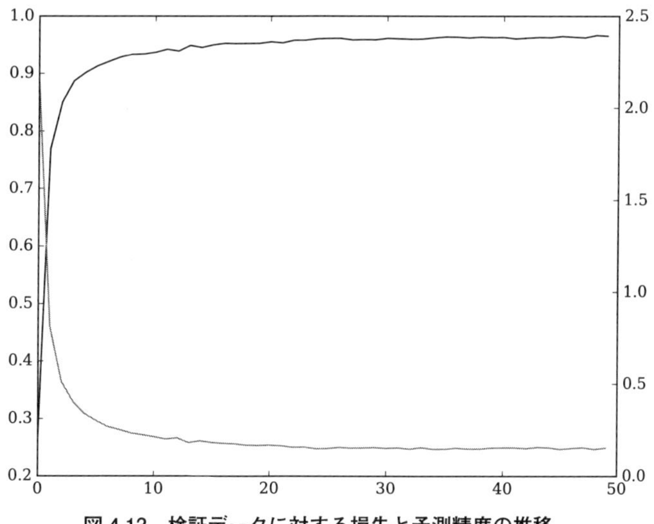

図 4.13 検証データに対する損失と予測精度の推移

詳しい考察はここでは行いませんが、これらの図からだけでも、早い段階である程度学習が進み、それ以降は徐々に予測精度が上がっていく（損失が小さくなっていく）ことが分かります。

4.4.2.2 ● Keras による実装

Keras では、`model.fit()` の戻り値に、学習の進み具合の値が保持された結果が入っています。検証データを含めた学習を行う場合、下記のように `validation_data=` を用います。

```
hist = model.fit(X_train, Y_train, epochs=epochs,
                 batch_size=batch_size,
                 validation_data=(X_validation, Y_validation))
```

この `hist` に検証データに対する損失および予測精度の記録が保持されることになります。

```
print(val_loss = hist.history['val_loss'])
print(val_acc = hist.history['val_acc'])
```

とすると、この val_loss と val_acc はリストとして値が入っていることが確認できます。なので、例えばモデルを TensorFlow のときと合わせて、

```
n_in = len(X[0])  # 784
n_hiddens = [200, 200, 200]
n_out = len(Y[0])  # 10
p_keep = 0.5
activation = 'relu'

model = Sequential()
for i, input_dim in enumerate(([n_in] + n_hiddens)[:-1]):
    model.add(Dense(n_hiddens[i], input_dim=input_dim))
    model.add(Activation(activation))
    model.add(Dropout(p_keep))

model.add(Dense(n_out))
model.add(Activation('softmax'))

model.compile(loss='categorical_crossentropy',
              optimizer=SGD(lr=0.01),
              metrics=['accuracy'])

epochs = 50
batch_size = 200

hist = model.fit(X_train, Y_train, epochs=epochs,
                 batch_size=batch_size,
                 validation_data=(X_validation, Y_validation))
```

で設定・学習すると、予測精度をグラフで描く処理は TensorFlow と同じで、下記のようになります。

```
val_acc = hist.history['val_acc']

plt.rc('font', family='serif')
fig = plt.figure()
plt.plot(range(epochs), val_acc, label='acc', color='black')
plt.xlabel('epochs')
plt.show()
# plt.savefig('mnist_keras.eps')
```

この結果、**図 4.14** が得られます。グラフを見ても明らかなように、学習に失敗しています。TensorFlow

のときと今回とで違いはどこにあるのでしょうか。

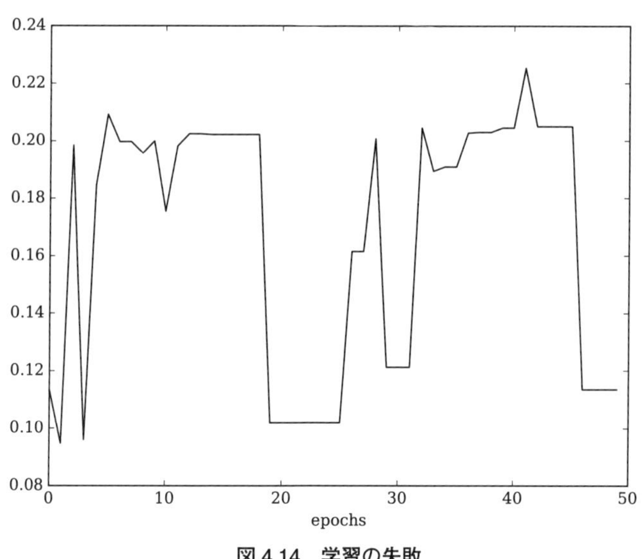

図 4.14 学習の失敗

コードをよく見ると、違いはパラメータの初期化部分にあることが分かります。モデルの構造自体は同じですが、重みの初期化部分を TensorFlow では

```
tf.truncated_normal(shape, stddev=0.01)
```

としているのに対し、Keras では何も指定しませんでした。実は、重みの初期値をどのようにするのかも学習がうまくいくかどうかに影響してきます。この初期値の設定手法もいくつか研究されており、詳細は次節で見ていくことにします。ここでは、TensorFlow で行っている初期化処理を Keras で実装することを考えましょう。Keras の `Dense()` は引数に `kernel_initializer=` をとることができ、そこで初期化処理を与えてやることで、同じ処理が実現できます。具体的には下記のようになります。

```
from keras import backend as K


def weight_variable(shape):
    return K.truncated_normal(shape, stddev=0.01)


model = Sequential()
```

```
for i, input_dim in enumerate(([n_in] + n_hiddens)[:-1]):
    model.add(Dense(n_hiddens[i], input_dim=input_dim,
                    kernel_initializer=weight_variable))
    model.add(Activation(activation))
    model.add(Dropout(p_keep))

model.add(Dense(n_out, kernel_initializer=weight_variable))
model.add(Activation('softmax'))
```

Kerasでは、あらかじめエイリアスとして定義されているもの以外を用いる際は keras.backend を通じて処理を行います。関数 weight_variable() の中で、K.truncated_normal(shape, stddev=0.01) により、TensorFlowのときと同じく、標準偏差 $\sigma = 0.01$ の切断正規分布に従う乱数を返しています。これにより、Dense(kernel_initializer=weight_variable) とすることで、TensorFlowと同様の初期値を持つ重みを生成できるようになります。試しに変更後のコードで実験をしてみると、**図4.15**のような結果が得られ、学習がうまくいっていることが確認できます。

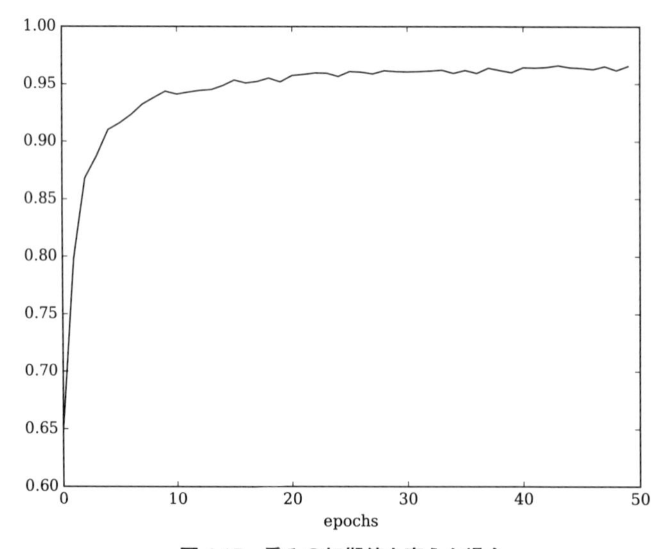

図4.15　重みの初期値を変えた場合

また、切断正規分布は keras.initializers.TruncatedNormal() でも用いることができ、

```
from keras.initializers import TruncatedNormal

model.add(Dense(n_out, kernel_initializer=TruncatedNormal(stddev=0.01)))
```

でも同じことが実現できます。この場合、weight_variable() を定義する必要はありません。

あるいは、Keras では NumPy で生成した乱数をそのまま用いることもできます。この場合、weight_variable() の定義を下記のように書き換えます。

```
def weight_variable(shape):
    return np.random.normal(scale=0.01, size=shape)
```

ここでは切断正規分布ではなく、通常の正規分布を用いている点に注意してください。

4.5 高度なテクニック

4.5.1 データの正規化と重みの初期化

重みの初期値が学習の良し悪しに影響を与えることは、先ほどの**図 4.14** および **4.15** の結果からも分かりました。では、どのような初期値を与えればよいのでしょうか。重みについて考えるために、まずは入力データを「キレイ」にすることを考えましょう。これまでは MNIST のみを扱っていましたが、MNIST 以外のデータでも同じアプローチがとれるよう、入力データが一定の範囲の値になるように前処理をします。一番単純な処理は、この範囲を 0 から 1 の間に収めることです。例えば MNIST だと、データは 0 から 255 までの RGB 値をとるので、

```
X = X / 255.0
```

とすれば目的の範囲値となります。あるいは、一般的には、

```
X = X / X.max()
```

などとすればよいでしょう。このように、データの範囲を一定値に収め、処理しやすい形にすることを**正規化** (normalization) と言います。また、データの分布を考えると、データの平均が 0 となるように正規化するのが望ましいと言えます。これは MNIST では、

```
X = X / 255.0
X = X - X.mean(axis=1).reshape(len(X), 1)
```

とすれば実現できます。このとき、各パターンにおけるデータが偏った分布をしているのでなけれ

ば▶23、重み成分は正負の値を持つことが予想されます。そして、偏りがなければ正負の成分の数は半々に近づいていくはずです。よって、重みの成分をすべて0で初期化するのが最初に考えられるアプローチです。

しかし、実際はすべてを同じ値で初期化してしまうと、誤差逆伝播の際に勾配の値も同じになってしまうため、重みの値がうまく更新されなくなってしまいます。そこで代わりにとられるアプローチが0に近い乱数で初期化する方法です。これまで正規分布を用いて重みを初期化していたのは、平均 $\mu = 0$ に近い乱数を得るためだったことになります。そして、標準偏差 σ が小さい値であるほど、生成される値は0に近い値となり、望ましいと言えることになります。`np.random.normal(scale=0.01, size=shape)` などとすることは、このアプローチに沿った実装をしているということになります。

ただし、ただ単純に標準偏差を小さくすればよいわけでもありません。初期値が小さすぎると、重みが係数としてかかってくる勾配の値も小さくなりすぎてしまい、学習が進まなくなってしまうという問題が起きるためです▶24。そこで、標準偏差はあくまでも $\sigma = 1.0$ の標準正規分布を前提とし、そこに適切な係数を掛け合わせることでうまく初期値を生成できないかというアプローチが考えられました。すなわち、`a * np.random.normal(size=shape)` の `a` をどうすべきかということです。ここで注意しておくべきなのは、入力の次元数が大きいほど（$\sigma = 1.0$ であることより）生成される値にばらつきが出やすくなってしまう点です。このばらつきを重みの初期化で抑えることができないか考えてみましょう。入力が n 次元のベクトル $\boldsymbol{x}$、重みが W のとき、活性化前の値 $\boldsymbol{p}$ の各成分は、

$$p_j = \sum_{i=1}^{n} w_{ji} x_i \tag{4.42}$$

と表すことができます。このとき、E[・] を期待値（平均）、Var[・] を分散とすると、p_j の分散は

▶23 データを平均0、分散1.0、そしてさらに特徴成分が非相関となるように正規化することを**白色化**（whitening）と呼びます。特に画像処理の分野では、データの前処理として正規化が重要な手法となります。

▶24 ReLU は $x = 0$ 付近でも勾配が消えないという性質を持つ活性化関数なので、逆に標準偏差 $\sigma = 0.01$ など小さい値としたほうが学習がうまくいく傾向にあると言えます。

$$
\begin{aligned}
\mathrm{Var}[p_j] &= \mathrm{Var}\left[\sum_{i=1}^{n} w_{ji} x_i\right] &(4.43)\\
&= \sum_{i=1}^{n} \mathrm{Var}\left[w_{ji} x_i\right] &(4.44)\\
&= \sum_{i=1}^{n} \left\{\left(\mathrm{E}[w_{ji}]\right)^2 \mathrm{Var}[x_i] + \left(\mathrm{E}[x_i]\right)^2 \mathrm{Var}[w_{ji}] + \mathrm{Var}[w_{ji}]\mathrm{Var}[x_i]\right\} &(4.45)
\end{aligned}
$$

となります。これに対し、入力データが正規化されている場合は $\mathrm{E}[x_i] = 0$ であり、また重みが理想的な分布をしていると仮定すると、$\mathrm{E}[w_{ji}] = 0$ であるため、式 (4.45) は結局

$$
\begin{aligned}
\mathrm{Var}[p_j] &= \sum_{i=1}^{n} \mathrm{Var}[w_{ji}]\mathrm{Var}[x_i] &(4.46)\\
&= n\,\mathrm{Var}[w_{ji}]\mathrm{Var}[x_i] &(4.47)
\end{aligned}
$$

という形にまとまります。よって、$\boldsymbol{p}$ の分散を $\boldsymbol{x}$ の分散に合わせようとすると、重み W の各成分の分散は $\frac{1}{n}$ である必要があります。ここで、a を定数、X を確率変数としたとき、$\mathrm{Var}[aX] = a^2 \mathrm{Var}[X]$ が成り立つため、最初の `a * np.random.normal(size=shape)` の `a` をどうするかという問題に立ち返ると、

$$
a = \sqrt{\frac{1}{n}} \tag{4.48}
$$

すなわち、

```
np.sqrt(1.0 / n) * np.random.normal(size=shape)
```

とすればよいことが分かります。

重みの初期化に対する基本的なアプローチはここまで考えてきたとおりですが、式 (4.47) を得るまでにいくつかの仮定をおきました。この仮定を変えることで、同様にいくつかの初期化の手法がこれまでに提案されています。次ページに代表的な初期化手法を紹介していきますが、本書では個別に詳しい数式を求めることはしません。それぞれ参考文献を載せているので、詳細はそちらを参考にしてください。

LeCun et al. 1988 文献 [1]

正規分布あるいは一様分布による初期化を行います。一様分布の場合、コードでは下記のように表すことができます。

```
np.random.uniform(low=-np.sqrt(1.0 / n),
                  high=np.sqrt(1.0 / n),
                  size=shape)
```

また、Kerasでは `kernel_initializer='lecun_uniform'` というエイリアスでも用いることができます。

Glorot and Bengio 2010 文献 [7]

正規分布および一様分布を用いる場合に、それぞれにおける重みの初期値について考察しており、コードで表すと、一様分布の場合は、

```
np.random.uniform(low=-np.sqrt(6.0 / (n_in + n_out)),
                  high=np.sqrt(6.0 / (n_in + n_out)),
                  size=shape)
```

正規分布の場合は、

```
np.sqrt(3.0 / (n_in + n_out)) * np.random.normal(size=shape)
```

とするのがよいとしています▶25。この初期化手法については、TensorFlowでは `tf.contrib.layers.xavier_initializer(uniform=True)`、Kerasではそれぞれ `init='glorot_uniform'` および `init='glorot_normal'` で呼び出すこともできます▶26。

He et al. 2015 文献 [4]

ReLUを用いる場合の初期化について考察しており、

```
np.sqrt(2.0 / n) * np.random.normal(size=shape)
```

▶25　ここで、n_in および n_out はモデル全体の入出力層の次元数ではなく、各層に対しての入力、出力の次元数であることに注意してください。混乱を避けるために、ニューラルネットワークを回路とみなして、各層における入力を**ファンイン**(fan-in)、出力を**ファンアウト**(fan-out)と呼ぶこともあります。

▶26　TensorFlowで glorot ではなく xavier となっているのは、文献 [7] の著者が Xavier Glorot という名前であるためです。

がよいとしています。Kerasでは、init='he_normal' で用いることができます。

4.5.2　学習率の設定

モデルの学習時に確率的勾配降下法を用いますが、その際に設定する学習率に関しては、これまで 0.1 や 0.01 など、いずれも決め打ちで学習を通して同じ値を用いていました。しかし、学習率の値をどうするかによって最適な解が得られるかどうかが決まるのであれば、この学習率も適切に設定すべきです。そして実際、いくつかの設定手法が提案されています。本項では、代表的な学習率の設定手法について順番に見ていくことにしましょう。

4.5.2.1　● モメンタム

局所最適解に陥らず、効率よく解を探索するには、学習率を「最初は大きく、徐々に小さく」することが望ましいと言えます。**モメンタム (momentum)** は、学習率の値自体は同じであるものの、パラメータの更新時にモメンタム項と呼ばれる調整項を用いることによって、擬似的にこれを表現しています。誤差関数 E に対して、モデルのパラメータを θ 、E の θ に対する勾配を $\nabla_\theta E$ で表したとすると、ステップ t におけるモメンタムを用いたパラメータの更新式は下記で表されます。

$$\Delta\theta^{(t)} = -\eta\nabla_\theta E(\theta) + \gamma\Delta\theta^{(t-1)} \tag{4.49}$$

この $\gamma\nabla\theta^{(t-1)}$ がモメンタム項で、係数 $\gamma\,(< 1)$ は通常 0.5 や 0.9 に設定します。式 (4.49) は、物理系と照らし合わせると、

$$m\frac{d^2\theta}{dt^2} + \mu\frac{d\theta}{dt} = -\nabla_\theta E(\theta) \tag{4.50}$$

という、いわゆる「空気抵抗の式」の形をしており[▶27]、まさしく勾配がステップを重ねるごとに徐々に小さくなっていくことが分かります。

TensorFlowでは、tf.train.MomentumOptimizer() を用いることでモメンタムを実装することができます。すなわち、train() において、GradientDescentOptimizer と記述していたところを MomentumOptimizer に変更するだけです。コードは次のようになります。

▶27　詳細は文献 [8] を参考にしてください。

```
def training(loss):
    optimizer = tf.train.MomentumOptimizer(0.01, 0.9)
    train_step = optimizer.minimize(loss)
    return train_step
```

また、Keras では SGD() の引数に momentum= を指定します。よって、実装は下記のようになります。

```
model.compile(loss='categorical_crossentropy',
              optimizer=SGD(lr=0.01, momentum=0.9),
              metrics=['accuracy'])
```

4.5.2.2 ● Nesterov モメンタム

式 (4.49) で表される純粋なモメンタムに対し、Nesterov[9] は、わずかな変更を加えることで、パラメータが「どの方向に向かうべきか」を式に織り込みました。式 (4.49) は2式に分解すると下記のように表すことができますが、

$$v^{(t)} = -\eta \nabla_{\theta} E(\theta) + \gamma \Delta \theta^{(t-1)} \tag{4.51}$$

$$\theta^{(t)} = \theta^{(t-1)} - v^{(t)} \tag{4.52}$$

これに対し、変更を加えたモメンタムは下式のようになります。

$$v^{(t)} = -\eta \nabla_{\theta} E(\theta + \gamma v^{(t-1)}) + \gamma \Delta \theta^{(t-1)} \tag{4.53}$$

$$\theta^{(t)} = \theta^{(t-1)} - v^{(t)} \tag{4.54}$$

違いは $E(\theta + \gamma v^{(t-1)})$ の部分ですが、これにより、次のステップにおけるパラメータの近似値が求まるため、効率的に学習率を設定し、解を探索できるようになります。

実装においては、TensorFlow では、

```
optimizer = tf.train.MomentumOptimizer(0.01, 0.9, use_nesterov=True)
```

Keras では、

```
optimizer=SGD(lr=0.01, momentum=0.9, nesterov=True)
```

とするだけで実現できます。

4.5.2.3 Adagrad

モメンタムは学習率の値は固定であり、モメンタム項によりパラメータの更新値を調整しましたが、それに対し、**Adagrad (adaptive gradient algorithm)** は学習率の値そのものを更新していきます。式の整理のために、

$$g_i := \nabla_\theta E(\theta_i) \tag{4.55}$$

とおくと、Adagradは下式で表されます。

$$\theta_i^{(t+1)} = \theta_i^{(t)} - \frac{\eta}{\sqrt{G_{ii}^{(t)} + \epsilon}} g_i^{(t)} \tag{4.56}$$

ただし、行列 $G^{(t)}$ は対角行列であり、その (i, i) 成分は、ステップ t までの θ_i に対する勾配の2乗和

$$G_{ii}^{(t)} = \sum_{\tau=0}^{t} g_i^{(\tau)} \cdot g_i^{(\tau)} \tag{4.57}$$

となります。また、ϵ は分母が0にならないようにするための微小項で、一般的には $\epsilon = 1.0 \times 10^{-6} \sim 1.0 \times 10^{-8}$ あたりに設定されます。さらに、$G^{(t)}$ は対角行列であるため、式(4.56)は下記のようにまとめることができます。

$$\theta^{(t+1)} = \theta^{(t)} - \frac{\eta}{\sqrt{G^{(t)} + \epsilon}} \odot g^{(t)} \tag{4.58}$$

Adagradはモメンタムと比べハイパーパラメータが少なく、これまでの勾配に基づき自動で学習率 η を修正するため、より扱いやすい手法と言えます▶28。

式(4.56)あるいは式(4.58)は一見複雑ですが、擬似コードで書くと理解しやすいかもしれません。

```
G[i][i] += g[i] * g[i]
theta[i] -= (learning_rate / sqrt(G[i][i] + epsilon)) * g[i]
```

▶28 詳しい考察に関しては、文献[10]にまとめられています。

ただし、この手法についても TensorFlow、Keras ともに API が提供されているため、ライブラリを用いる場合は自分で実装する必要はありません。TensorFlow では、`training()` の中で

```
optimizer = tf.train.AdagradOptimizer(0.01)
```

とするだけです。一方 Keras では、ファイルの先頭で

```
from keras.optimizers import Adagrad
```

と、`SGD` の代わりに `Adagrad` をインポートした上で、

```
optimizer=Adagrad(lr=0.01)
```

と記述します。

4.5.2.4 ● Adadelta

Adagrad により学習率が自動で調整されるようになりましたが、対角行列 $G^{(t)}$ は勾配の2乗の累積和であるため、単調増加します。そのため、式 (4.58) からも分かりますが、学習のステップを経るごとに勾配にかかる係数の値が急激に小さくなってしまい、学習が進まなくなってしまうという問題が起こります。この問題を解決したのが文献 [11] で提案された **Adadelta** です。

Adadelta の基本的な考え方は、ステップ 0 から2乗和を積み重ねるのではなく、積み重ねるステップ数を定数 w に制限してしまおうというものです。しかし、単純に w の分だけ2乗和を同時に保持しておくのは、実装の観点からすると非効率的であるため、Adadelta は、直前のステップまでの全勾配の2乗和を減衰平均させることで、再帰式として計算します。このとき、式の簡略化のため、これまで $g^{(t)}$ と書いていたところを g_t などと表すことにすると、ステップ t における勾配の2乗（$= g_t \odot g_t$）の移動平均 $\mathrm{E}[g^2]_t$ は、

$$\mathrm{E}[g^2]_t = \rho \mathrm{E}[g^2]_{t-1} + (1-\rho) g_t^2 \tag{4.59}$$

と表すことができます。式から、ステップ数をさかのぼるほど勾配和が指数関数的に減衰していくのが分かるかと思います。これに対し、Adagrad の式 (4.58) は

$$\theta_{t+1} = \theta_t - \frac{\eta}{\sqrt{G_t + \epsilon}} \odot g_t \tag{4.60}$$

でしたが、Adadelta は G_t をこれまでの勾配の 2 乗の減衰平均 $\mathrm{E}[g^2]_t$ で置き換えるため、

$$\theta_{t+1} = \theta_t - \frac{\eta}{\sqrt{\mathrm{E}[g^2]_t + \epsilon}} g_t \tag{4.61}$$

で表されることになります。

ここで、$\sqrt{\mathrm{E}[g^2]_t + \epsilon}$ に着目すると、これは（ϵ を無視すると）**2 乗平均平方根**（root mean square）の形をしているため、これを RMS[・] で表すと、式 (4.68) は、

$$\theta_{t+1} = \theta_t - \frac{\eta}{\mathrm{RMS}[g]_t} g_t \tag{4.62}$$

という形にまとまります。

文献 **[11]** では、式 (4.62) からさらにもう一段階式変形を行うことで、学習率 η を設定する必要をなくしています。まず、

$$\Delta\theta_t = -\frac{\eta}{\mathrm{RMS}[g]_t} g_t \tag{4.63}$$

とおくと、式 (4.59) に対し、$\Delta\theta_t^2$ の減衰平均は、

$$\mathrm{E}[\Delta\theta^2]_t = \rho \mathrm{E}[\Delta\theta^2]_{t-1} + (1-\rho)\Delta\theta_t^2 \tag{4.64}$$

と表すことができます。$\Delta\theta_t$ は未知であるため、

$$\mathrm{RMS}[\Delta\theta]_t = \sqrt{\mathrm{E}[\Delta\theta^2]_t + \epsilon} \tag{4.65}$$

を $t-1$ における RMS で近似すると、

$$\Delta\theta_t = -\frac{\mathrm{RMS}[\Delta\theta]_{t-1}}{\mathrm{RMS}[g]_t} g_t \tag{4.66}$$

で表される Adadelta の式が得られます。結局、Adadelta では ρ（および ϵ）のみ設定すればよく、$\rho = 0.95$ を用いるのが一般的です。

式は複雑でしたが、実装はこれまで同様、TensorFlow でも Keras でも API を用いることで簡単に記述できます。TensorFlow では、

```
optimizer = tf.train.AdadeltaOptimizer(learning_rate=1.0, rho=0.95)
```

とするだけです。ここで、数式では式 (4.64) のとおり学習率は不要ですが、実装では `learning_rate=1.0` としています。これは $\theta_{t+1} = \theta_t + \alpha\Delta\theta_t$ における α を設定できるようにするためです。TensorFlow では、デフォルトでこの値を 0.001 としていますが[29]、上記の定式化の流れを踏まえると、ここは 1.0 として問題ないため、`learning_rate=1.0` を引数として与えています。

一方、Keras では、

```
from keras.optimizers import Adadelta
```

とした上で、

```
optimizer=Adadelta(rho=0.95)
```

と記述すれば問題ありません。Keras では、デフォルトで $\alpha = 1.0$ となっています。

4.5.2.5 ● RMSprop

RMSprop は Adadelta 同様、Adagrad における学習率の急激な減少の問題を解決するための手法です。RMSprop と Adadelta は同時期に別々に考えられた手法ですが、RMSprop は論文にはなっておらず、Coursera[30] というオンラインの授業向けのスライドでまとめられている手法です[31]。RMSprop は Adadelta の簡易版と言えるもので、式 (4.59) において $\rho = 0.9$ とした

$$\mathrm{E}[g^2]_t = 0.9\mathrm{E}[g^2]_{t-1} + 0.1g_t^2 \tag{4.67}$$

に対し、式 (4.68) と同じ

▶ 29　https://www.tensorflow.org/api_docs/python/tf/train/AdadeltaOptimizer を参照。

▶ 30　https://www.coursera.org/

▶ 31　スライドは http://www.cs.toronto.edu/~tijmen/csc321/slides/lecture_slides_lec6.pdf にて公開されています。

$$\theta_{t+1} = \theta_t - \frac{\eta}{\sqrt{\mathrm{E}[g^2]_t + \epsilon}} g_t \tag{4.68}$$

によりパラメータを更新する手法になります。学習率 μ は通常 0.001 など小さい値に設定されます。

実装は、TensorFlow では `RMSPropOptimizer()` を用いて

```
optimizer = tf.train.RMSPropOptimizer(0.001)
```

と記述すればよく、Keras ではこれまで同様、

```
from keras.optimizers import RMSprop

optimizer=RMSprop(lr=0.001)
```

となります。

4.5.2.6 ● Adam

Adadelta や RMSprop が直前のステップ $t-1$ までの勾配の 2 乗の移動平均 $v_t := E[g^2]_t$ を指数関数的に減衰平均させた項を保持し、パラメータの更新式に用いていたのに対し、**Adam (adaptive moment estimation)** では、それに加え単純な勾配の移動平均 $m_t := E[g]_t$ を指数関数的に減衰させた項も用います。m_t, v_t を式で表すと、下記のようになります。

$$m_t = \beta_1 m_{t-1} + (1-\beta_1) g_t \tag{4.69}$$

$$v_t = \beta_2 v_{t-1} + (1-\beta_2) g_t^2 \tag{4.70}$$

ここで、$\beta_1, \beta_2 \in [0, 1)$ はハイパーパラメータであり、移動平均の（指数関数的な）減衰率を調整します。m_t, v_t はそれぞれ勾配の 1 次モーメント（平均）、2 次モーメント（分散）の推定値に相当することになります。

2 つの移動平均 m_t, v_t はともに偏りのあるモーメントとなるので、この偏りを補正した（＝偏りを 0 にした）推定値を求めることを考えます。ここで、$v_0 = \mathbf{0}$ で初期化したとすると、式 (4.70) より、

$$v_t = (1-\beta_2) \sum_{i=1}^{t} \beta_2^{t-i} \cdot g_i^2 \tag{4.71}$$

が得られます。今知りたいのは、２次モーメント v_t の移動平均 $\mathrm{E}[v_t]$ と真の２次モーメント $\mathrm{E}[g_t^2]$ の関係性なので、これを式 (4.71) から求めると、

$$\begin{aligned} \mathrm{E}[v_t] &= \mathrm{E}\left[(1-\beta_2)\sum_{i=1}^{t}\beta_2^{t-i}\cdot g_i^2\right] && (4.72)\\ &= \mathrm{E}\left[g_t^2\right]\cdot(1-\beta_2)\sum_{i=1}^{t}\beta_2^{t-i}+\zeta && (4.73)\\ &= \mathrm{E}\left[g_t^2\right]\cdot(1-\beta_2^t)+\zeta && (4.74) \end{aligned}$$

となります。ここで、$\zeta=0$ と近似できるようにハイパーパラメータの値を設定すれば[32]、

$$\hat{v}_t = \frac{v_t}{1-\beta_2^t} \tag{4.75}$$

なる（偏りのない）推定値が得られます。m_t についても同様の計算をすることで、

$$\hat{m}_t = \frac{m_t}{1-\beta_1^t} \tag{4.76}$$

が求められます。以上より、

$$\theta_t = \theta_{t-1} - \frac{\alpha}{\sqrt{\hat{v}_t}+\epsilon}\hat{m}_t \tag{4.77}$$

がパラメータの更新式として得られます。

Adam も式は複雑ですが、最終的なアルゴリズムはシンプルにまとまります。擬似コードで考えてみると、

```
# 初期化
m = 0
v = 0
```

▶ 32 真の２次モーメント $\mathrm{E}[g_t^2]$ が不変であるならば $\zeta=0$ であり、そうでない場合、各減衰率 $1-\beta_1$ および $1-\beta_2$ を小さくすることで $\zeta=0$ と近似できます。そのため、$\beta_1=0.9, \beta_2=0.999$ に設定するのが一般的です。

```
# 反復
m = beta1 * m + (1 - beta1) * g
v = beta2 * v + (1 - beta2) * g * g
m_hat = m / (1 - beta1 ** t)
v_hat = v / (1 - beta2 ** t)
theta -= learning_rate * m_hat / (sqrt(v_hat) + epsilon)
```

と書くことができます。また、具体的な計算はここでは行いませんが、学習率 α は、

$$\alpha_t = \alpha \cdot \frac{\sqrt{1-\beta_2^t}}{1-\beta_1^t} \tag{4.78}$$

なる α_t を用いることで、より効率的な探索を行うことができます[▶33]。この場合、擬似コードは


```
# 初期化
m = 0
v = 0

# 反復
learning_rate_t = learning_rate * sqrt(1 - beta2 ** t) / (1 - beta1 ** t)
m = beta1 * m + (1 - beta1) * g
v = beta2 * v + (1 - beta2) * g * g
theta -= learning_rate_t * m / (sqrt(v) + epsilon)
```

となります。

ライブラリを用いる場合、TensorFlow では

```
optimizer = tf.train.AdamOptimizer(learning_rate=0.001,
                                   beta1=0.9,
                                   beta2=0.999)
```

となり、Keras では

```
from keras.optimizers import Adam

optimizer=Adam(lr=0.001, beta_1=0.9, beta_2=0.999)
```

となります。

▶33 詳細は文献 [12] を参考にしてください。

4.5.3 Early Stopping

学習率については効率的な設定手法を見てきましたが、学習回数(=エポック数)に関しては、これまで決め打ちで設定してきました。学習回数が多いほど訓練データへの誤差は小さくなりますが、それはオーバーフィッティングを招いてしまい、モデルの汎化性能は落ちてしまいます。実際、エポック数300で実験した場合、検証データに対する誤差の推移は**図4.16**のようになりますが、最初のうちは誤差が順調に下がっているものの、途中からは誤差が上がっていく(=オーバーフィッティングしている)ことが確認できます。

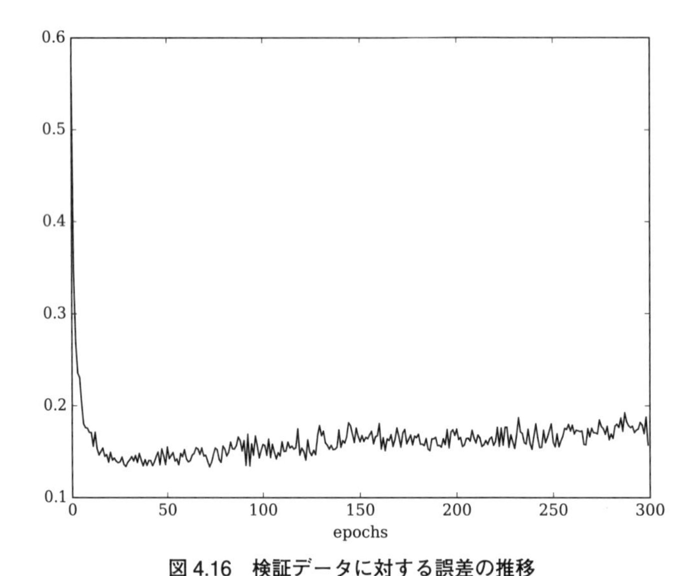

図4.16 検証データに対する誤差の推移

この問題に対し、用いられる手法が**Early Stopping**です。手法と言っても非常に単純で、「前のエポックのときと比べ誤差が増えたら学習を打ち切る」というものになります。なので、実装もシンプルです。考え方としては、各エポックの最後にEarly Stoppingのチェックを差し込めばよいことになります。擬似コードでは下記のように表せるでしょう。

```
for epoch in range(epochs):
    loss = model.train()['loss']

    if early_stopping(loss):
      break
```

ただし、直前のエポックの誤差のみで比較すればよいというわけではありません。**図4.16**からも分かるように、誤差の値はエポックごとに上下します。これは特にドロップアウトを適用する場合、まだ学習が行われていないニューロンが存在し得るためです。なので、「ある一定のエポック数を通して、ずっと誤差が増えていたら学習を打ち切る」ようにすることが望ましいと言えます。

では実装について考えてみましょう。TensorFlow では Early Stopping は自分で実装しなければなりませんが▶34、難しくありません。下記の EarlyStopping クラスが枠組みになります。

```
class EarlyStopping():
    def __init__(self, patience=0, verbose=0):
        self._step = 0
        self._loss = float('inf')
        self.patience = patience
        self.verbose = verbose

    def validate(self, loss):
        if self._loss < loss:
            self._step += 1
            if self._step > self.patience:
                if self.verbose:
                    print('early stopping')
                return True
        else:
            self._step = 0
            self._loss = loss

        return False
```

ここで、patience が「過去どれだけのエポックまで誤差を見るか」を設定する値になります。この EarlyStopping に対し、学習の前に

```
early_stopping = EarlyStopping(patience=10, verbose=1)
```

によってインスタンスを生成した上で、

```
for epoch in range(epochs):
    for i in range(n_batches):
        sess.run(train_step, feed_dict={})

    val_loss = loss.eval(session=sess, feed_dict={})

    if early_stopping.validate(val_loss):
```

▶34 ただし、tf.contrib.learn では tf.contrib.learn.monitors.ValidationMonitor() で Early Stopping を適用できます。

```
        break
```

と、最後に early_stopping.validate() を差し込めば、Early Stopping に対応させることができます。

一方、Keras では、

```
from keras.callbacks import EarlyStopping
```

にて Early Stopping が提供されています。keras.callbacks とあるように、これは各エポックにおけるモデルの学習後のコールバック関数として呼ばれるものになります。モデルの学習前に

```
early_stopping = EarlyStopping(monitor='val_loss', patience=10, verbose=1)
```

を定義し、

```
hist = model.fit(X_train, Y_train, epochs=epochs,
                 batch_size=batch_size,
                 validation_data=(X_validation, Y_validation),
                 callbacks=[early_stopping])
```

というように callbacks=[early_stopping] とすることで、Early Stopping に対応させることができます。実行すると、図 4.17 のように、途中で学習が打ち切られているのが確認できます。

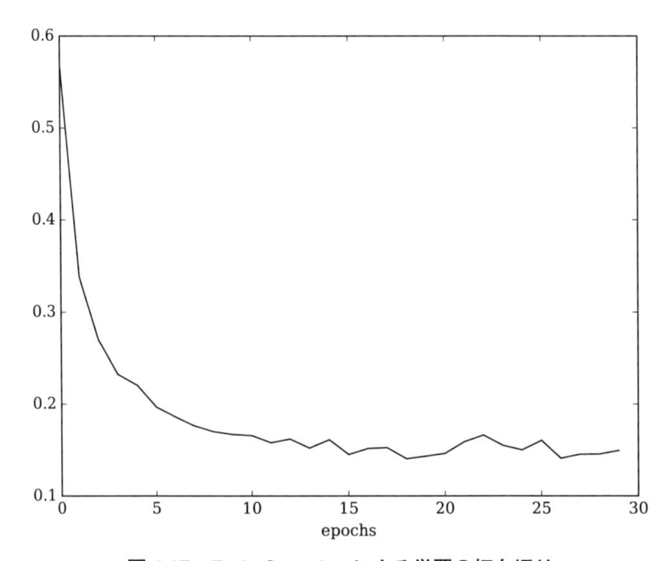

図 4.17　Early Stopping による学習の打ち切り

4.5.4 Batch Normalization

データセットを事前に正規化する処理はすでに行ってきましたが、Batch Normalizationはこれをミニバッチごとに行う手法です。データの前処理としてデータセットを正規化(白色化)し、重みの初期値を工夫することで学習はうまくいきやすくなるものの、学習の際にはネットワークの内部で分散が偏ってしまうので、それらの工夫の効果は限定的と言えます。これに対し、Batch Normalizationでは、学習に使うミニバッチごとに正規化を行うので、学習全体で安定して効果が得られることが期待されます。

では、手法について見ていきましょう。まず、m 個のデータからなるミニバッチ $\mathcal{B} = \{ x_1, x_2, ..., x_m \}$ があったとき、ミニバッチの平均 $\mu_{\mathcal{B}}$ および 分散 $\sigma_{\mathcal{B}}^2$は下式で表されます。

$$\mu_{\mathcal{B}} = \frac{1}{m}\sum_{i=1}^{m} x_i \tag{4.79}$$

$$\sigma_{\mathcal{B}}^2 = \frac{1}{m}\sum_{i=1}^{m} (x_i - \mu_{\mathcal{B}})^2 \tag{4.80}$$

これに対し、Batch Normalizationはミニバッチ内の各データ x_i を下記のように変換します。

$$\hat{x}_i = \frac{x_i - \mu_{\mathcal{B}}}{\sqrt{\sigma_{\mathcal{B}}^2 + \epsilon}} \tag{4.81}$$

$$y_i = \gamma \hat{x}_i + \beta \tag{4.82}$$

ここで、γおよびβがモデルのパラメータとなります。この式(4.82)で得られる出力 $\{ y_1, y_2, ..., y_m \}$ がBatch Normalizationの出力となります。

Batch Normalization を用いたディープラーニングを考える場合、誤差関数 E に対して、モデルのパラメータである γ、β および前の層に伝えるための x_i に対する勾配をそれぞれ求める必要があります。これらを計算すると、

$$\frac{\partial E}{\partial \gamma} = \sum_{i=1}^{m} \frac{\partial E}{\partial y_i} \frac{\partial y_i}{\partial \gamma} \tag{4.83}$$

$$= \sum_{i=1}^{m} \frac{\partial E}{\partial y_i} \cdot \hat{x}_i \tag{4.84}$$

$$\frac{\partial E}{\partial \beta} = \sum_{i=1}^{m} \frac{\partial E}{\partial y_i} \frac{\partial y_i}{\partial \beta} \tag{4.85}$$

$$= \sum_{i=1}^{m} \frac{\partial E}{\partial y_i} \tag{4.86}$$

$$\frac{\partial E}{\partial x_i} = \frac{\partial E}{\partial \hat{x}_i} \frac{\partial \hat{x}_i}{\partial x_i} + \frac{\partial E}{\partial \sigma_{\mathcal{B}}^2} \frac{\partial \sigma_{\mathcal{B}}^2}{\partial x_i} + \frac{\partial E}{\partial \mu_{\mathcal{B}}} \frac{\partial \mu_{\mathcal{B}}}{\partial x_i} \tag{4.87}$$

$$= \frac{\partial E}{\partial x_i} \cdot \frac{1}{\sqrt{\sigma_{\mathcal{B}}^2 + \epsilon}} + \frac{\partial E}{\partial \sigma_{\mathcal{B}}^2} \cdot \frac{2(x_i - \mu_{\mathcal{B}})}{m} + \frac{\partial E}{\partial \mu_{\mathcal{B}}} \cdot \frac{1}{m} \tag{4.88}$$

となります。ここで $\frac{\partial E}{\partial y_i}$ は逆伝播してきた誤差なので既知です。一方、それ以外の勾配に関しては、

$$\frac{\partial E}{\partial \hat{x}_i} = \frac{\partial E}{\partial y_i}\frac{\partial y_i}{\partial \hat{x}_i} \tag{4.89}$$

$$= \frac{\partial E}{\partial y_i} \cdot \gamma \tag{4.90}$$

$$\frac{\partial E}{\partial \sigma_{\mathcal{B}}^2} = \sum_{i=1}^{m} \frac{\partial E}{\partial x_i}\frac{\partial x_i}{\sigma_{\mathcal{B}}^2} \tag{4.91}$$

$$= \sum_{i=1}^{m} \frac{\partial E}{\partial \hat{x}_i} \cdot (x_i - \mu_{\mathcal{B}}) \cdot \frac{-1}{2}\left(\sigma_{\mathcal{B}}^2 + \epsilon\right)^{-\frac{3}{2}} \tag{4.92}$$

$$\frac{\partial E}{\partial \mu_{\mathcal{B}}} = \sum_{i=1}^{m} \frac{\partial E}{\partial \hat{x}_i}\frac{\partial \hat{x}_i}{\partial \mu_{\mathcal{B}}} + \frac{\partial E}{\partial \sigma_{\mathcal{B}}^2}\frac{\partial \sigma_{\mathcal{B}}^2}{\partial \mu_{\mathcal{B}}} \tag{4.93}$$

$$= \sum_{i=1}^{m} \frac{\partial E}{\partial \hat{x}_i} \cdot \frac{-1}{\sqrt{\sigma_{\mathcal{B}}^2 + \epsilon}} + \sum_{i=1}^{m} \frac{\partial E}{\partial \sigma_{\mathcal{B}}^2} \cdot \frac{-2(x_i - \mu_{\mathcal{B}})}{m} \tag{4.94}$$

が求められるので、すべての勾配を誤差逆伝播法により最適化できることが分かります▶35。

また、Batch Normalization はミニバッチのデータを正規化するため、これまでは層の活性化は

$$\boldsymbol{h} = f(W\boldsymbol{x} + \boldsymbol{b}) \tag{4.95}$$

の式で表されていましたが、式 (4.82) に相当する処理を $\mathrm{BN}_{\gamma,\beta}(\boldsymbol{x}_i)$ と書くとすると、層の活性化は

$$\boldsymbol{h} = f(\mathrm{BN}_{\gamma,\beta}(W\boldsymbol{x})) \tag{4.96}$$

と、バイアスを考える必要がなくなります。他にも、文献 [13] では、

- 学習率を大きくしても学習がうまくいく
- ドロップアウトを用いなくても汎化性能が高い

▶35 厳密には、ここまで考えた x_i、$\hat{x}_i$、y_i、$\mu_{\mathcal{B}}$、$\sigma_{\mathcal{B}}^2$ はベクトルのため、式では $\odot$ などを書かなければなりませんが、式の見やすさのために簡略化しています。ベクトルの各要素を計算していると考えると、それぞれの式はそのまま成り立ちます。

などさまざまな利点が述べられています。

では、Batch Normalization を実装してみましょう。TensorFlow には tf.nn.batch_normalization() という API がありますが、Batch Normalization は実装が簡単なので、この API を使わずに実装してみることにします。活性化前の正規化処理をはさむので、実装の流れは下記のようになります。

```
def batch_normalization(shape, x):
    # Batch Normalization の処理


for i, n_hidden in enumerate(n_hiddens):
    W = weight_variable([input_dim, n_hidden])
    u = tf.matmul(input, W)
    h = batch_normalization([n_hidden], u)
    output = tf.nn.relu(h)
```

この batch_normalization() の中では、式 (4.82) に相当する処理を記述すればよいので、

```
def batch_normalization(shape, x):
    eps = 1e-8
    beta = tf.Variable(tf.zeros(shape))
    gamma = tf.Variable(tf.ones(shape))
    mean, var = tf.nn.moments(x, [0])
    return gamma * (x - mean) / tf.sqrt(var + eps) + beta
```

となります。tf.nn.moments() により、平均・分散を計算しています。また、「隠れ層 - 出力層」ではこれまでどおりソフトマックス関数を用いるので、inference() 全体は下記のようになります。

```
def inference(x, n_in, n_hiddens, n_out):
    def weight_variable(shape):
        initial = np.sqrt(2.0 / shape[0]) * tf.truncated_normal(shape)
        return tf.Variable(initial)

    def bias_variable(shape):
        initial = tf.zeros(shape)
        return tf.Variable(initial)

    def batch_normalization(shape, x):
        eps = 1e-8
        beta = tf.Variable(tf.zeros(shape))
        gamma = tf.Variable(tf.ones(shape))
        mean, var = tf.nn.moments(x, [0])
        return gamma * (x - mean) / tf.sqrt(var + eps) + beta
```

```
    # 入力層 - 隠れ層、隠れ層 - 隠れ層
    for i, n_hidden in enumerate(n_hiddens):
        if i == 0:
            input = x
            input_dim = n_in
        else:
            input = output
            input_dim = n_hiddens[i-1]

        W = weight_variable([input_dim, n_hidden])
        u = tf.matmul(input, W)
        h = batch_normalization([n_hidden], u)
        output = tf.nn.relu(h)

    # 隠れ層 - 出力層
    W_out = weight_variable([n_hiddens[-1], n_out])
    b_out = bias_variable([n_out])
    y = tf.nn.softmax(tf.matmul(output, W_out) + b_out)
    return y
```

Kerasの実装を見ると、よりモデルのアウトラインがイメージしやすいかもしれません。

```
from keras.layers.normalization import BatchNormalization
```

で `BatchNormalization` をインポートした後、

```
nmodel = Sequential()
for i, input_dim in enumerate(([n_in] + n_hiddens)[:-1]):
    model.add(Dense(n_hiddens[i], input_dim=input_dim,
                    init=weight_variable))
    model.add(BatchNormalization())
    model.add(Activation(activation))

model.add(Dense(n_out, init=weight_variable))
model.add(Activation('softmax'))
```

と、`Dense()` と `Activation()` の間に `BatchNormalization()` を追加することでBatch Normalizationに対応できます。

4.6 まとめ

本章では、ディープラーニングの基本から応用までを学びました。ニューラルネットワークの層を深くすることで、学習がうまく進まないという問題が発生しましたが、

- 活性化関数
- ドロップアウト
- 重みの初期化
- 学習率の設定
- Early Stopping
- Batch Normalization

など、さまざまな手法を用いることで問題を解決しました。ディープラーニングは、基本的にはこうした1つ1つのテクニックの積み重ねです。TensorFlowやKerasといったライブラリを用いれば、どの手法を使えばよいか試行錯誤しやすいので、成果も出しやすいと言えるでしょう。

これまではトイ・プロブレムのデータやMNIST（画像）など、ある「一点」のデータを扱ってきました。一方、実社会を見ると、一点ではなく時系列になってはじめて意味を持つデータが多く存在します。しかし、通常のニューラルネットワークのモデルでは、時系列データを学習することはできません。そこで、次章では、時系列のデータをどのようにしてニューラルネットワークに対応させるかについて見ていくことにします。

第４章の参考文献

[1] Y. LeCun, L. Bottou, G. B. Orr, and K.-R. Müler. Efficient BackProp. *Neural Networks: Tricks of the Trade*, pp. 9-50, Springer, 1998.

[2] A. Krizhevsky, I. Sutskever, and G. Hinton. ImageNet classification with deep convolutional neural networks. *NIPS*, pp.1106-1114, 2012.

[3] A. Maas, A. Hannun, and A. Ng. Rectifier nonlinearities improve neural network acoustic models. *International Conference on Machine Learning (ICML) Workshop on Deep Learning for Audio, Speech, and Language Processing*, 2013.

[4] K. He, X. Zhang, S. Ren, and J. Sun. Delving deep into rectifiers: Surpassing human-level performance on imagenet classification. *IEEE International Conference on Computer Vision (ICCV)*, 2015.

[5] B. Xu, N. Wang, T. Chen, and M. Li. Empirical evaluation of rectified activations in convolutional network. *arXiv preprint arXiv:1505.00853*, 2015.

[6] D.A. Clevert, T. Unterthiner, S. Hochreiter. Fast and accurate deep network learning by exponential linear units (ELUs). *ICLR*, 2016.

[7] X. Glorot, and Y. Bengio. Understanding the difficulty of training deep feedforward neural networks. *Proc. AISTATS*, volume 9, pp. 249-256, 2010.

[8] N. Qian. On the momentum term in gradient descent learning algorithms. *Neural Networks*, 1999.

[9] Y. Nesterov. A method for unconstrained convex minimization problem with the rate of convergence $O(1 / k^2)$. *Doklady ANSSSR*, 1983.

[10] J.C. Duchi, E. Hazan, and Y. Singer. Adaptive subgradient methods for online learning and stochastic optimization. *Journal of Machine Learning Research*, 2011.

[11] M. Zeiler. Adadelta: An adaptive learning rate method. *arXiv preprint arXiv:1212.570*1, 2012.

[12] D. P. Kingma, and J. L. Ba. Adam: A method for stochastic optimization. *arXiv preprint arXiv:1412.6980*, 2014.

[13] S. Ioffe, and C. Szegedy. Batch normalization: Accelerating deep network training by reducing internal covariate shift. *arXiv preprint arXiv:1502.03167*, 2015.

第5章 リカレントニューラルネットワーク

本章では、通常のディープラーニングのモデルではうまく扱うことができない時系列データの扱いについて考えていきます。時系列データの扱いに特化したモデルのことを**リカレントニューラルネットワーク**(recurrent neural networks)と呼びますが、ニューラルネットワークに「時間」という概念を取り込むとどのようなモデルになるのか、またその際に学習はどうすればできるようになるのかについて見ていくことにしましょう。特に、本章で扱っていくLSTMやGRUという手法は、時系列データの分析には欠くことができません。しっかりと理解するようにしてください。

5.1 基本のアプローチ

5.1.1 時系列データ

これまでに考えてきた(画像などの)データは、1つのベクトル$\boldsymbol{x}_n$を1つの入力データとして扱いました。それに対し時系列データは、$(\boldsymbol{x}(1), \ldots, \boldsymbol{x}(\mathrm{t}), \ldots, \boldsymbol{x}(T))$という$T$個のデータが1つの入力データ群となり、このデータ群を複数扱うことになります。例えば1月から6月までの日本の降雨量を踏まえて7月の降雨量を予測したい場合、手元に2001年から2016年までのデータがあったとすると、$T=6$という1つの時系列データを16個使って予測を行うことになります。

時系列データと一口に言っても、その種類はさまざまです。例として挙げた日本の降雨量以外にも、電車の乗客数、自動車の動き、店舗の売上、株価、為替などなど実社会にはたくさんの時系列データが存在します。また、まさしくこの言葉の並びも、並び順に意味があるので時系列データになります。リカレントニューラルネットワークでは、こうした並びに規則性・パターンがある(あるいはありそうに見える)データを学習することで、未知の時系列データが与えられたときに、そのデータの未来の状態を予測します。

簡単な時系列データとして、sin 波があります。時刻 t に対して、

$$f(t) = \sin\left(\frac{2\pi}{T}t\right) \quad (t = 1, \ldots, 2T) \tag{5.1}$$

なる関数 $f(t)$ があったとき、これは**図 5.1** のようになります[1]。ただし、T は波の周期を表します。まずはトイ・プロブレム的に、この sin 波をニューラルネットワークで予測することができないかを考えることにしましょう。

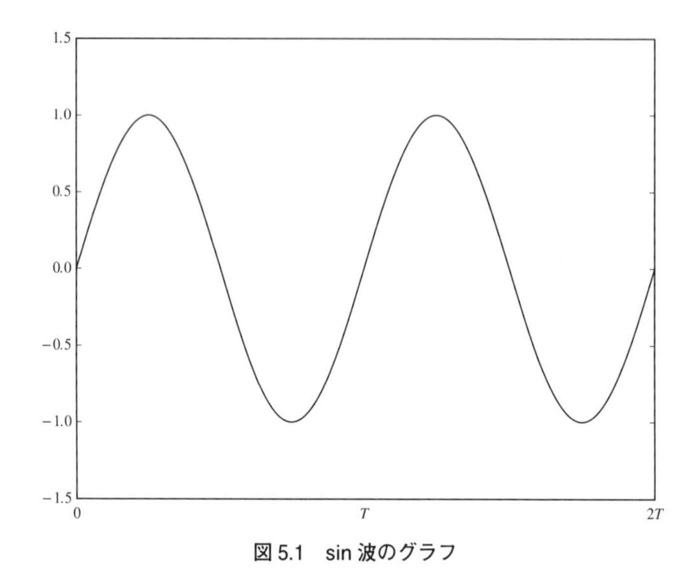

図 5.1 sin 波のグラフ

ただし、このままでは真の分布に沿ったデータしか与えないことになってしまうので、下記のようにノイズ u を与えた sin 波を考えます。

$$f(t) = \sin\left(\frac{2\pi}{T}t\right) + 0.05\,u \tag{5.2}$$

$$u \sim U(-1.0,\ 1.0) \tag{5.3}$$

ここで、$U(a, b)$ は a から b までの一様分布を表すとします。式 (5.2) で表されるノイズ入りの sin

▶ 1　実装上は $t = 0$ から値を与えています。

波をグラフで描いてみると、**図 5.2** のようになります。

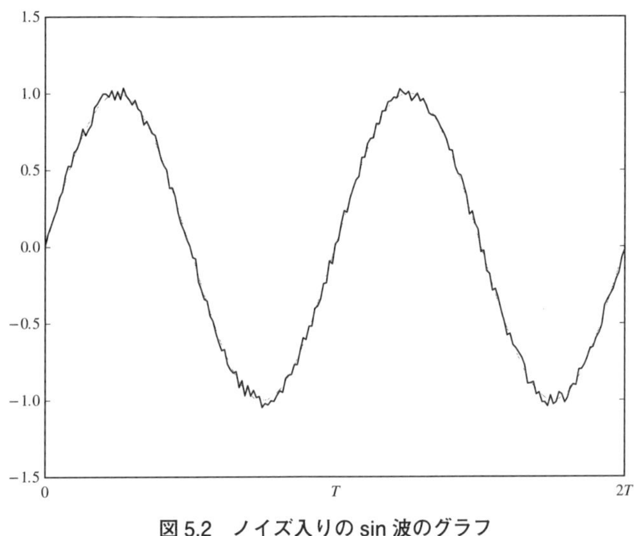

図 5.2 ノイズ入りの sin 波のグラフ

さて、sin 波自体は単純な時系列データですが、実はこれは音を表しています。「音波」と言うくらいなので、目に見えない音は波の形をしており、波の振動を鼓膜が捉えることによって、人は音を認識しています。規則性のある式 (5.1) は雑音のないキレイな音を表し、そこにノイズの加わった式 (5.1) は雑音の混じった音を表していることになります▶2。もし sin 波をニューラルネットワークで学習できるのであれば、それを応用することで音声認識・音声解析にも活用することが考えられます。また、ノイズ入りの sin 波から真の分布である sin 波を認識できれば、それはノイズの除去に相当する処理をニューラルネットワークによって実現できることにつながります。なので、sin 波の予測をトイ・プロブレムと書きましたが、この問題は実社会にも応用できるものとなります。

5.1.2 過去の隠れ層

時系列データを予測する、すなわち時間の概念をニューラルネットワークに取り入れるには、過去の状態をモデル内で保持しておかなければなりません。現在に対する過去からの（目に見えない）影響を把握しておかなければならないので、これを「過去の」隠れ層として定義する必要があります。この考え方を最も単純に表したグラフィカルモデルが**図 5.3** になります。層自体は「入力層 - 隠れ層

▶2 ノイズなし・ありの sin 波に相当する音はそれぞれ https://github.com/yusugomori/deeplearning-tensorflow-keras/blob/master/5/sin.mp3、https://github.com/yusugomori/deeplearning-tensorflow-keras/blob/master/5/sin_noise.mp3 に載せています。

- 出力層」と一般的なニューラルネットワークと変わりませんが、時刻 t における入力 $\boldsymbol{x}(t)$ に加え、時刻 $t-1$ における隠れ層の値 $\boldsymbol{h}(t-1)$ を保持しておき、それも時刻 t における隠れ層に伝える点がこれまでと大きく異なります。時刻 t の状態を $t-1$ の状態として保持しフィードバックさせるので、過去の隠れ層の値 $\boldsymbol{h}(t-1)$ には再帰的に過去の状態がすべて反映されていることになります。これがリカレント（＝再帰型）ニューラルネットワークと呼ばれる理由です[3]。

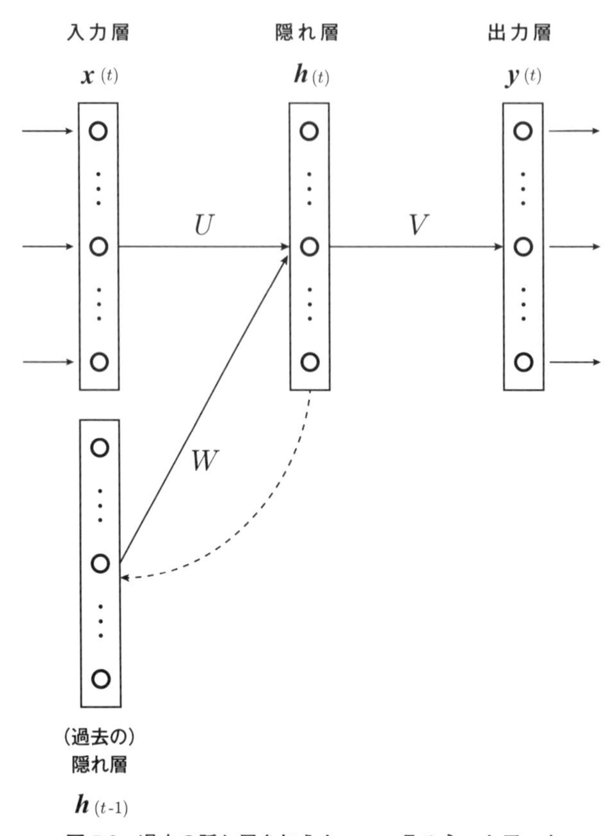

図 5.3 過去の隠れ層を加えたニューラルネットワーク

過去の隠れ層が加わったものの、モデルの出力を表す式は特別難しくなるわけではありません。素直に式を書いていくと、まず隠れ層は

$$\boldsymbol{h}(t) = f\left(U\boldsymbol{x}(t) + W\boldsymbol{h}(t-1) + \boldsymbol{b}\right) \tag{5.4}$$

▶3 これに対し、前章までで考えてきた入力から出力までが一方向のネットワークを**フィードフォワードニューラルネットワーク**（feedforward neural networks）と呼びます。

と表せ、また出力層は

$$\boldsymbol{y}(t) = g\left(V\boldsymbol{h}(t) + \boldsymbol{c}\right) \tag{5.5}$$

となります。ここで、$f(\cdot), g(\cdot)$ は活性化関数、$\boldsymbol{b}, \boldsymbol{c}$ バイアスベクトルです。隠れ層の式に過去から順伝播してくる項 $W\boldsymbol{h}(t-1)$ が付きますが、それ以外は一般的なニューラルネットワークと違いはありません。なので、各モデルのパラメータも誤差逆伝播法により最適化できるはずです。誤差関数を $E := E(U, V, W, \boldsymbol{b}, \boldsymbol{c})$ として、それぞれのパラメータに対する勾配を考えてみましょう。これまで同様、隠れ層、出力層の活性化前の値をそれぞれ下記の $\boldsymbol{p}(\mathrm{t}), \boldsymbol{q}(\mathrm{t})$ で定義しておきます。

$$\boldsymbol{p}(t) := U\boldsymbol{x}(t) + W\boldsymbol{h}(t-1) + \boldsymbol{b} \tag{5.6}$$

$$\boldsymbol{q}(t) := V\boldsymbol{h}(t) + \boldsymbol{c} \tag{5.7}$$

すると、隠れ層、出力層における誤差項

$$\boldsymbol{e}_h(t) := \frac{\partial E}{\partial \boldsymbol{p}(t)} \tag{5.8}$$

$$\boldsymbol{e}_o(t) := \frac{\partial E}{\partial \boldsymbol{q}(t)} \tag{5.9}$$

に対して、

$$\frac{\partial E}{\partial U} = \frac{\partial E}{\partial \boldsymbol{p}(t)}\left(\frac{\partial \boldsymbol{p}(t)}{\partial U}\right)^T = \boldsymbol{e}_h(t)\boldsymbol{x}(t)^T \tag{5.10}$$

$$\frac{\partial E}{\partial V} = \frac{\partial E}{\partial \boldsymbol{q}(t)}\left(\frac{\partial \boldsymbol{q}(t)}{\partial V}\right)^T = \boldsymbol{e}_o(t)\boldsymbol{h}(t)^T \tag{5.11}$$

$$\frac{\partial E}{\partial W} = \frac{\partial E}{\partial \boldsymbol{p}(t)}\left(\frac{\partial \boldsymbol{p}(t)}{\partial W}\right)^T = \boldsymbol{e}_h(t)\boldsymbol{h}(t-1)^T \tag{5.12}$$

$$\frac{\partial E}{\partial \boldsymbol{b}} = \frac{\partial E}{\partial \boldsymbol{p}(t)} \odot \frac{\partial \boldsymbol{p}(t)}{\partial \boldsymbol{b}} = \boldsymbol{e}_h(t) \tag{5.13}$$

$$\frac{\partial E}{\partial \boldsymbol{c}} = \frac{\partial E}{\partial \boldsymbol{q}(t)} \odot \frac{\partial \boldsymbol{q}(t)}{\partial \boldsymbol{c}} = \boldsymbol{e}_o(t) \tag{5.14}$$

が求められ、式(5.8)および式(5.9)の誤差項のみを考えればよいことが分かります。過去の隠れ層という概念が追加されても、モデルの最適化を考える上でのアプローチは変わりません。

ただし、誤差関数 E については、特に sin 波の予測を考える場合に少し注意が必要です。これまで誤差関数として用いてきた交差エントロピー誤差関数は、出力層における活性化関数 $g(\cdot)$ がソフトマックス関数（あるいはシグモイド関数）において求められる形でしたが、sin 波の予測では、出力が確率ではなくそのままの値を用いる必要があるので、$g(\boldsymbol{x}) = \boldsymbol{x}$ すなわち式(5.5)は

$$\boldsymbol{y}(t) = V\boldsymbol{h}(t) + \boldsymbol{c} \tag{5.15}$$

という線形活性の式になります。このときの誤差関数について考えなければなりません。とは言うものの、これは難しく考える必要はなく、誤差関数は最小化すべき「モデルの予測値 $\boldsymbol{y}(t)$ と正解の値 $\boldsymbol{t}(t)$ との誤差」を表す関数だという前提を踏まえると、例えば

$$E := \frac{1}{2}\sum_{t=1}^{T} \| \boldsymbol{y}(t) - \boldsymbol{t}(t) \|^2 \tag{5.16}$$

という **2乗誤差関数** (squared error function) を与えればよいことになります[▶4][▶5]。

5.1.3 Backpropagation Through Time

リカレントニューラルネットワークの誤差を求める際、気を付けなければならない点が1つあります。一般的なニューラルネットワークでは、例えば誤差関数を2乗誤差関数として考える場合、式(3.101)(3.102)と同様、誤差 $\boldsymbol{e}_h(t), \boldsymbol{e}_o(t)$ は、

$$\boldsymbol{e}_h(t) = f'(\boldsymbol{p}(t)) \odot V^T \boldsymbol{e}_o(t) \tag{5.17}$$

$$\boldsymbol{e}_o(t) = g'(\boldsymbol{q}(t)) \odot (\boldsymbol{y}(t) - \boldsymbol{t}(t)) \tag{5.18}$$

▶4 より厳密に書くと、式(5.16)は

$$E = \frac{1}{2}\sum_{n=1}^{N}\sum_{t=1}^{T} \| \boldsymbol{y}_n(t) - \boldsymbol{t}_n(t) \|^2$$

となりますが、両辺を N や T で割っても最適解に変化はないため、これらで割ったものを改めて E と置き直したとすると、E は **2乗平均誤差関数** (mean squared error function) と見ることもできます。

▶5 このアプローチからも分かるように、これまで交差エントロピー誤差関数を用いていたモデルにおいても2乗（平均）誤差関数を用いることは可能です。

で与えられることになります。これらの式自体は正しいのですが、リカレントニューラルネットワークでは、ネットワークの順伝播で時刻 $t-1$ における隠れ層の出力 $\boldsymbol{h}(t-1)$ を考えたため、逆伝播の際も $t-1$ における誤差を考える必要があります。

リカレントニューラルネットワークのモデルを時間軸で展開するとイメージしやすいかもしれません。例えば**図 5.4** は時刻 $t-2$ の入力 $\boldsymbol{x}(t-2)$ まで展開したものになりますが、誤差 $\boldsymbol{e}_{\mathrm{h}}(t)$ は $\boldsymbol{e}_{\mathrm{h}}(t-1)$ に逆伝播し、さらに $\boldsymbol{e}_{\mathrm{h}}(t-1)$ は $\boldsymbol{e}_{\mathrm{h}}(t-2)$ に逆伝播します。このように、順伝播の際は $\boldsymbol{h}(t)$ が $\boldsymbol{h}(t-1)$ の再帰関係式で表されたのと同様、逆伝播の際は $\boldsymbol{e}_{\mathrm{h}}(t-1)$ を $\boldsymbol{e}_{\mathrm{h}}(t)$ の式で表す必要があります。このとき、誤差は時間をさかのぼって逆伝播していることになるので、これを **Backpropagation Through Time** と呼び、BPTT と略記します。

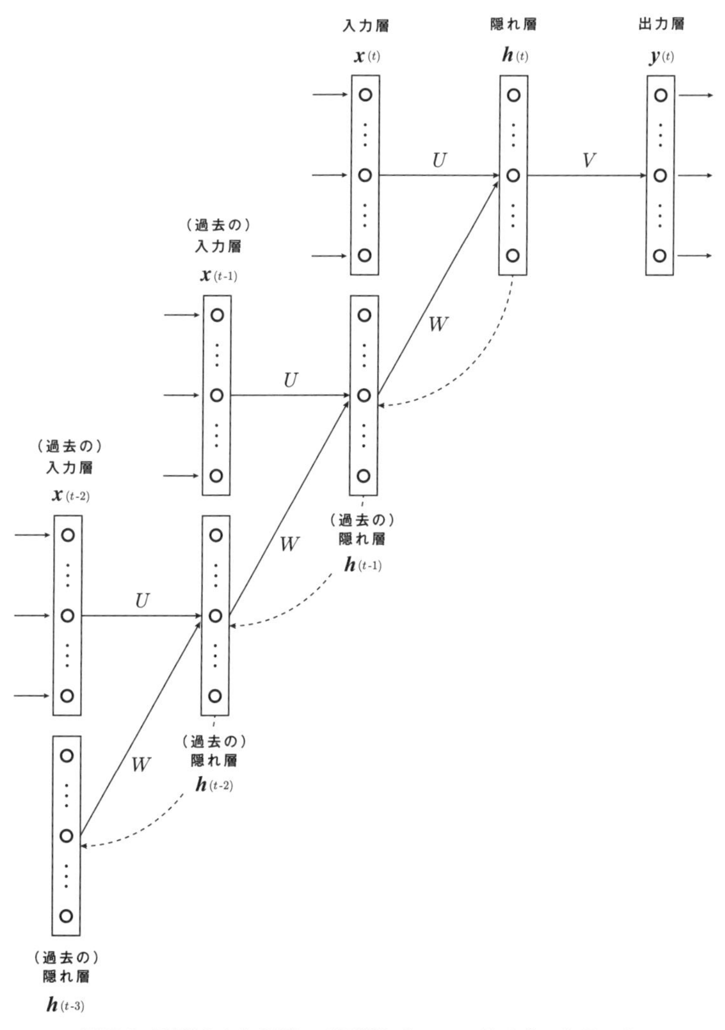

図 5.4　時間をさかのぼって展開したニューラルネットワーク

BPTTという手法の名前は付いていますが、考えるべきは $\boldsymbol{e}_h(t-1)$ を $\boldsymbol{e}_h(t)$ の式で表すことです。$t-1$ における誤差は、

$$\boldsymbol{e}_h(t-1) = \frac{\partial E}{\partial \boldsymbol{p}(t-1)} \tag{5.19}$$

なので、再帰関係式を求めると、

$$\begin{aligned}
\boldsymbol{e}_h(t-1) &= \frac{\partial E}{\partial \boldsymbol{p}(t)} \odot \frac{\partial \boldsymbol{p}(t)}{\partial \boldsymbol{p}(t-1)} && (5.20)\\
&= \boldsymbol{e}_h(t) \odot \left(\frac{\partial \boldsymbol{p}(t)}{\partial \boldsymbol{h}(t-1)} \frac{\partial \boldsymbol{h}(t-1)}{\partial \boldsymbol{p}(t-1)} \right) && (5.21)\\
&= \boldsymbol{e}_h(t) \odot \left(W f'\left(\boldsymbol{p}(t-1) \right) \right) && (5.22)
\end{aligned}$$

が得られます。よって、再帰的に $\boldsymbol{e}_h(t-z-1)$ と $\boldsymbol{e}_h(t-z)$ は

$$\boldsymbol{e}_h(t-z-1) = \boldsymbol{e}_h(t-z) \odot \left(W f'\left(\boldsymbol{p}(t-z-1) \right) \right) \tag{5.23}$$

の関係で表すことができます。これによりすべての勾配が計算できることが分かり、各パラメータの更新式は、

$$\begin{aligned}
U(t+1) &= U(t) - \eta \sum_{z=0}^{\tau} \boldsymbol{e}_h(t-z) \boldsymbol{x}(t-z)^T && (5.24)\\
V(t+1) &= V(t) - \eta\, \boldsymbol{e}_o(t) \boldsymbol{h}(t)^T && (5.25)\\
W(t+1) &= W(t) - \eta \sum_{z=0}^{\tau} \boldsymbol{e}_h(t-z) \boldsymbol{h}(t-z-1)^T && (5.26)\\
\boldsymbol{b}(t+1) &= \boldsymbol{b}(t) - \eta \sum_{z=0}^{\tau} \boldsymbol{e}_h(t-z) && (5.27)\\
\boldsymbol{c}(t+1) &= \boldsymbol{c}(t) - \eta\, \boldsymbol{e}_o(t) && (5.28)
\end{aligned}$$

となります。この τ がどれくらいの過去までさかのぼって時間依存性を見るかを表すパラメータなので、理想的には $\tau \to +\infty$ とすべきです。しかし、現実には勾配が消失（あるいは爆発）してしまうことを防ぐため、せいぜい $\tau = 10 \sim 100$ くらいに設定するのが一般的です▶6。

5.1.4 実装

一般的なニューラルネットワークと比べ、リカレントニューラルネットワークはBPTTなど式の見た目が複雑な箇所はあるものの、ライブラリを使う際はモデルの出力部分だけを記述すれば最適化に相当する処理はライブラリが担ってくれるので、特段難しいわけではありません。TensorFlow、Kerasそれぞれの実装について順番に見ていきましょう。予測に用いるデータは式(5.2)で表されるノイズ入りのsin波ですが、これを生成するコードは下記のようになります。

```
def sin(x, T=100):
    return np.sin(2.0 * np.pi * x / T)


def toy_problem(T=100, ampl=0.05):
    x = np.arange(0, 2 * T + 1)
    noise = ampl * np.random.uniform(low=-1.0, high=1.0, size=len(x))
    return sin(x) + noise
```

これにより、例えば

```
T = 100
f = toy_problem(T)
```

とすると、$t = 0, ..., 200$ におけるデータが得られます。ここで得られた f を全データセットとして実験することにします。

5.1.4.1 ●時系列データの準備

具体的な実装に入る前に、「sin波の予測」について課題を明確にしておきましょう。ここで言う予測とはすなわち、時刻 $1, ..., t$ までのノイズ入りsin波の値 $f(1), ..., f(t)$ が与えられたとき、時刻 $t+1$ の値 $f(t+1)$ を予測することができるか、ということを指します。もし予測値 $\hat{f}(t+1)$ が適切であれば、それを用いて $\hat{f}(t+2), ..., \hat{f}(t+n), ...$ と、再帰的に遠い未来の状態も予測できるようになります。

▶6 すなわち、より長期にまたがる時間依存性はここで考えるアプローチでは学習できないことになります。この問題を解決するための手法は次節以降で扱います。

モデルの入力は、理想的には過去すべての時系列データの値 $f(1), ..., f(t)$ をそのまま用いることですが、BPTT における計算の都合上、今回は $\tau = 25$ で区切ることにします。これにより長期の時間依存に関する情報はデータから抜け落ちてしまうものの、データセットとしては、

$$
\begin{array}{l}
\boxed{f(1) \ \cdots \ f(\tau)} \ \rightarrow \ f(\tau+1) \\
\boxed{f(2) \ \cdots \ f(\tau+1)} \ \rightarrow \ f(\tau+2) \\
\qquad \vdots \\
\boxed{f(t-\tau) \ \cdots \ f(t)} \ \rightarrow \ f(t+1)
\end{array}
$$

の $t - \tau + 1$ 個になるので、時間 τ に含まれる時系列情報の学習が進めやすくなります。先ほどの全データ f に対して、この τ ごとにデータを分割していく実装が下記になります。

```
length_of_sequences = 2 * T  # 全時系列の長さ
maxlen = 25  # 1つの時系列データの長さ

data = []
target = []

for i in range(0, length_of_sequences - maxlen + 1):
    data.append(f[i: i + maxlen])
    target.append(f[i + maxlen])
```

ここで、maxlen が τ に相当します。また、data が予測に用いる長さ τ の時系列データ群であり、target が予測によって得られるべきデータ群になります。

さて、モデルに data および target のデータ群を与えるには、ここからさらに1つの時刻ごとにデータを区切っていく必要があります。

$$
\begin{array}{c}
\vdots \\
\boxed{\boxed{f(t_k - \tau)} \ \cdots \ \boxed{f(t_k - \tau + a)} \ \cdots \ \boxed{f(t_k)}} \\
\vdots
\end{array}
$$

今回は sin 波の値のみがデータになるので、各入力は $\boxed{f(t_k - \tau + a)}$ と1次元ですが、より複雑な問題ではこれが2次元以上になることもあるので注意してください。すなわち、データ数を N、入力の次元数を $I\,(=1)$ とすると、モデルに用いる全入力 X は次元が (N, τ, I) となります。コード

では reshape() を用いて下記のように書き表すことができます。

```
X = np.array(data).reshape(len(data), maxlen, 1)
```

同様に、target についてもモデルの出力の次元数 (= 1) に対応できるように変形する必要があるので、

```
Y = np.array(target).reshape(len(data), 1)
```

とします。これらは下記のコードと等価です。

```
X = np.zeros((len(data), maxlen, 1), dtype=float)
Y = np.zeros((len(data), 1), dtype=float)

for i, seq in enumerate(data):
    for t, value in enumerate(seq):
        X[i, t, 0] = value
    Y[i, 0] = target[i]
```


これで時系列データの準備ができました。実験のために、これまで同様、訓練データ・検証データに分割しておきます。

```
N_train = int(len(data) * 0.9)
N_validation = len(data) - N_train

X_train, X_validation, Y_train, Y_validation = \
    train_test_split(X, Y, test_size=N_validation)
```

5.1.4.2 ● TensorFlow による実装

リカレントニューラルネットワークにおいても、これまで同様 inference()、loss()、training() の構成は変わりません。順番に中身を見ていきましょう。

まず inference() ですが、シンプルに考えると簡易的な擬似コードは下記になるはずです。

```
def inference(x):
    s = tanh(matmul(x, U) + matmul(s_prev, W) + b)
    y = matmul(s, V) + c
return y
```

しかし、このままでは s_prev がどこまで時間をさかのぼるべきかを把握することができません。そこで、引数に時間 τ に相当する maxlen をとり、

```
def inference(x, maxlen):
  # ...
  for t in range(maxlen):
    s[t] = s[t - 1]
  y = matmul(s[t], V) + c
  return y
```

という計算をどこかで行う必要があります。TensorFlow では、この時系列に沿った状態を保持しておくための実装は tf.contrib.rnn.BasicRNNCell() を用いることで実現できます▶7。

```
cell = tf.contrib.rnn.BasicRNNCell(n_hidden)
```

この cell は内部で state（隠れ層の状態）を保持しており、これを次の時間に順々に渡していくことで、時間軸に沿った順伝播を実現します。最初の時間は入力層しかない（過去の隠れ層がない）ので、

```
initial_state = cell.zero_state(n_batch, tf.float32)
```

という「ゼロ」の状態を代わりに与えます。ここで、n_batch はデータ数となります。placeholder では学習データ数は None とすることができましたが、cell.zero_state() は実際の値を持っておかなければならないので、n_batch という引数を与えています。ドロップアウト時に用いた keep_prob と同じような扱いだと考えると分かりやすいかもしれません。

これらを用いると、入力層から出力層の手前までの出力を表す実装は下記のようになります。

```
state = initial_state
outputs = []  # 過去の隠れ層の出力を保存
with tf.variable_scope('RNN'):
    for t in range(maxlen):
        if t > 0:
            tf.get_variable_scope().reuse_variables()
        (cell_output, state) = cell(x[:, t, :], state)
        outputs.append(cell_output)
```

▶7 もともとリカレントニューラルネットワーク用の API は tf.nn.rnn などで提供されていましたが、TensorFlow のバージョンが 1.0.0 から tf.contrib.rnn に移行されました。今後もバージョンアップに伴い API の仕様が変わるかもしれませんが、ここでは実装の大枠をつかむようにしましょう。

```
output = outputs[-1]
```

基本的な流れは各時刻 t における出力 cell(x[:, t, :], state) を順次計算しているだけですが、リカレントニューラルネットワークでは過去の値をもとに現在の値を求めるので、過去を表す変数にアクセスできるようにしておかなければなりません。それを実現するために、

```
with tf.variable_scope('RNN'):
```

および

```
if t > 0:
    tf.get_variable_scope().reuse_variables()
```

の2つの実装が足されています。前者は変数に対して共用の名前（識別子）を付けるために必要になります。これにより、試しに print(outputs) で出力してみると、下記のように RNN/basic_rnn_cell_*/Tanh:0 という名前が各過去の層に付けられていることが分かります▶8。

```
[<tf.Tensor 'RNN/basic_rnn_cell/Tanh:0' shape=(?, 20) dtype=float32>,
<tf.Tensor 'RNN/basic_rnn_cell_1/Tanh:0' shape=(?, 20) dtype=float32>,
...（中略）...,
<tf.Tensor 'RNN/basic_rnn_cell_23/Tanh:0' shape=(?, 20) dtype=float32>,
<tf.Tensor 'RNN/basic_rnn_cell_24/Tanh:0' shape=(?, 20) dtype=float32>]
```

この名前が付いた変数を再利用することを明示しているのが後者になります。ここで得られた output を用いると、「隠れ層 - 出力層」はこれまでと同様下記のように表されます。

```
V = weight_variable([n_hidden, n_out])
c = bias_variable([n_out])
y = tf.matmul(output, V) + c  # 線形活性
```

以上でモデルの出力をすべて表すことができました。inference() 全体を振り返ると、コードは以下のとおりです。

```
def inference(x, n_batch, maxlen=None, n_hidden=None, n_out=None):
    def weight_variable(shape):
```

▶8 この中身を見ても分かるように、隠れ層の活性化関数には双曲線正接関数 $\tanh(x)$ が使われています。これは BasicRNNCell(activation=tf.tanh) がデフォルトの引数で与えられているためです。一般的にはこのように $\tanh(x)$ が用いられることが多いですが、式 (5.4) からも分かるように、他の活性化関数を用いても問題ありません。

```
        initial = tf.truncated_normal(shape, stddev=0.01)
        return tf.Variable(initial)

    def bias_variable(shape):
        initial = tf.zeros(shape, dtype=tf.float32)
        return tf.Variable(initial)

    cell = tf.contrib.rnn.BasicRNNCell(n_hidden)
    initial_state = cell.zero_state(n_batch, tf.float32)

    state = initial_state
    outputs = []  # 過去の隠れ層の出力を保存
    with tf.variable_scope('RNN'):
        for t in range(maxlen):
            if t > 0:
                tf.get_variable_scope().reuse_variables()
            (cell_output, state) = cell(x[:, t, :], state)
            outputs.append(cell_output)

    output = outputs[-1]

    V = weight_variable([n_hidden, n_out])
    c = bias_variable([n_out])
    y = tf.matmul(output, V) + c  # 線形活性

    return y
```

残る loss() と training() ですが、こちらはこれまでとほとんど変わりません。loss() は、今回は2乗平均誤差関数を用いるので、

```
def loss(y, t):
    mse = tf.reduce_mean(tf.square(y - t))
    return mse
```

となり、training() は Adam を用いる場合は、

```
def training(loss):
    optimizer = \
        tf.train.AdamOptimizer(learning_rate=0.001, beta1=0.9, beta2=0.999)

    train_step = optimizer.minimize(loss)
    return train_step
```

となります。

以上を用いると、メインの処理で書くモデルの設定に関するコードは下記となります。

```
n_in = len(X[0][0])  # 1
n_hidden = 20
n_out = len(Y[0])  # 1

x = tf.placeholder(tf.float32, shape=[None, maxlen, n_in])
t = tf.placeholder(tf.float32, shape=[None, n_out])
n_batch = tf.placeholder(tf.int32)

y = inference(x, n_batch, maxlen=maxlen, n_hidden=n_hidden, n_out=n_out)
loss = loss(y, t)
train_step = training(loss)
```

n_batch は訓練データと検証データとで値が変わるので、placeholder としています。また、実際のモデルの学習もこれまでの実装と同じように記述できます。

```
epochs = 500
batch_size = 10

init = tf.global_variables_initializer()
sess = tf.Session()
sess.run(init)

n_batches = N_train // batch_size

for epoch in range(epochs):
    X_, Y_ = shuffle(X_train, Y_train)

    for i in range(n_batches):
        start = i * batch_size
        end = start + batch_size

        sess.run(train_step, feed_dict={
            x: X_[start:end],
            t: Y_[start:end],
            n_batch: batch_size
        })

    # 検証データを用いた評価
    val_loss = loss.eval(session=sess, feed_dict={
        x: X_validation,
        t: Y_validation,
        n_batch: N_validation
    })
```

```
    history['val_loss'].append(val_loss)
    print('epoch:', epoch,
          ' validation loss:', val_loss)

    # Early Stopping チェック
    if early_stopping.validate(val_loss):
        break
```

これでモデルの学習が行えるようになりました。実行してみると、**図5.5**のとおり確かにsin波を学習できていることが確認できます。

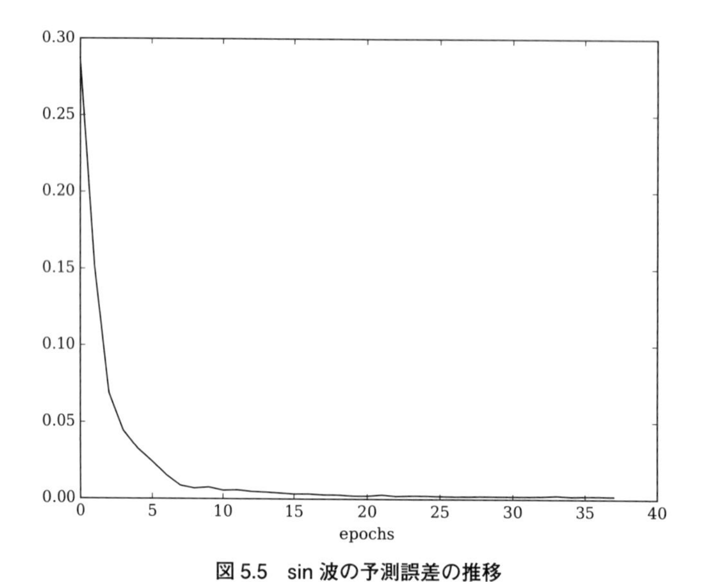

図5.5　sin波の予測誤差の推移

誤差が小さくなり学習が進むことは分かったので、実際に学習したリカレントニューラルネットワークのモデルを使ってsin波を生成できるかを見てみましょう。元データのはじめの長さ τ（すなわち1データ）だけを切り出し $\tau + 1$ を予測、それをまたモデルの入力に用いて $\tau + 2$ を予測、という流れを繰り返していくことになります。これにより、$2\tau + 1$ からは完全にモデルの予測値のみが入力となった出力となります。コードでは、まずは、

```
truncate = maxlen
Z = X[:1]  # 元データの最初の一部だけ切り出し
```

によりデータの先頭 τ を切り出します。また、図示のために次の `original` および `predicted` を定義しておきます。

```
original = [f[i] for i in range(maxlen)]
predicted = [None for i in range(maxlen)]
```

この predicted に予測値を随時追加していくことになります。逐次的に予測をするコードは下記になります。

```
for i in range(length_of_sequences - maxlen + 1):
    # 最後の時系列データから未来を予測
    z_ = Z[-1:]
    y_ = y.eval(session=sess, feed_dict={
        x: Z[-1:],
        n_batch: 1
    })
    # 予測結果を用いて新しい時系列データを生成
    sequence_ = np.concatenate(
        (z_.reshape(maxlen, n_in)[1:], y_), axis=0) \
        .reshape(1, maxlen, n_in)
    Z = np.append(Z, sequence_, axis=0)
    predicted.append(y_.reshape(-1))
```

出力のサイズを入力のサイズに合わせるために予測値 y_ を加工する処理がやや煩雑に見えますが、行っていることはあくまでも「直近の予測値をまたモデルの入力に用いる」だけです。この結果を、

```
plt.rc('font', family='serif')
plt.figure()
plt.plot(toy_problem(T, ampl=0), linestyle='dotted', color='#aaaaaa')
plt.plot(original, linestyle='dashed', color='black')
plt.plot(predicted, color='black')
plt.show()
```

により図示すると、次ページの**図 5.6** が得られます。真の sin 波（図の点線）と若干のずれはあるものの、確かに波の特徴を捉えた時系列データの予測ができていることが分かります。

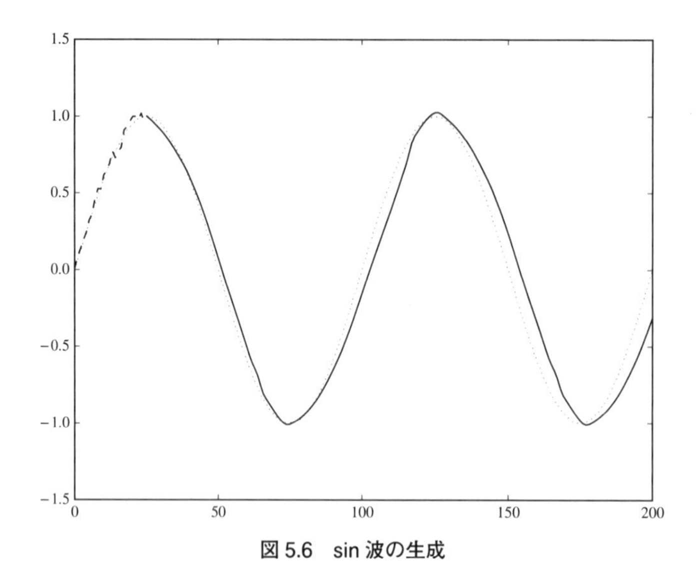

図 5.6　sin 波の生成

5.1.4.3 ● Keras による実装

TensorFlow では `tf.contrib.rnn.BasicRNNCell()` でしたが、Keras では、

```
from keras.layers.recurrent import SimpleRNN
```

とすることでリカレントニューラルネットワークに対応させることができます。層の追加はこれまでと同様で、

```
model = Sequential()
model.add(SimpleRNN(n_hidden,
                    init=weight_variable,
                    input_shape=(maxlen, n_out)))
model.add(Dense(n_out, init=weight_variable))
model.add(Activation('linear'))
```

とするだけです。TensorFlow では `state` をさかのぼる時間分、隠れ層の出力を求める必要がありましたが、Keras ではそこも含めてライブラリ側で計算してくれます。最適化手法の設定に関してもこれまでと同じです。

```
optimizer = Adam(lr=0.001, beta_1=0.9, beta_2=0.999)
model.compile(loss='mean_squared_error',
              optimizer=optimizer)
```

誤差が mean_squared_error となっている点に注意してください。

また、TensorFlow 同様、実際の学習の部分もこれまでとまったく同じコードで実現できます。

```
epochs = 500
batch_size = 10

model.fit(X_train, Y_train,
          batch_size=batch_size,
          epochs=epochs,
          validation_data=(X_validation, Y_validation),
          callbacks=[early_stopping])
```

Keras ではモデルの出力は model.predict() で得られるので、sin 波を生成するコードは下記になります。

```
truncate = maxlen
Z = X[:1]  # 元データの最初の一部だけ切り出し

original = [f[i] for i in range(maxlen)]
predicted = [None for i in range(maxlen)]

for i in range(length_of_sequences - maxlen + 1):
    z_ = Z[-1:]
    y_ = model.predict(z_)
    sequence_ = np.concatenate(
        (z_.reshape(maxlen, n_in)[1:], y_),
        axis=0).reshape(1, maxlen, n_in)
    Z = np.append(Z, sequence_, axis=0)
    predicted.append(y_.reshape(-1))
```

TensorFlow と比べ、Keras はかなりシンプルに実装がまとまりますが、コードの裏側でどのような計算が行われているのかについてはきちんと理解しておくようにしましょう。

5.2 LSTM

5.2.1 LSTM ブロック

過去の隠れ層を取り入れることにより時系列データを予測できることは分かったものの、長期の時間依存性は勾配が消失してしまうことから学習できないという問題がありました。この問題を解決すべく考えられたのが **LSTM (long short-term memory)** です。この名前が表すとおり、LSTM は長期の時間依存性も短期の時間依存性も学習できる手法になります。

LSTMの内容について詳しく見ていく前に、まずはLSTMの概要について把握しましょう。これまで考えてきたニューラルネットワークでは隠れ層には単純なニューロンが並んでいましたが、LSTMでは長期依存性を学習するために**LSTMブロック**（**LSTM block**）と呼ばれる回路のような仕組みを並べます▶9。これは**図5.7**で表されるものです。もちろん、この時点ではまだLSTMブロックの中身について理解しておく必要はありません。ニューロンの1つ1つがLSTMブロックに置き換わっていることを確認してください。これが通常の（リカレント）ニューラルネットワークとは大きく異なる部分になります。LSTMブロックを導入することによってモデルの形は複雑に見えるものの、あくまでもニューロンがLSTMブロックに置き換わっただけなので、モデル全体のアウトラインは**図5.3**と変わりません。

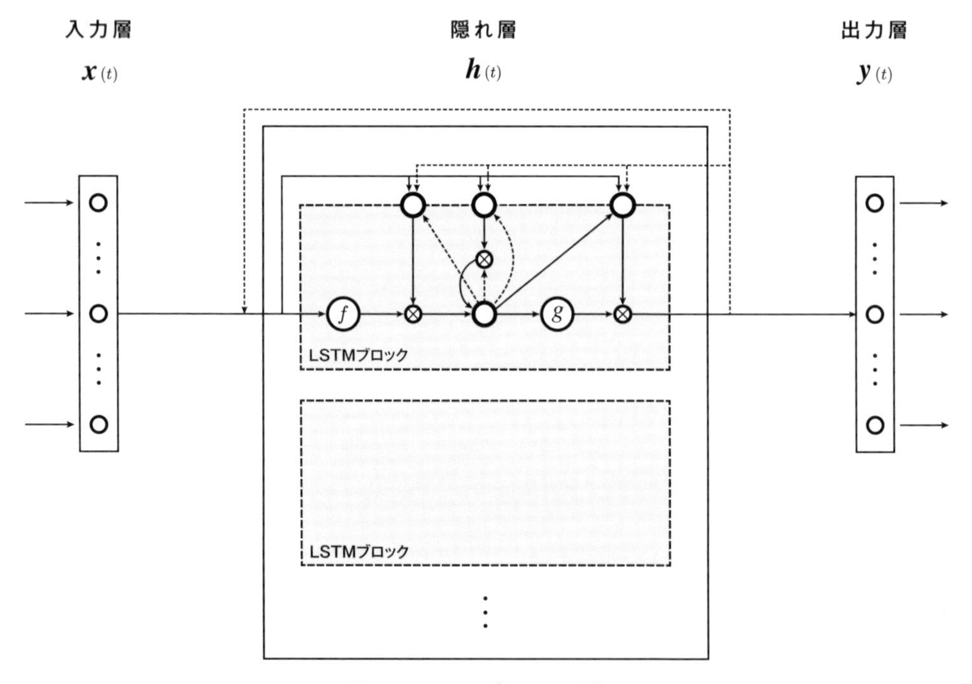

図5.7 LSTMブロックの導入

図5.8のように、隠れ層にあるLSTMブロックの出力を過去の隠れ層として保持し、再度隠れ層に伝播します。

▶9　あるいは**LSTMメモリブロック**（**LSTM memory block**）と呼ぶこともあります。

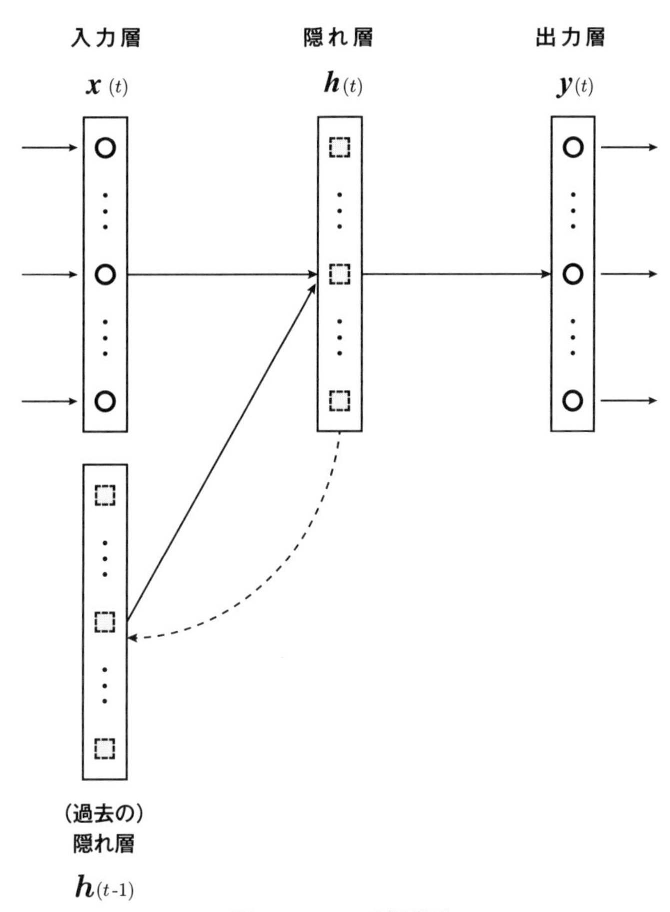

図 5.8　LSTM の概略図

LSTM は、手法自体は新しいものではなく、最初に LSTM に関する文献 [1] が発表されたのが 1997 年になります。そこから数回に分けて、手法の改良が行われていきました。図 5.7 で示したモデルは改良版の LSTM になりますが、これは手法が提案された文献に合わせて大きく下記の 3 ステップに分けることができます。

1. CEC・入力ゲート・出力ゲートの導入 [1]
2. 忘却ゲートの導入 [2]
3. 覗き穴結合の導入 [3]

LSTM はこれまでのモデルと見た目は大きく異なりますが、その構造は順番に追っていけば難しいものではありません。これらのステップを 1 つずつ見ていくことにしましょう。

5.2.2 CEC・入力ゲート・出力ゲート

5.2.2.1 ●誤差の定常化

隠れ層が通常のニューロンであるリカレントニューラルネットワークでは、時間を深くさかのぼるほど勾配が消失してしまうという問題がありました。そもそもなぜ勾配が消失してしまうのかというと、これは式(5.22)、(5.23)より説明がつきます。2式より、時刻 $t-z$ における隠れ層の誤差 $\boldsymbol{e}_h(t-z)$ は、簡易的にベクトルの要素積の記号を省略して書くと、

$$\boldsymbol{e}_h(t-z) = \boldsymbol{e}_h(t) \prod_{\tau=1}^{z} Wf'(\boldsymbol{p}(t-\tau)) \tag{5.29}$$

と表されます。そのため、例えば活性化関数 $f(\cdot)$ がシグモイド関数だとすると、$f'(\cdot) \leq 0.25$ が指数的に掛け合わされ、それに伴い重み W も小さくなっていくために $\boldsymbol{e}_h(t-z)$ の値は指数的に小さくなっていくことになります。なので、通常のディープラーニングで考えたときと同様、活性化関数や重みの初期値を工夫することでもこの問題は解決できるのですが[▶10]、LSTMでは、ネットワーク(ニューロン)の構造を変えるというアプローチにより勾配消失問題に対処します。

勾配が消失し誤差が逆伝播しなくなってしまう問題を防ぐ単純な手法は、式(5.22)に対して

$$\boldsymbol{e}_h(t-1) = \boldsymbol{e}_h(t) \odot (Wf'(\boldsymbol{p}(t-1))) = \boldsymbol{1} \tag{5.30}$$

を満たすことです。これにより誤差はどれだけ時間をさかのぼっても $\boldsymbol{1}$ となり続ける(=消えない)ことになります。これを満たすべく考えられる最もシンプルなアプローチが $f(x)=x$ かつ $W=I$、すなわち活性化関数を線形活性、重み行列を単位行列とすることでしょう。これにより式(5.30)は、

$$\boldsymbol{e}_h(t-1) = \boldsymbol{e}_h(t) = \boldsymbol{1} \tag{5.31}$$

と単純化されることになります。これを実現するには、隠れ層における各ニューロンと並列して別のニューロンを追加しなければなりません。シグモイド関数などで非線形活性を行うこれまで考えてきたニューロンも同時に必要となるからです。ここで新たに追加される、誤差をとどまらせるた

▶10 実際、文献[4]では、単純なリカレントニューラルネットワークに対して活性化関数をReLUとし、重みを単位行列で初期化することで、長期依存も学習できるということを示しています。これは2015年に発表された論文であり、ディープラーニングの研究が活発になったことによる成果の1つだと言えるでしょう。

めのニューロンを **CEC (constant error carousel)** と呼びます▶[11]。名前にある "carousel" はメリーゴーランドという意味で、まさしくその名のとおり、CEC を導入することにより誤差はその場でぐるぐると回り（とどまり）続けます。この時点で、すでに隠れ層の各ニューロンは単純なニューロンではなく、ブロック構造をとることになります。

CEC を追加した隠れ層を図示したものが**図 5.9** です。図の f, g は活性化関数を表し、それぞれ対応するニューロンが非線形活性を行うものとなります。これまで見てきたように、非線形活性を行うのは f だけで十分なのですが、もう一度（g により）非線形活性を行うことで値を伝播しやすくなります。また、図の中心にある CEC は、受け取った値をそのまま過去の値として保持し、次の時刻に伝えます。すなわち、破線の矢印が時間をさかのぼった伝播を、× 印のノードが値の掛け合わせを表しています。

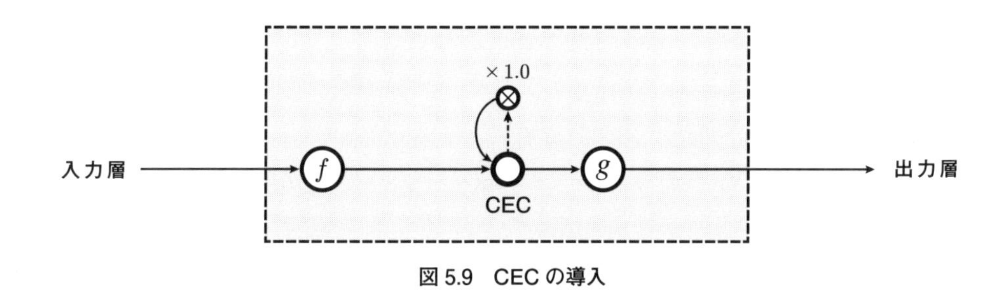

図 5.9 CEC の導入

CEC の値の伝播について考えてみましょう。f によって活性化された値を $\boldsymbol{a}(t)$、CEC の値を $\boldsymbol{c}(t)$ とすると、

$$\boldsymbol{c}(t) = \boldsymbol{a}(t) + \boldsymbol{c}(t-1) \tag{5.32}$$

と表すことができます▶[12]。よって誤差関数を E とおくと、

$$\frac{\partial E}{\partial \boldsymbol{c}(t-1)} = \frac{\partial E}{\partial \boldsymbol{c}(t)} \odot \frac{\partial \boldsymbol{c}(t)}{\partial \boldsymbol{c}(t-1)} = \frac{\partial E}{\partial \boldsymbol{c}(t)} \tag{5.33}$$

が求められ、逆伝播において勾配が消失しないことが分かります。これにより、時間をさかのぼっても誤差はその場にとどまり続けることになり、長期依存性もネットワーク内に織り込むことがで

▶ 11　あるいは**メモリセル (memory cell)** とも呼びます。

▶ 12　$\boldsymbol{a}(t)$ や $\boldsymbol{c}(t)$ はベクトルですが、これは隠れ層内の複数の LSTM ブロックを一気に式で表していることになります。**図 5.9** は LSTM ブロック 1 つなので、それぞれのベクトルの要素 $a_k(t)$ や $c_k(t)$ が対応します。あくまでも 1 つの LSTM ブロックは 1 つのニューロンが置き換わったものにすぎないので、混乱しないように気を付けてください。

きるようになったと言えます。

5.2.2.2 ●入力重み衝突と出力重み衝突

CEC を導入することにより過去の入力情報をすべて記憶し、過去をさかのぼっても誤差を逆伝播できるようになりましたが、時系列データを学習する上で、もう1つ大きな問題があります。あるニューロンに着目したとき、そのニューロンは自身が発火すべき信号が伝播されてきたときは重みを大きくし活性化すべきである一方、無関係な信号が伝播されたときは重みを小さくし非活性のままであるべきです。これは時系列データを入力で受け取る場合と照らし合わせると、時間依存性がある信号を受け取ったときは重みを大きくし、依存性がない信号を受け取ったときは重みを小さくすることになります。しかし、ニューロンが同じ重みでつながっている限り、両者はお互いに打ち消し合う重みの更新となってしまうので、特に長期依存性の学習がうまくできないことにつながります。この問題は**入力重み衝突** (input weight conflict) と呼ばれ、リカレントニューラルネットワークの学習を妨げる大きな要因となっていました。ニューロンの出力に関しても同じことが言え、**出力重み衝突** (output weight conflict) と呼ばれます。

これらを解決するには、依存性のある信号を受け取ったとき「のみ」活性化し、それ以外では依存性のありそうな情報を内部で保持しておく機構が必要になります。後者は CEC により実現できますが、前者の問題は、必要になったタイミングでのみ信号を伝播し、それ以外では信号を遮断する「ゲート」のような存在を取り入れなければなりません。そこで LSTM で CEC と同時に導入されたのが**入力ゲート** (input gate) および**出力ゲート** (output gate) です。これらを図で表したのが**図 5.10** です。CEC の入力部分に入力ゲート、出力部分に出力ゲートを導入することで、入出力ともに過去の情報が必要になったタイミングでのみゲートを開け信号を伝播し、それ以外はゲートを閉じておくことで過去の情報を保持しておくことが可能になります。

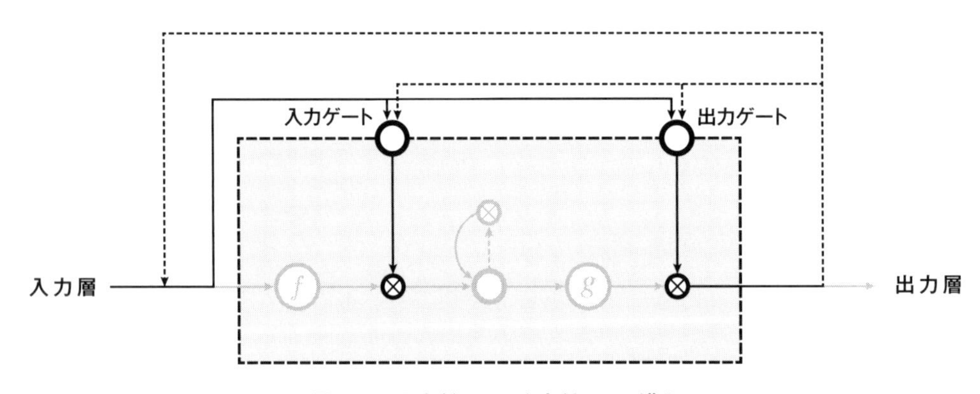

図 5.10 入力ゲート・出力ゲートの導入

入力ゲートも出力ゲートも「ゲート」である以上、理想的には伝播する値は 0（ゲートが閉じている）あるいは 1（ゲートが開いている）であり、どのタイミングでゲートを開閉するかの最適化を考えるべきなのですが、各ゲートに対しても入力・出力からのつながりを重みで表現することによって、ニューロンと同じ仕組みで式を考えることができるようになります。**図 5.7** に倣い、時刻 t の入力層における値を $\boldsymbol{x}(t)$、隠れ層における値を $\boldsymbol{h}(t)$ とおき、また入力ゲート・出力ゲートの値をそれぞれ $\boldsymbol{i}(t), \boldsymbol{o}(t)$ とおくと、

$$\boldsymbol{i}(t) = \sigma\left(W_i \boldsymbol{x}(t) + U_i \boldsymbol{h}(t-1) + \boldsymbol{b}_i\right) \tag{5.34}$$

$$\boldsymbol{o}(t) = \sigma\left(W_o \boldsymbol{x}(t) + U_o \boldsymbol{h}(t-1) + \boldsymbol{b}_o\right) \tag{5.35}$$

となります。ただし、W_*, U_* は重み行列を、$\boldsymbol{b}_*$ はバイアスベクトルを表し、$\sigma(\cdot)$ は各ゲートにおける活性化関数を表します[13]。また、これにより CEC の値は式 (5.32) から

$$\boldsymbol{c}(t) = \boldsymbol{i}(t) \odot \boldsymbol{a}(t) + \boldsymbol{c}(t-1) \tag{5.36}$$

と書き換わることになります。さらに、これらを用いて

$$\boldsymbol{h}(t) = \boldsymbol{o}(t) \odot g\left(\boldsymbol{c}(t)\right) \tag{5.37}$$

となることが分かります。過去の値を必要なときにのみ出し入れできるゲートを導入することによって、長期依存性も効率的に学習できるようになりました。

5.2.3 忘却ゲート

CEC・入力ゲート・出力ゲートを導入することにより、LSTM は単純なリカレントニューラルネットワークと比較してかなりの成果を上げることができるようになりました。一方、例えば入力となる時系列データ内でパターンが劇的に変化する場合、本来は内部で過去の情報を記憶しておく必要はもはやなくなるのに対し、LSTM ブロック内にとどまる CEC の値はなかなか変化しないという問題がありました。過去の情報を内部にとどめることはもちろん重要ですが、それが必要なくなったタイミングで過去の情報を忘れ去ることも同様に重要です。入力ゲート・出力ゲートだけでは CEC の値自体を制御することはできず、これを実現するには CEC の値をダイレクトに書き換え

▶ 13　文献 [1] ではシグモイド関数が用いられていますが、それ以外でも式上は問題ありません。

る手段が必要になります。そこで導入されたのが**図 5.11** で表される**忘却ゲート (forget gate)** です。

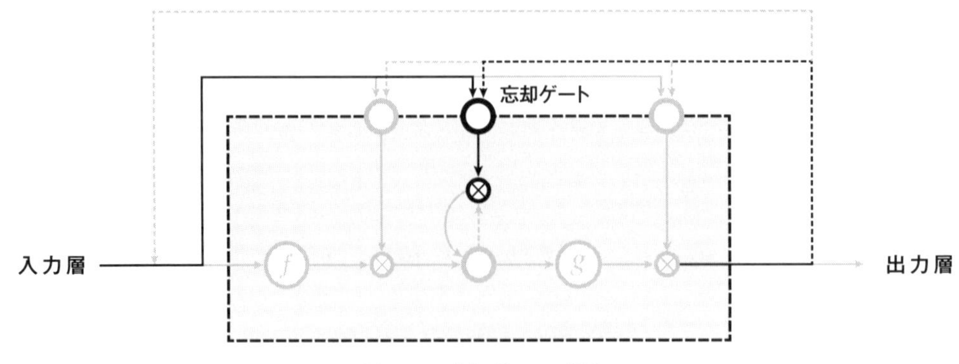

図 5.11　忘却ゲートの導入

忘却ゲートは CEC からの誤差を受け取ることで、必要なタイミングで CEC に記憶された値を「忘れ去る」機能を果たします。これは式で考えてみると明らかです。忘却ゲートの値を $\boldsymbol{f}(t)$ とおくと、式 (5.34) および (5.35) で表される入力ゲート・出力ゲート同様、

$$\boldsymbol{f}(t) = \sigma\Big(W_f \boldsymbol{x}(t) + U_f \boldsymbol{h}(t-1) + \boldsymbol{b}_f\Big) \tag{5.38}$$

が得られますが、これにより、

$$\begin{aligned}
\boldsymbol{e}_f(t) &:= \frac{\partial E}{\partial \boldsymbol{f}(t)} &(5.39)\\
&= \frac{\partial E}{\partial \boldsymbol{c}(t)} \odot \frac{\boldsymbol{c}(t)}{\partial \boldsymbol{f}(t)} &(5.40)\\
&= \boldsymbol{e}_c(t) \odot \boldsymbol{c}(t-1) &(5.41)
\end{aligned}$$

が求められるので、忘却ゲートの値は CEC の値を用いて最適化されることになります。また、忘却ゲートを導入すると、式 (5.32)、(5.36) で考えてきた CEC の式は結局、

$$\boldsymbol{c}(t) = \boldsymbol{i}(t) \odot \boldsymbol{a}(t) + \boldsymbol{f}(t) \odot \boldsymbol{c}(t-1) \tag{5.42}$$

と表されることになるので、確かに忘却ゲートがネットワークで保持する記憶を制御する役割を担っていることが分かります。

5.2.4 覗き穴結合

CEC および 3 つのゲートにより、LSTM は実用上も十分に長期・短期の時系列データを学習できる場合が多いのですが、構造的には大きな問題を抱えています。これまで 3 つのゲートを導入してきたのは、CEC に保持された過去の情報をどのタイミングで伝播させるか、あるいは書き換えるかを制御するためです。しかし、**図 5.10** および**図 5.11**、あるいは式 (5.34)(5.35)(5.38) を見ても分かるように、ゲートの制御に用いられるのは時刻 t における入力層の値 $\boldsymbol{x}(t)$ および時刻 $t-1$ における隠れ層の値 $\boldsymbol{h}(t-1)$ であり、制御すべき CEC 自身が保持している値は用いられていません。一見すると $\boldsymbol{h}(t-1)$ を制御に用いていることにより CEC の状態が反映されているように思われますが、あくまでも LSTM ブロックの出力は出力ゲートに依存しているので、仮に出力ゲートがずっと閉じている場合、どのゲートも CEC にアクセスすることができず、CEC の状態を見ることができないという問題が発生します。この問題を解決するために導入されたのが**覗き穴結合 (peephole connections)** です。**図 5.12** で表されるとおり、これは CEC から各ゲートをつなぐもので、これにより CEC の状態を各ゲートに伝えることができるようになります。入力ゲート・忘却ゲートには過去の値 $\boldsymbol{c}(t-1)$ を伝えますが、出力ゲートには $\boldsymbol{c}(t)$ を伝えることに注意してください。

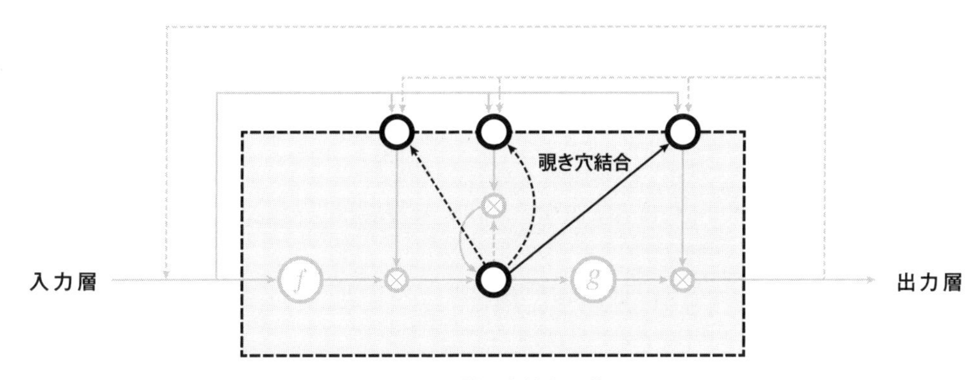

図 5.12　覗き穴結合の導入

以上が LSTM のアプローチになります。構造自体は通常のニューラルネットワークと大きく異なりますが、あくまでもモデルは

- 過去の情報をネットワーク内に保持しておきたい
- 過去の情報を必要なタイミングでのみ取得・置換したい

という 2 つの課題を解決したいという背景により考案・改良されてきたものです。続いてモデルの定式化を考えていきますが、これまで見てきたステップを踏まえれば、きちんと理解できるはずです。

5.2.5 モデル化

LSTMは一見複雑ではあるものの、考えるべきは他のモデルと変わりはありません。順伝播・逆伝播を適切に数式で表すことができれば、これまでと同様、各モデルパラメータに対する勾配を計算することで、モデルを学習できるはずです。**図5.13**を見ながら、CECおよび各ゲートの値など改めて整理してみましょう。

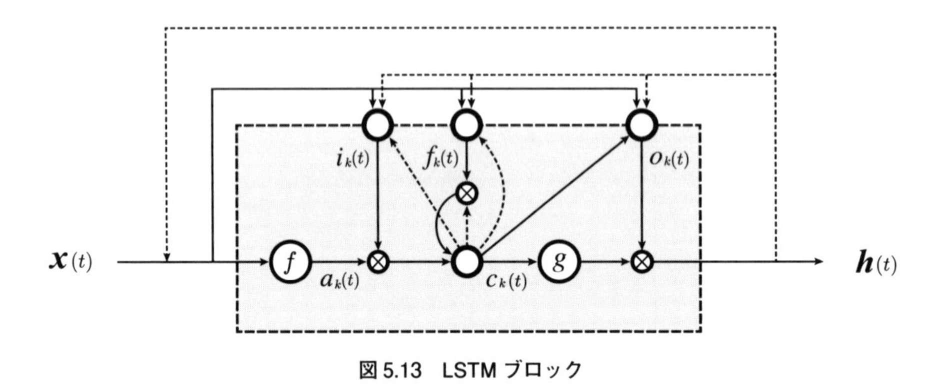

図5.13　LSTMブロック

まず、CECの値 $\boldsymbol{c}(t)$ は 式(5.42)と変わらないので、そのまま

$$\boldsymbol{c}(t) = \boldsymbol{i}(t) \odot \boldsymbol{a}(t) + \boldsymbol{f}(t) \odot \boldsymbol{c}(t-1) \tag{5.43}$$

と表されます。一方、各ゲートの値 $\boldsymbol{i}(t), \boldsymbol{o}(t), \boldsymbol{f}(t)$ は覗き穴結合も含めると

$$\boldsymbol{i}(t) = \sigma\left(W_i \boldsymbol{x}(t) + U_i \boldsymbol{h}(t-1) + V_i \boldsymbol{c}(t-1) + \boldsymbol{b}_i\right) \tag{5.44}$$

$$\boldsymbol{o}(t) = \sigma\left(W_o \boldsymbol{x}(t) + U_o \boldsymbol{h}(t-1) + V_o \boldsymbol{c}(t) + \boldsymbol{b}_o\right) \tag{5.45}$$

$$\boldsymbol{f}(t) = \sigma\left(W_f \boldsymbol{x}(t) + U_f \boldsymbol{h}(t-1) + V_f \boldsymbol{c}(t-1) + \boldsymbol{b}_f\right) \tag{5.46}$$

と書くことができます。$\boldsymbol{o}(t)$ の覗き穴結合の項は $\boldsymbol{c}(t-1)$ ではなく $\boldsymbol{c}(t)$ で表されていることに注意してください。また、残る $\boldsymbol{a}(t)$, $\boldsymbol{h}(t)$ は、

$$\boldsymbol{a}(t) = f\left(W_a \boldsymbol{x}(t) + U_a \boldsymbol{h}(t-1) + \boldsymbol{b}_a\right) \tag{5.47}$$

$$\boldsymbol{h}(t) = \boldsymbol{o}(t) \odot g\left(\boldsymbol{c}(t)\right) \tag{5.48}$$

となります。式 (5.48) は式 (5.37) と同じです。これで LSTM ブロックの順伝播はすべて定式化できたことになります。

続いて、逆伝播について考えていきましょう。まず、式 (5.44) ～ (5.47) それぞれに対し、

$$\boldsymbol{i}(t) = \sigma\left(\hat{\boldsymbol{i}}(t)\right) \tag{5.49}$$

$$\boldsymbol{o}(t) = \sigma\left(\hat{\boldsymbol{o}}(t)\right) \tag{5.50}$$

$$\boldsymbol{f}(t) = \sigma\left(\hat{\boldsymbol{f}}(t)\right) \tag{5.51}$$

$$\boldsymbol{a}(t) = f\left(\hat{\boldsymbol{a}}(t)\right) \tag{5.52}$$

なる $\hat{\boldsymbol{i}}(t), \hat{\boldsymbol{o}}(t), \hat{\boldsymbol{f}}(t), \hat{\boldsymbol{a}}(t)$ を定義します。すると、これらを、

$$\begin{pmatrix} \hat{\boldsymbol{i}}(t) \\ \hat{\boldsymbol{o}}(t) \\ \hat{\boldsymbol{f}}(t) \\ \hat{\boldsymbol{a}}(t) \end{pmatrix} = \begin{pmatrix} W_i & U_i & V_i & O & \boldsymbol{b}_i \\ W_o & U_o & O & V_o & \boldsymbol{b}_o \\ W_f & U_f & V_f & O & \boldsymbol{b}_f \\ W_a & U_a & O & O & \boldsymbol{b}_a \end{pmatrix} \begin{pmatrix} \boldsymbol{x}(t) \\ \boldsymbol{h}(t-1) \\ \boldsymbol{c}(t-1) \\ \boldsymbol{c}(t) \\ 1 \end{pmatrix} \tag{5.53}$$

という式で表すことができます。モデルのパラメータはすべてこの式 (5.97) に集約されており、$W_*, U_*, V_*, \boldsymbol{b}_*$ の 15 個が LSTM のパラメータとなります[14]。ここで、

$$\boldsymbol{s}(t) := \begin{pmatrix} \hat{\boldsymbol{i}}(t) \\ \hat{\boldsymbol{o}}(t) \\ \hat{\boldsymbol{f}}(t) \\ \hat{\boldsymbol{a}}(t) \end{pmatrix} \tag{5.54}$$

▶ 14 覗き穴結合がないモデルの場合、式 (5.97) は

$$\begin{pmatrix} \hat{\boldsymbol{i}}(t) \\ \hat{\boldsymbol{o}}(t) \\ \hat{\boldsymbol{f}}(t) \\ \hat{\boldsymbol{a}}(t) \end{pmatrix} = \begin{pmatrix} W_i & U_i & \boldsymbol{b}_i \\ W_o & U_o & \boldsymbol{b}_o \\ W_f & U_f & \boldsymbol{b}_f \\ W_a & U_a & \boldsymbol{b}_a \end{pmatrix} \begin{pmatrix} \boldsymbol{x}(t) \\ \boldsymbol{h}(t-1) \\ 1 \end{pmatrix}$$

となるので、パラメータは 12 個となります。

$$W := \begin{pmatrix} W_i & U_i & V_i & O & \boldsymbol{b}_i \\ W_o & U_o & O & V_o & \boldsymbol{b}_o \\ W_f & U_f & V_f & O & \boldsymbol{b}_f \\ W_a & U_a & O & O & \boldsymbol{b}_a \end{pmatrix} \tag{5.55}$$

$$\boldsymbol{z}(t) := \begin{pmatrix} \boldsymbol{x}(t) \\ \boldsymbol{h}(t-1) \\ \boldsymbol{c}(t-1) \\ \boldsymbol{c}(t) \\ 1 \end{pmatrix} \tag{5.56}$$

とおくと、式 (5.97) は、

$$\boldsymbol{s}(t) = W\boldsymbol{z}(t) \tag{5.57}$$

という形でまとまります。こうしておくことで、$\frac{\partial E}{\partial W}$ を求めればよいことになるので、個々の勾配を求めるときと比べ、式を簡潔に書くことができるようになります。さらに、

$$\boldsymbol{e}_s(t) := \frac{\partial E}{\partial \boldsymbol{s}(t)} \tag{5.58}$$

$$\boldsymbol{e}_z(t) := \frac{\partial E}{\partial \boldsymbol{z}(t)} \tag{5.59}$$

を定義すると、式 (5.57) は一般的な線形活性の式の形をしているので、

$$\boldsymbol{e}_z(t) = W^T \boldsymbol{e}_s(t) \tag{5.60}$$

と表されることより、

$$\frac{\partial E}{\partial W} = \boldsymbol{e}_s(t)\boldsymbol{e}_z(t)^T \tag{5.61}$$

が得られます。よって結局、この $\boldsymbol{e}_s(t), \boldsymbol{e}_z(t)$ の各要素を求めていけばよいことが分かります。

まずは $\boldsymbol{e}_s(t)$ から見ていきましょう。式 (5.49) ～ (5.52) より、$\boldsymbol{e}_i(t) := \dfrac{\partial E}{\partial \boldsymbol{i}(t)}$ や $\boldsymbol{e}_{\hat{i}}(t) := \dfrac{\partial E}{\partial \hat{\boldsymbol{i}}(t)}$ などとおくと、

$$
\begin{aligned}
\boldsymbol{e}_{\hat{i}}(t) &:= \frac{\partial E}{\partial \hat{\boldsymbol{i}}(t)} &(5.62)\\
&= \frac{\partial E}{\partial \boldsymbol{i}(t)} \odot \frac{\partial \boldsymbol{i}(t)}{\partial \hat{\boldsymbol{i}}(t)} &(5.63)\\
&= \boldsymbol{e}_i(t) \odot \sigma'\left(\hat{\boldsymbol{i}}(t)\right) &(5.64)
\end{aligned}
$$

$$
\begin{aligned}
\boldsymbol{e}_{\hat{o}}(t) &:= \frac{\partial E}{\partial \hat{\boldsymbol{o}}(t)} &(5.65)\\
&= \frac{\partial E}{\partial \boldsymbol{o}(t)} \odot \frac{\partial \boldsymbol{o}(t)}{\partial \hat{\boldsymbol{o}}(t)} &(5.66)\\
&= \boldsymbol{e}_o(t) \odot \sigma'\left(\hat{\boldsymbol{o}}(t)\right) &(5.67)
\end{aligned}
$$

$$
\begin{aligned}
\boldsymbol{e}_{\hat{f}}(t) &:= \frac{\partial E}{\partial \hat{\boldsymbol{f}}(t)} &(5.68)\\
&= \frac{\partial E}{\partial \boldsymbol{f}(t)} \odot \frac{\partial \boldsymbol{f}(t)}{\partial \hat{\boldsymbol{f}}(t)} &(5.69)\\
&= \boldsymbol{e}_f(t) \odot \sigma'\left(\hat{\boldsymbol{f}}(t)\right) &(5.70)
\end{aligned}
$$

$$
\begin{aligned}
\boldsymbol{e}_{\hat{a}}(t) &:= \frac{\partial E}{\partial \hat{\boldsymbol{a}}(t)} &(5.71)\\
&= \frac{\partial E}{\partial \boldsymbol{a}(t)} \odot \frac{\partial \boldsymbol{a}(t)}{\partial \hat{\boldsymbol{a}}(t)} &(5.72)\\
&= \boldsymbol{e}_a(t) \odot \sigma'\left(\hat{\boldsymbol{a}}(t)\right) &(5.73)
\end{aligned}
$$

となりますが、これらの式にある $\boldsymbol{e}_i(t), \boldsymbol{e}_f(t), \boldsymbol{e}_o(t), \boldsymbol{e}_a(t)$ は、

$$\boldsymbol{e}_i(t) := \frac{\partial E}{\partial \boldsymbol{i}(t)} \tag{5.74}$$

$$= \frac{\partial E}{\partial \boldsymbol{c}(t)} \odot \frac{\partial \boldsymbol{c}(t)}{\partial \boldsymbol{i}(t)} \tag{5.75}$$

$$= \boldsymbol{e}_c(t) \odot \boldsymbol{a}(t) \tag{5.76}$$

$$\boldsymbol{e}_o(t) := \frac{\partial E}{\partial \boldsymbol{o}(t)} \tag{5.77}$$

$$= \frac{\partial E}{\partial \boldsymbol{h}(t)} \odot \frac{\partial \boldsymbol{h}(t)}{\partial \boldsymbol{o}(t)} \tag{5.78}$$

$$= \boldsymbol{e}_h(t) \odot g\left(\boldsymbol{c}(t)\right) \tag{5.79}$$

$$\boldsymbol{e}_f(t) := \frac{\partial E}{\partial \boldsymbol{f}(t)} \tag{5.80}$$

$$= \frac{\partial E}{\partial \boldsymbol{c}(t)} \odot \frac{\partial \boldsymbol{c}(t)}{\partial \boldsymbol{f}(t)} \tag{5.81}$$

$$= \boldsymbol{e}_c(t) \odot \boldsymbol{c}(t-1) \tag{5.82}$$

$$\boldsymbol{e}_a(t) := \frac{\partial E}{\partial \boldsymbol{a}(t)} \tag{5.83}$$

$$= \frac{\partial E}{\partial \boldsymbol{c}(t)} \odot \frac{\partial \boldsymbol{c}(t)}{\partial \boldsymbol{a}(t)} \tag{5.84}$$

$$= \boldsymbol{e}_c(t) \odot \boldsymbol{i}(t) \tag{5.85}$$

と表されるので、$\boldsymbol{e}_c(t) := \frac{\partial E}{\partial \boldsymbol{c}(t)}$ および $\boldsymbol{e}_h(t) := \frac{\partial E}{\partial \boldsymbol{h}(t)}$ を考えればよいことになります。ここで $\boldsymbol{e}_h(t)$ は出力層から逆伝播してくるため既知であることより、結局 $\boldsymbol{e}_c(t)$ を求めれば $\boldsymbol{e}_s(t)$ に関してはすべて勾配が求められることになります。$\boldsymbol{e}_c(t)$ を求めてみると、

$$
\begin{aligned}
\boldsymbol{e}_c(t) &= \frac{\partial E}{\partial \boldsymbol{h}(t)} \odot \frac{\partial \boldsymbol{h}(t)}{\partial \boldsymbol{c}(t)} &(5.86)\\
&= \boldsymbol{e}_h(t) \odot \boldsymbol{o}(t) \odot g'(\boldsymbol{c}(t)) &(5.87)
\end{aligned}
$$

となります▶15。

一方、$\boldsymbol{e}_z(t)$ を見ると、時刻 $t-1$ における $\boldsymbol{e}_c(t-1)$ も考える必要がありますが、これは下記のように求められます。

$$
\begin{aligned}
\boldsymbol{e}_c(t-1) &= \frac{\partial E}{\partial \boldsymbol{c}(t)} \odot \frac{\partial \boldsymbol{c}(t)}{\partial \boldsymbol{c}(t-1)} &(5.88)\\
&= \boldsymbol{e}_c(t) \odot \boldsymbol{f}(t) &(5.89)
\end{aligned}
$$

また、$\boldsymbol{e}_h(t-1)$ は $\boldsymbol{e}_h(t)$ 同様既知になります。以上より $\frac{\partial E}{\partial W}$ を求めるために必要な項はすべて得られたので、各時系列データの時刻 t に対する（学習途中の）パラメータ W を $W(t)$ とおくと、

$$
\frac{\partial E}{\partial W} = \sum_{t=1}^{T} \frac{\partial E}{\partial W(t)} \tag{5.90}
$$

によりパラメータを更新していけば、最適な解が求められることになります。

5.2.6 実装

LSTMにおけるモデルのパラメータは単純なリカレントニューラルネットワークと比べ多くはなりましたが、TensorFlowやKerasを使う場合、式の煩雑さを感じることなく実装を行うことができます。まず、TensorFlowは`inference()`の中で

```
cell = tf.contrib.rnn.BasicRNNCell(n_hidden)
```

▶15 ただし、実際に更新の計算を行う際は、CECは誤差がとどまり続けるため、時刻 t においてCECが保持している誤差は、

$$
\begin{aligned}
\boldsymbol{\delta}_c(t) &\leftarrow \boldsymbol{e}_c(t+1) + \boldsymbol{e}_c(t)\\
\boldsymbol{e}_c(t) &\leftarrow \boldsymbol{\delta}_c(t)
\end{aligned}
$$

を用いることになります。

となっていたところを、

```
cell = tf.contrib.rnn.BasicLSTMCell(n_hidden, forget_bias=1.0)
```

もしくは

```
cell = tf.contrib.rnn.LSTMCell(n_hidden, forget_bias=1.0)
```

とするだけでLSTMを用いることができます。`BasicLSTMCell()` と `LSTMCell()` の違いは、覗き穴結合を用いているかどうかです。これまでに考えてきたとおり、覗き穴結合があるほうが学習における問題は起きにくくなるものの、問題ないケースも多く、また覗き穴結合を追加することによりパラメータ数が増え計算時間も多くかかるようになってしまうため、`BasicLSTMCell()` で済ませてしまう場合もあります。LSTMでsin波を予測・生成した結果が**図5.14**になります。

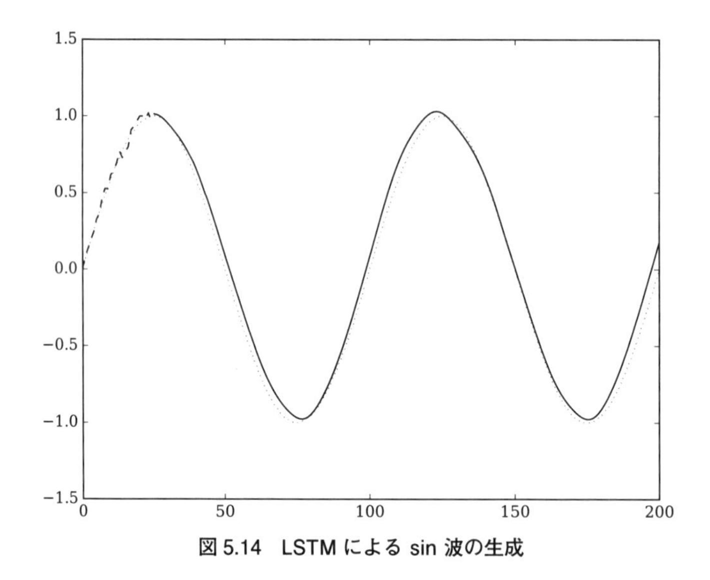

図5.14　LSTMによるsin波の生成

Kerasに関しても同様で、

```
from keras.layers.recurrent import SimpleRNN

model.add(SimpleRNN(n_hidden,
                    init=weight_variable,
                    input_shape=(maxlen, n_in)))
```

に対して、

```
from keras.layers.recurrent import LSTM

model.add(LSTM(n_hidden,
               init=weight_variable,
               input_shape=(maxlen, n_in)))
```

とするだけです。ただし、Keras 内で実装されている LSTM クラスを見ると分かりますが、Keras では覗き穴結合には対応していません[16]。

5.2.7 長期依存性の学習評価 ─ Adding Problem

sin 波の予測は切り出す時間長 $\tau = 25$ でも十分に学習できる短期依存性の問題なので、LSTM が長期依存性も学習できることを示す問題として、モデルの評価によく用いられる **Adding Problem** というトイ・プロブレムを考えてみましょう。これは入力 $\boldsymbol{x}(t)$ がシグナル $s(t)$ とマスク $m(t)$ の 2 種類からなる時系列データセットで、$s(t)$ は 0 から 1 の一様乱数分布に従う値で、$m(t)$ は 0 か 1 をとります。ただし、$m(t)$ は $t = 1, ..., T$ のうちランダムで選ばれたどこか 2 点だけが 1 で、それ以外は 0 をとることとします。これを式で表すと下記のようになります。

$$\boldsymbol{x}(t) = \begin{pmatrix} s(t) \\ m(t) \end{pmatrix} \tag{5.91}$$

$$\begin{cases} s(t) \sim U(0,1) \\ m(t) = \{0,\ 1\}, \quad \displaystyle\sum_{t=1}^{T} m(t) = 2 \end{cases}$$

この入力 $\boldsymbol{x}(t)$ に対し、出力 y は

$$y = \sum_{t=1}^{T} s(t)\, m(t) \tag{5.92}$$

とします。入出力のデータ例を図で表すと**図 5.15** のとおりです。このデータを N 個生成し、学習

▶16 Keras のバージョンが 2.0 の時点では対応していませんが、今後対応するかもしれません。実装は https://github.com/fchollet/keras/blob/master/keras/layers/recurrent.py で定義されています。

に用います。$m(t) = 1$ となる時刻 t はランダムに選ばれるので、例えば $t = 10, 11$ と隣り合うときもあれば、$t = 1, 200$ と離れるときもあり得ます。データ全体の時間長 T が大きくなればなるほど、必然的に長期・短期の依存性を見つけ出すのは難しくなっていきます。

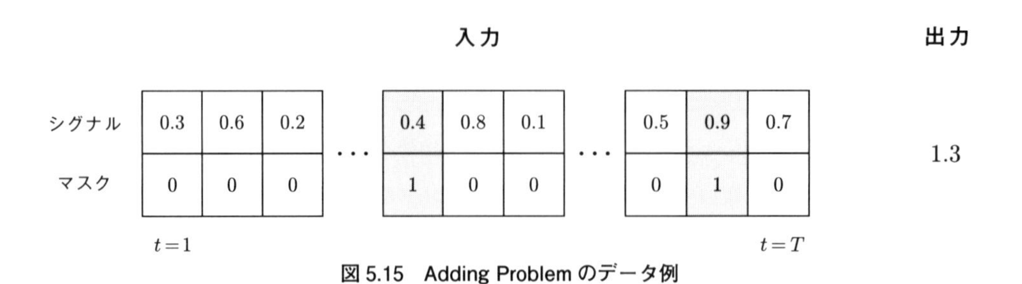

図 5.15　Adding Problem のデータ例

コードでこの Adding Problem のデータを作成してみましょう。まずはマスクをランダムに生成する関数を定義します。

```
def mask(T=200):
    mask = np.zeros(T)
    indices = np.random.permutation(np.arange(T))[:2]
    mask[indices] = 1
    return mask
```

この mask() を用いることによって、入力・出力は下記により生成できます。

```
def toy_problem(N=10, T=200):
    signals = np.random.uniform(low=0.0, high=1.0, size=(N, T))
    masks = np.zeros((N, T))
    for i in range(N):
        masks[i] = mask(T)

    data = np.zeros((N, T, 2))
    data[:, :, 0] = signals[:]
    data[:, :, 1] = masks[:]
    target = (signals * masks).sum(axis=1).reshape(N, 1)

    return (data, target)
```

data は入力に対応し、target は出力に対応しています。

では、toy_problem() により、$N = 10{,}000$ 個のデータを $T = \tau = 200$ で生成し、実験してみましょう。訓練データと検証データを 9 : 1 に分割して評価実験を行うとします。

```
N = 10000
T = 200
maxlen = T

X, Y = toy_problem(N=N, T=T)

N_train = int(N * 0.9)
N_validation = N - N_train

X_train, X_validation, Y_train, Y_validation = \
    train_test_split(X, Y, test_size=N_validation)
```

モデル自体はこれまでと変わらないので、LSTMで実験してみましょう。ここでは、検証データに対する(2乗平均)誤差関数の値を評価指標として見ていきます。このトイ・プロブレムに関して、もし時系列の関連性を見つけることができなかったとすると、出力を常に $0.5 + 0.5 = 1.0$ と予測することが誤差を最も小さくすることになります。このとき、誤差関数の値は0.1767となるので、これを下回ることができれば、時間依存性を学習できていると言えます。単純なリカレントニューラルネットワーク(RNN)とLSTMそれぞれで実験した結果は**図5.16**のようになります。

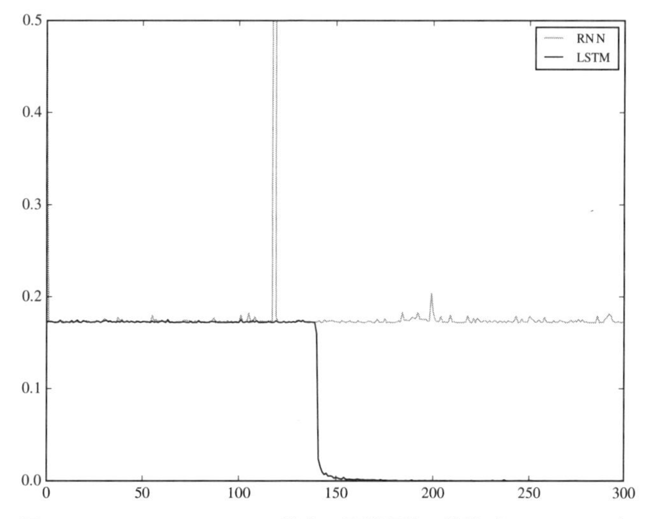

図5.16 Adding Problemに対する予測誤差の推移(RNN、LSTM)

単純なリカレントニューラルネットワークではまったく学習が進んでいません。一方、LSTMを用いると、はじめの段階こそ誤差が0.1767の周辺となっており学習できていませんが、一定のエポックに達すると急速に誤差が0に近づき、長短期の依存性を学習できていることが分かります。

5.3 GRU

5.3.1 モデル化

LSTMは時系列データ分析においてかなりの効果を上げますが、パラメータの数が多く、計算に時間がかかるという難点があります。もしLSTMと同等あるいはそれ以上の性能を持ち、かつ計算時間を抑えることのできるモデルがあるならば、それを使うに越したことはありません。文献[5]で提案された**GRU**(gated recurrent unit)は、そうしたLSTMの代替となり得る手法の1つです。LSTMはCEC・入力ゲート・出力ゲート・忘却ゲートで構成されていましたが、GRUは図5.17で表されるとおり、**リセットゲート**(reset gate)および**更新ゲート**(update gate)でのみ構成されます。

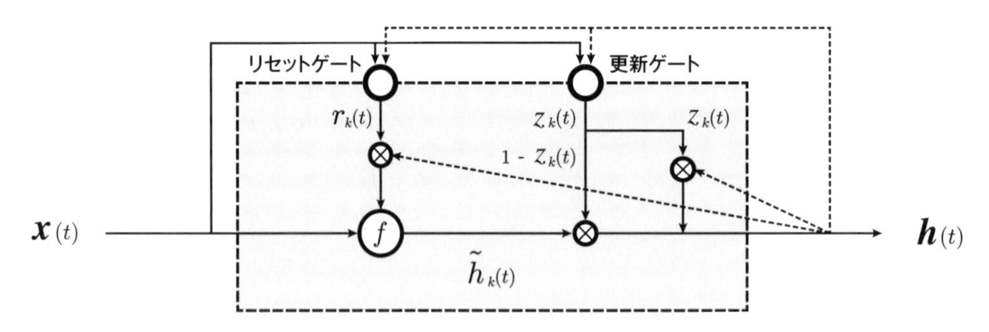

図5.17　GRUにおけるリセットゲートと更新ゲート

では、モデルを定式化してみましょう。モデルの考え方はLSTMがベースとなっているので、式もLSTMと同様に考えることができます。リセットゲートの値を$\boldsymbol{r}(t)$、更新ゲートの値を$\boldsymbol{z}(t)$とおくと、これらは下記の式で表されます。

$$\boldsymbol{r}(t) = \sigma(W_r\boldsymbol{x}(t) + U_r\boldsymbol{h}(t-1) + \boldsymbol{b}_r) \tag{5.93}$$

$$\boldsymbol{z}(t) = \sigma(W_z\boldsymbol{x}(t) + U_z\boldsymbol{h}(t-1) + \boldsymbol{b}_z) \tag{5.94}$$

リセットゲートの値は、$t-1$の隠れ層値と掛け合わされ、入力$\boldsymbol{x}(t)$とともに活性化関数fにより活性化されます。活性化後の値を$\tilde{\boldsymbol{h}}(t)$とおくと、これは下記で表されることになります。

$$\tilde{\boldsymbol{h}}(t) = f(W_h\boldsymbol{x}(t) + U_h(\boldsymbol{r}(t) \odot \boldsymbol{h}(t-1)) + \boldsymbol{b}_h) \tag{5.95}$$

また、更新ゲートの値は $z(t)$ と $\mathbf{1}-z(t)$ に分割され、それぞれ $\tilde{\boldsymbol{h}}(t)$ にかかり、最終的に GRU（隠れ層）の出力 $\boldsymbol{h}(t)$ となります。式で表すと下記のとおりです。

$$\boldsymbol{h}(t) = z(t) \odot \boldsymbol{h}(t-1) + (1 - z(t)) \odot \tilde{\boldsymbol{h}}(t) \tag{5.96}$$

ここで得られた $\boldsymbol{h}(t)$ がまた過去の値 $\boldsymbol{h}(t-1)$ として再帰的に GRU への入力に用いられることになります。GRU の逆伝播に関しても、

$$\begin{pmatrix} \hat{\boldsymbol{r}}(t) \\ \hat{z}(t) \\ \hat{\tilde{\boldsymbol{h}}}(t) \end{pmatrix} := \begin{pmatrix} W_r & U_i & O & \boldsymbol{b}_r \\ W_z & U_o & O & \boldsymbol{b}_o \\ W_h & O & U_h & \boldsymbol{b}_f \end{pmatrix} \begin{pmatrix} \boldsymbol{x}(t) \\ \boldsymbol{h}(t-1) \\ \boldsymbol{r}(t) \odot \boldsymbol{h}(t-1) \\ 1 \end{pmatrix} \tag{5.97}$$

と表せるので、LSTM とまったく同じアプローチで各パラメータに対する勾配を求めることができます。式からも分かるように、GRU ではパラメータは 9 個なので、LSTM よりも計算量が少なくて済むことが分かります。

5

5.3.2 実装

GRU の実装に関しても、TensorFlow や Keras では API が提供されているため、簡単に導入することができます。TensorFlow では、

```
cell = tf.contrib.rnn.GRUCell(n_hidden)
```

と、`LSTMCell()` などとしていたところを `GRUCell()` とします。一方、Keras では、`GRU()` を用います。

```
from keras.layers.recurrent import GRU

model.add(GRU(n_hidden,
              init=weight_variable,
              input_shape=(maxlen, n_in)))
```

GRU により予測・生成した sin 波は**図 5.18** のとおりです。

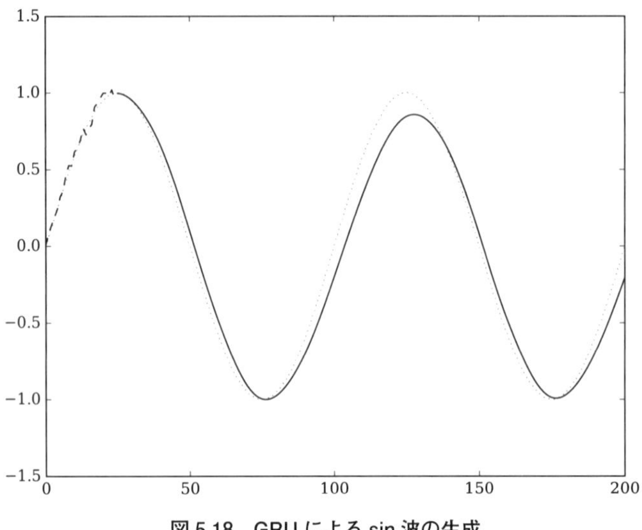

図 5.18 GRU による sin 波の生成

また、GRU で Adding Problem を解いてみると、結果は**図 5.19** のようになり、LSTM 同様、GRU も長期依存性を学習できることが確認できます。GRU のほうが LSTM よりもエポック数が少ない段階で学習が進んでいますが、これはあくまでも今回の問題ではよい結果が出たにすぎないという点に注意してください。

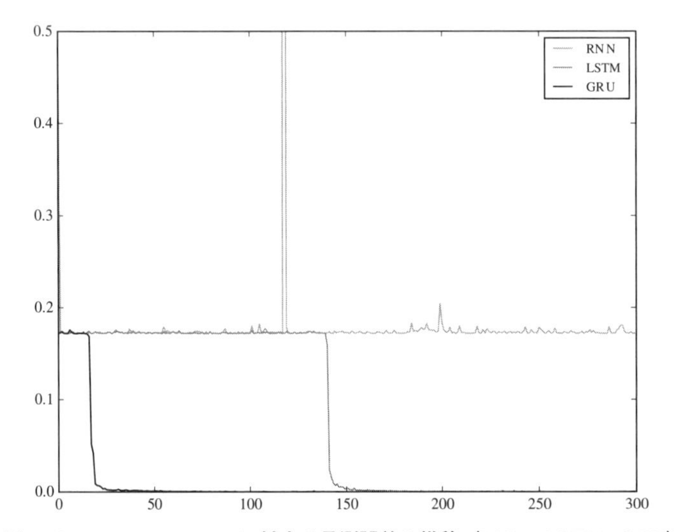

図 5.19 Adding Problem に対する予測誤差の推移（RNN、LSTM、GRU）

5.4 まとめ

本章では、時系列データを扱うためのモデルとしてリカレントニューラルネットワークの手法について学んできました。過去の隠れ層の状態を再帰的にフィードバックすることで、時系列の依存性も学習できるようになります。その際、誤差も時間をさかのぼって逆伝播する必要がありましたが、これは Backpropagation Through Time と呼ばれました。一方、隠れ層に通常のニューロンを用いるだけでは、特に長期の時間依存性を学習できないという問題がありました。LSTM や GRU では、メモリセルやゲートといった仕組みを取り入れることでこの問題を解決しています。

次章では、LSTM や GRU をベースとした、より高度なモデルについて考えていきます。時系列データの処理に関してはまさに研究が活発になっているところであり、さまざまな応用モデルが考えられています。

第５章の参考文献

[1] S. Hochreiter, and J. Schmidhuber. Long short-term memory. *Neural Computation*, 9(8), pp. 1735-1780, 1997.

[2] F. A. Gers, J. Schmidhuber, and F. Cummins. Learning to forget: Continual prediction with LSTM. *Neural Computation*, 12(10), pp. 2451-2471, 2000.

[3] F. A. Gers, and J. Schmidhuber. Recurrent nets that time and count. *Neural Networks, 2000. IJCNN 2000, Proceedings of the IEEE-INNS-ENNS International Joint Conference on*, volume 3, pp. 189-194, IEEE, 2000.

[4] Q. V. Le, N. Jaitly, and G. E. Hinton. A simple way to initialize recurrent networks of rectified linear units. *arXiv:1504.00941*, 2015.

[5] K. Cho, B. Merrienboer, C. Gulcehre, F. Bougares, H. Schwenk, and Y. Bengio. Learning phrase representations using rnn encoder-decoder for statistical machine translation. *Proceedings of the Empiricial Methods in Natural Language Processing (EMNLP 2014)*, 2014.

第6章
リカレントニューラルネットワークの応用

本章では、前章に引き続き、リカレントニューラルネットワークについての手法を見ていきます。LSTMやGRUは隠れ層の各ニューロンをブロックにすることで時系列データを効率的に学習できるようにする手法ですが、本章で扱う手法は、ネットワーク全体の構造をより時系列データの分析に合わせてダイナミックに変化させていくものです。具体的には以下の手法について学んでいきます。

- 6.1 Bidirectional RNN
- 6.2 RNN Encoder-Decoder
- 6.3 Attention
- 6.4 Memory Networks

いずれも、時系列データの分析をする上での課題を解決するために考えられてきた手法です。1つ1つ、しっかりと丁寧に見ていきましょう。

6.1 Bidirectional RNN

6.1.1 未来の隠れ層

これまで見てきたリカレントニューラルネットワークは、いずれも時刻 $t-1$ から t へ隠れ層の状態を伝播、すなわち過去から未来への1方向の流れを前提にしてモデルを考えていました。これは現在を含め「これまでの状態」から現在は観測することのできない将来を予測したいという、一般的な実社会における要望に即しています。一方で、例えばすでに手元にある時系列データからそれがどのようなクラスに分類できるのかを知りたい場合は、過去から未来（現在）がすべて分かっている状態でモデルを組み立てることになります。この場合、過去 → 未来の1方向だけを考えるよりも、未来 → 過去の2方向の時系列の依存関係を考慮するほうがよりよい精度が期待できるはずです。こうした背景から考えられたのが **Bidirectional RNN**（以下、**BiRNN**）です。

"Bidirectional" という名前が示すとおり、BiRNN は「過去から」と「未来から」の1方向の時間軸に対して隠れ層の状態を伝播させていきます。この2方向を実現するには、一般的な隠れ層の構造を少しだけ変える必要があります。**図 6.1** が BiRNN のアウトラインになります。図で表されるように、隠れ層は2種類で構成されますが、これにより一方が過去の状態を反映し、もう一方が未来の状態を反映している状態を作ることができるようになります。

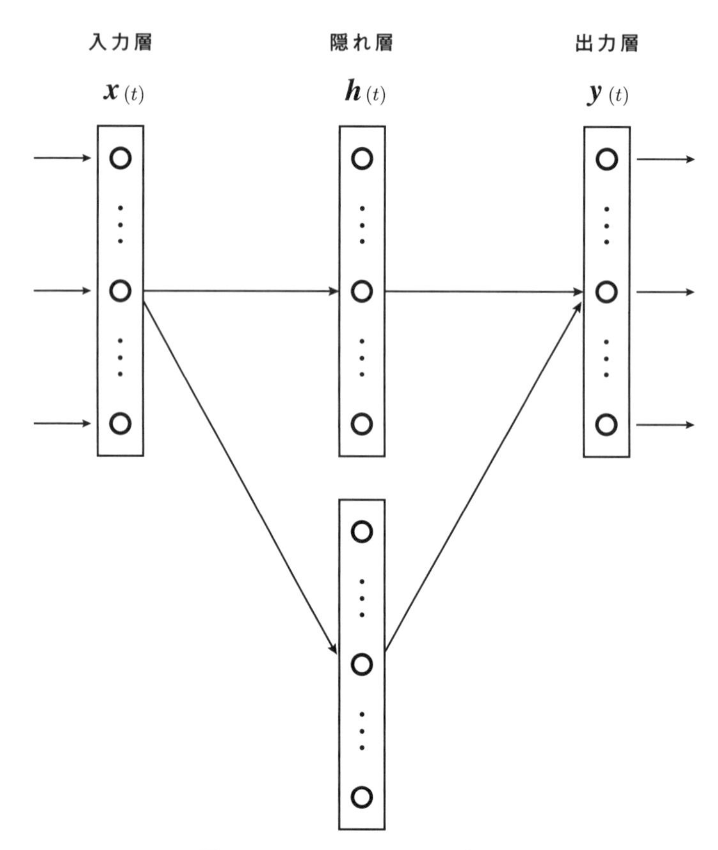

図 6.1　Bidirectional RNN の概要図

6.1.2 前向き・後ろ向き伝播

隠れ層を2種類にすることによって、どのように2方向の時間軸で状態を伝えていくのでしょうか。イメージしやすいように、これまで見てきたリカレントニューラルネットワークのモデルとBiRNNを図で比較してみましょう。時刻 $t-1, t, t+1$ の3ステップでモデルの入力から出力までを時間軸に沿って展開してみると、過去の状態のみを考慮した場合、モデルは**図6.2**のように表されます。1ステップ前の過去の隠れ層における値が、それぞれ次のステップに伝播されていきます。この隠れ層内の各ニューロンをLSTMブロックにするといった手法がLSTM(やGRU)でした。

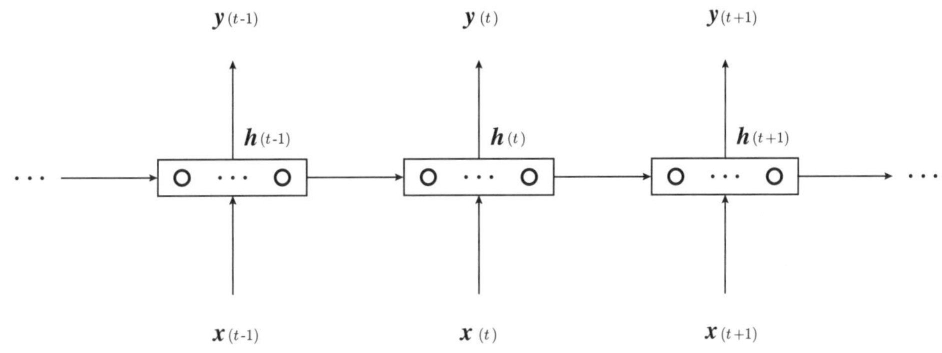

図6.2 時間軸に沿って展開したリカレントニューラルネットワーク

一方、BiRNNは過去に加えて未来の隠れ層の状態も再帰的にフィードバックできるようにしたモデルになるので、**図6.3**のように表すことができます。図中の $\overrightarrow{\boldsymbol{h}}(t)$ や $\overleftarrow{\boldsymbol{h}}(t)$ については後述するので、まずはモデルの形状に着目しましょう。複雑に見えるかもしれませんが、あくまでも**図6.1**を時刻 $t-1, t, t+1$ に沿って展開しただけです。2種類の隠れ層それぞれに着目すると、入力層から値を受け取り、出力層に値を渡すところは一般的なニューラルネットワークと何も変わりません。各隠れ層は同じ隠れ層の過去あるいは未来から値を受け取る、という点がBiRNNの特徴になります。「過去用」の隠れ層と「未来用」の隠れ層の間にはつながりがなく、完全に別々に考えることができます。時間の流れを見ると、前者は過去 → 未来と前向きに値を伝播し、後者は未来 → 過去と後ろ向きに値を伝播するので、ここでは便宜上それぞれ「前向き層」「後ろ向き層」と呼ぶことにします。

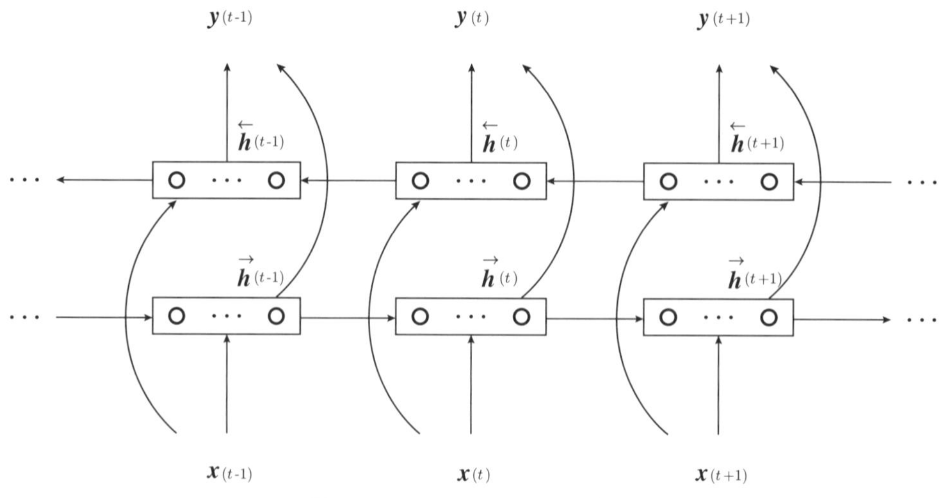

図 6.3　Bidirectional RNN の展開図

時刻 t における前向き層、後ろ向き層の値は別々に考えることができるので、それぞれ $\overrightarrow{\boldsymbol{h}}(t)$, $\overleftarrow{\boldsymbol{h}}(t)$ と、矢印の向きを対応させて表すことにします。すると、各々の順伝播は式 (5.4) で表される一般的なリカレントニューラルネットワークの順伝播と変わらないので、

$$\overrightarrow{\boldsymbol{h}}(t) = f\left(\overrightarrow{U}\boldsymbol{x}(t) + \overrightarrow{W}\boldsymbol{h}(t-1) + \overrightarrow{\boldsymbol{b}}\right) \tag{6.1}$$

$$\overleftarrow{\boldsymbol{h}}(t) = f\left(\overleftarrow{U}\boldsymbol{x}(t) + \overleftarrow{W}\boldsymbol{h}(t-1) + \overleftarrow{\boldsymbol{b}}\right) \tag{6.2}$$

と表すことができます。よって、隠れ層（全体）の値 $\boldsymbol{h}(t)$ は

$$\boldsymbol{h}(t) = \begin{pmatrix} \overrightarrow{\boldsymbol{h}}(t) \\ \text{-----} \\ \overleftarrow{\boldsymbol{h}}(t) \end{pmatrix} \tag{6.3}$$

と、単純に $\overrightarrow{\boldsymbol{h}}(t)$ と $\overleftarrow{\boldsymbol{h}}(t)$ を並べたものでよく▶1、出力もそのまま

$$\boldsymbol{y}(t) = V\boldsymbol{h}(t) + \boldsymbol{c} \tag{6.4}$$

▶1　$\boldsymbol{h}(t) = \overrightarrow{\boldsymbol{h}}(t) + \overleftarrow{\boldsymbol{h}}(t)$ とする場合もありますが、通常は本文中のようにベクトルを並べたものを用います。

で表されることになります。前向き層の逆伝播は前章で見てきたとおりですが、後ろ向き層の逆伝播も $t-1$ となっているところが $t+1$ となるだけなので、式展開もほとんど同じで表すことができます。構造自体は複雑に見えますが、式で表してみると非常にシンプルにまとまることが分かるかと思います。

6.1.3 MNISTの予測

ここで1つ、面白い実験をしてみましょう。時系列データ分析に用いるリカレントニューラルネットワーク (= BiRNN) によって、画像認識ができないかを試してみます。画像データはピクセルのRGB値あるいはグレースケール値の位置の並びによってできているので、まさしく各ピクセルの値の順序 (時系列) が意味を持っていることになります。なので、データの形式を少し工夫すれば、適切に分類できるはずです。これまでも実験に用いてきたMNISTを使って、BiRNNで画像の予測を行ってみることにしましょう。

6.1.3.1 ●時系列データへの変換

MNISTは各データが $28 \times 28 = 784$ ピクセルの画像ですが、これを時系列で考えると、それぞれの画像は時間長が28のデータと見ることができます。**図6.4**を見ると分かりやすいかもしれません。70,000枚の画像のうちある1枚の画像 $(\boldsymbol{x}_n(1), \ldots, \boldsymbol{x}_n(t), \ldots, \boldsymbol{x}_n(28))$ に着目すると、$\boldsymbol{x}_n(t) \in \mathbf{R}^{28}$ が**図6.4**の各行に対応しています。

6

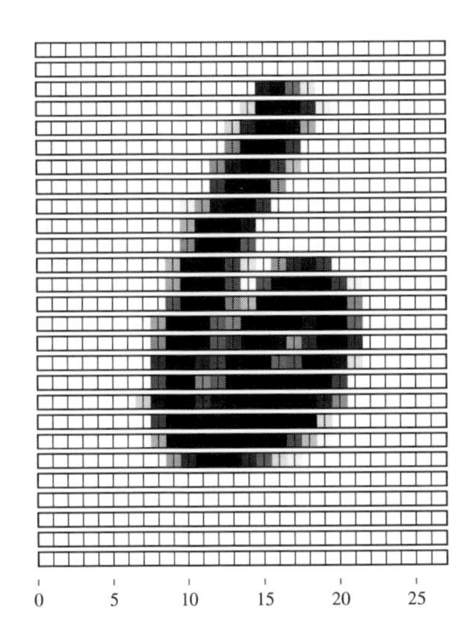

図6.4 MNIST画像の時系列データ化

実装上は特別なことを考える必要はなく、通常のニューラルネットワークで扱う際は、

```
X = mnist.data[indices]
X = X / 255.0
X = X - X.mean(axis=1).reshape(len(X), 1)
```

という（簡単な）正規化処理を行うのみでしたが、今回はこれに加え、

```
X = X.reshape(len(X), 28, 28)  # 時系列データに変換
```

を行います。これにより、訓練データは（全データ数，時間長 28, 入力の次元 28）という時系列データの形式になります。

6.1.3.2 ● TensorFlow による実装

時系列に変換した MNIST データを用いて、BiRNN で予測をしてみましょう。まず、モデルの各次元数は下記のようになります。

```
n_in = 28
n_time = 28
n_hidden = 128
n_out = 10
```

ここで、`n_time` が各データの時間長になります。隠れ層の次元数 `n_hidden` は 128 にしていますが、これは他の数字でもかまいません。これに伴い、入力と出力に対応する `placeholder` は

```
x = tf.placeholder(tf.float32, shape=[None, n_time, n_in])
t = tf.placeholder(tf.float32, shape=[None, n_out])
```

と表されます。モデル構築の全体の流れはこれまでと変わりません。`inference()`、`loss()`、`training()` を実装していきます。

```
y = inference(x, n_in=n_in, n_time=n_time, n_hidden=n_hidden, n_out=n_out)
loss = loss(y, t)
train_step = training(loss)
```

`inference()` では BiRNN のモデル部分を実装する必要があります。TensorFlow ではこれも API として提供されており、`tensorflow.contrib.rnn.static_bidirectional_rnn()` で呼び出します。今回は事前に

```
from tensorflow.contrib import rnn
```

として、他の API を含め rnn.* で呼び出せるようにしておきましょう。

これまで見てきたように、BiRNN では隠れ層は2つあるので、それぞれに対応する層を定義する必要があります。前向き層を cell_forward、後ろ向き層を cell_backward とすると、これらは下記のように記述できます。

```
cell_forward = rnn.BasicLSTMCell(n_hidden, forget_bias=1.0)
cell_backward = rnn.BasicLSTMCell(n_hidden, forget_bias=1.0)
```

ここでは BasicLSTMCell() を用いていますが、GRUCell() など、他の手法を用いても問題ありません。これにより、

```
outputs, _, _ = \
    rnn.static_bidirectional_rnn(cell_forward, cell_backward, x,
                                 dtype=tf.float32)
```

とすることで BiRNN の (隠れ層) の出力を得ることができます。モデル全体の出力は、ここで得られた最後の出力を用いればよいので、

```
W = weight_variable([n_hidden * 2, n_out])
b = bias_variable([n_out])
y = tf.nn.softmax(tf.matmul(outputs[-1], W) + b)
```

となります。重みの次元が n_hidden ではなく n_hidden * 2 となっている点に注意してください。

loss() と training() はこれまでとまったく同じ実装で問題ありません。

```
def loss(y, t):
    cross_entropy = \
        tf.reduce_mean(-tf.reduce_sum(
                       t * tf.log(tf.clip_by_value(y, 1e-10, 1.0)),
                       reduction_indices=[1]))
    return cross_entropy


def training(loss):
    optimizer = \
        tf.train.AdamOptimizer(learning_rate=0.001, beta1=0.9, beta2=0.999)
    train_step = optimizer.minimize(loss)
    return train_step
```

これらを用いて学習をしてみます。下記のように、検証データに対する誤差と予測精度を見ていくことにしましょう。

```
epochs = 300
batch_size = 250

init = tf.global_variables_initializer()
sess = tf.Session()
sess.run(init)

n_batches = N_train // batch_size

for epoch in range(epochs):
    X_, Y_ = shuffle(X_train, Y_train)

    for i in range(n_batches):
        start = i * batch_size
        end = start + batch_size

        sess.run(train_step, feed_dict={
            x: X_[start:end],
            t: Y_[start:end]
        })

    val_loss = loss.eval(session=sess, feed_dict={
        x: X_validation,
        t: Y_validation
    })
    val_acc = accuracy.eval(session=sess, feed_dict={
        x: X_validation,
        t: Y_validation
    })

    history['val_loss'].append(val_loss)
    history['val_acc'].append(val_acc)

    print('epoch:', epoch,
          ' validation loss:', val_loss,
          ' validation accuracy:', val_acc)

    if early_stopping.validate(val_loss):
        break
```

この結果、検証データに対して**図 6.5** のような予測精度と誤差の推移が得られ、適切に学習できていることが分かります。「画像を時系列データとして見る」が画像分析の手法として最適であるとは限りませんが、1つのアプローチとして頭にとどめておくとよいかもしれません[2]。

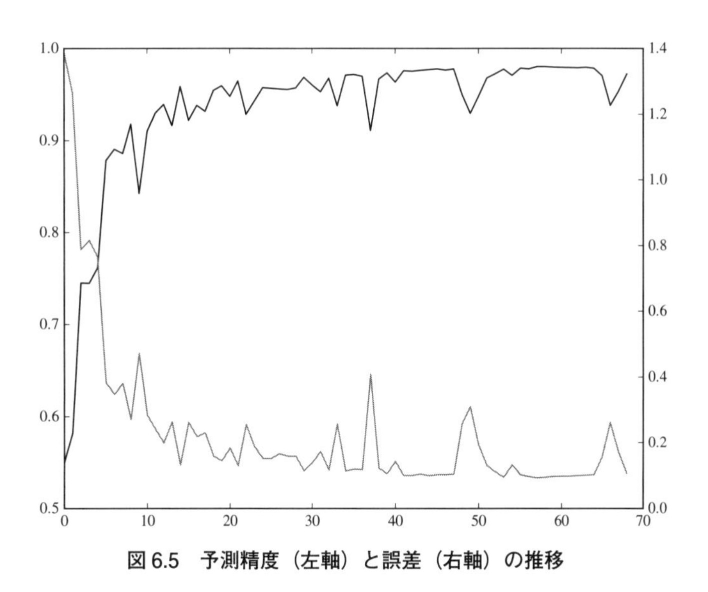

図 6.5　予測精度（左軸）と誤差（右軸）の推移

6.1.3.3 ● Keras による実装

Keras では、`keras.layers.wrappers` において `Bidirectional()` が API として提供されています。これを用いると、モデル設定部分の実装は下記のようになります。

```
from keras.layers.wrappers import Bidirectional

model = Sequential()
model.add(Bidirectional(LSTM(n_hidden),
                        input_shape=(n_time, n_in)))
model.add(Dense(n_out, init=weight_variable))
model.add(Activation('softmax'))

model.compile(loss='categorical_crossentropy',
              optimizer=Adam(lr=0.001, beta_1=0.9, beta_2=0.999),
              metrics=['accuracy'])
```

このように Keras では `Bidirectional(LSTM())` とするだけで BiRNN に対応できるので、実装はシンプルにまとまります。

▶2　本書では扱っていませんが、画像分析に対しては**畳み込みニューラルネットワーク（convolutional neural networks）**が用いられるのが一般です。

6.2 RNN Encoder-Decoder

6.2.1 Sequence-to-Sequence モデル

時系列データを扱う場合、その順序が重要な意味を持ちます。一連の時系列データの並びのことを**シーケンス** (sequence) と呼びますが、リカレントニューラルネットワークはシーケンスを入力として扱うことができるモデルであるものの、これまで見てきた例では、モデルの出力はシーケンスにはなっていませんでした。例えば**第 5 章**では sin 波を一定の時間長にわたり生成しましたが、これは厳密には $t+1$ の予測の繰り返しでしかなく、出力はシーケンスになっているとは言えません。シーケンスどうしがセットになってはじめて意味を持つものを学習する場合には、別途モデルを考える必要があります。こうしたデータの代表例として、質問の受け答え文や、英語 → 仏語の翻訳文などが挙げられます。入力も出力もシーケンスになっているモデルを **Sequence-to-Sequence モデル** (sequence-to-sequence models) と呼び、ニューラルネットワーク以外でも研究が進められてきた分野です。まさしく "sequence" をどう処理するのかが課題となります。

リカレントニューラルネットワークを応用すると、この Sequence-to-Sequence モデルを構築することができます。その手法は **RNN Encoder-Decoder** と呼ばれ、文献 [1] や [2] が有名です。モデルの概要を把握するために、**図 6.6** を見てみましょう。この図では、入力が "A", "B", "C", "<EOS>" というシーケンスとなっており、出力が "W", "X", "Y", "Z", "<EOS>" というシーケンスになっています。入出力に含まれる <EOS> は "end-of-sequence" の略で、その名のとおりシーケンスの区切りを表すためのものになります。

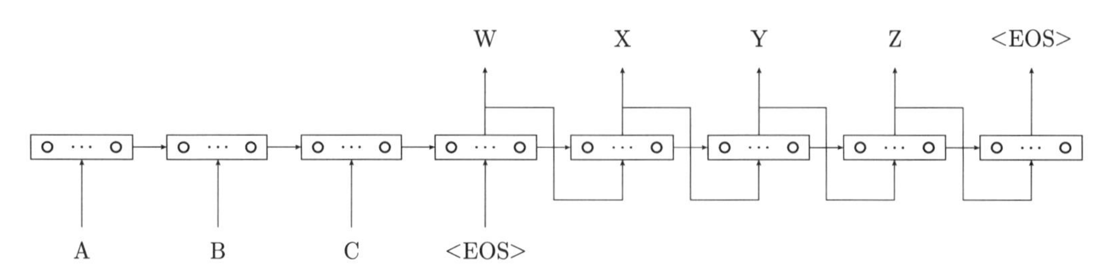

図 6.6　RNN Encoder-Decoder の概要図

RNN "Encoder-Decoder" という手法名にも表されているように、モデルは大きく**エンコーダ** (encoder) と**デコーダ** (decoder) の 2 つのリカレントニューラルネットワークが組み合わさってできたもので、エンコーダが入力データを、デコーダが出力データをそれぞれ処理します。すなわち、**図 6.6** において "ABC <EOS>" を受け取っているのがエンコーダ、"WXYZ <EOS>" を出力しているのがデコーダになります。デコーダは自身の出力を次のステップで入力として受け取っている点に注意してください。

モデルを一般化して考えてみましょう。入力のシーケンスを $(\boldsymbol{x}(1), \ldots, \boldsymbol{x}(T))$、出力のシーケンスを $(\boldsymbol{y}(1), \ldots, \boldsymbol{y}(T'))$ とします。入力と出力のシーケンス長が同じであるとは限らないので、$T = T'$ でない場合があることに注意してください。このとき、求めたい値は条件付き確率 $p(\boldsymbol{y}(1), \ldots, \boldsymbol{y}(T') \mid \boldsymbol{x}(1), \ldots, \boldsymbol{x}(T))$ となります。まず入力のシーケンスが順番にエンコーダに与えられますが、エンコーダは特別なところはないため、通常のリカレントニューラルネットワーク同様、隠れ層は

$$\boldsymbol{h}_{enc}(t) = f(\boldsymbol{h}_{enc}(t-1), \boldsymbol{x}(t)) \tag{6.5}$$

で表されます。ここで、$f(\cdot)$ は単純なモデルではシグモイド関数になりますが、LSTM や GRU（に相当する関数）を表すのが一般です。この隠れ層が最後の入力を受け取ったとき、入力データの時系列情報がそこに集約されることになるので、シーケンスであった入力 $(\boldsymbol{x}(1), \ldots, \boldsymbol{x}(T))$ は、エンコーダにより 1 つの固定長のベクトル $\boldsymbol{c}$ に集約されることになります。

一方、デコーダは直前の出力を受け取るため、入力がシーケンスという意味ではエンコーダと同じですが、エンコーダによって得られた $\boldsymbol{c}$ がデコーダの隠れ層の初期状態となるため、隠れ層を表す式は下記のようになります。

$$\boldsymbol{h}_{dec}(t) = f(\boldsymbol{h}_{dec}(t-1), \boldsymbol{y}(t-1), \boldsymbol{c}) \tag{6.6}$$

これにより、モデル全体の出力は

$$p(\boldsymbol{y}(t) \mid \boldsymbol{y}(1), \ldots, \boldsymbol{y}(t-1), \boldsymbol{c}) = g(\boldsymbol{h}_{dec}(t), \boldsymbol{y}(t-1), \boldsymbol{c}) \tag{6.7}$$

で表されます。ここで、$g(\cdot)$ は確率を出力する関数なので、一般的にはソフトマックス関数になるはずです。よって、入力シーケンスが与えられたときの出力シーケンスが得られる確率は、

$$p(\boldsymbol{y}(1), \ldots, \boldsymbol{y}(T') \mid \boldsymbol{x}(1), \ldots, \boldsymbol{x}(T)) = \prod_{t=1}^{T'} p(\boldsymbol{y}(t) \mid \boldsymbol{y}(1), \ldots, \boldsymbol{y}(t-1), \boldsymbol{c}) \tag{6.8}$$

となります。

以上より、N 個の入出力のシーケンスがデータセットとしてあるとき、各データを $\mathbf{x}_n := (\boldsymbol{x}_n(1), \ldots, \boldsymbol{x}_n(T))$ および $\mathbf{y}_n := (\boldsymbol{y}_n(1), \ldots, \boldsymbol{y}_n(T'))$ で表したとすると、モデルのパラメータ群 θ に対して、最適化すべき式は

6

$$L_\theta := \max_\theta \frac{1}{N} \sum_{n=1}^{N} \log p_\theta(\mathbf{y}_n \mid \mathbf{x}_n) \tag{6.9}$$

で与えられることになります。対数をとっているのは、式(6.8)を見て分かるとおり、確率の積を和の形にするためです。これまで見てきたニューラルネットワークのモデルとは異なる式の形をしていますが、あくまでも各出力はソフトマックス関数で表されるため、交差エントロピー誤差関数を考えればよいことになります。

6.2.2 簡単なQ&A問題

6.2.2.1 ●問題設定 - 足し算の学習

Sequence-to-Sequenceモデルはその性質上、入出力が文章である問題によく応用されます。例えば、何か質問をされて答える、というのは入力（質問）も出力（回答）も文章です。人間の質問に対して機械がそれに答えるという、チャットボットのようなアプリケーション・インターフェイスを考える場合、いかに自然な回答を機械ができるようにするかを考えなければなりません。こうした、機械に人間の言葉を処理させようという試みは**自然言語処理（natural language processing）**と呼ばれており、長年にわたり、ニューラルネットワークだけでなく多くの手法が提案されてきた大きな研究分野の１つです。

ここでは、質問の受け答えの一番単純な例として、「足し算を答える」モデルを考えてみます▶3。下記が受け答えの一例です。

```
Q:    24+654
A:    678
```

入力が"24+654"というシーケンス、出力が"678"というシーケンスになります。もちろん、プログラムならばあらかじめ数字や"+"の処理は情報として与えられているので答えは正確に返すことができます。しかし今回は、機械には数字や記号に対してどういった処理をすべきなのかが事前情報としてまったく与えられていない状態で足し算問題に答えることができるかどうかを学習するので、もし未知の数字の組み合わせの問題に答えることができたとすると、それは機械が数字や記号の意味を理解した、ということになります。数字の桁数に制約はないのですが、簡単のために最大3桁どうしの足し算（"+"を含め文字の長さは最大7）の問題を扱うことにします。

▶3　このいわゆるトイ・プロブレム的な問題は、文献[3]の評価実験で詳しい考察が行われています。

6.2.2.2 ●データの準備

実装について見ていきましょう。まず（最大）3桁の数字を生成する関数は、下記のとおり定義できます。

```
def n(digits=3):
    number = ''
    for i in range(np.random.randint(1, digits + 1)):
        number += np.random.choice(list('0123456789'))
    return int(number)
```

単純に足し算の問題文をこの n() を用いて生成するには

```
a, b = n(), n()
question = '{}+{}'.format(a, b)  # 例: 12+345
```

と書けばよいのですが、自然言語処理のモデルを考える場合、少し工夫が必要です。ここでは、具体的に下記の2つの処理を行います。

- one-hot エンコーディング
- パディング (padding)

前者はいわゆる文字列を 1-of-K 表現に変換することを指します。ニューラルネットワークではデータはすべて数字で処理する必要があるため、文字もすべて数字化しなければなりません。今回の問題では扱う文字ももともと数字であるものがほとんどですが、"+" が文字である以上、そして他の文字列を扱うときの拡張性も考えて、すべての文字を 1-of-K 表現によりベクトル化します。下記が文字のベクトル化の例です。

$$\text{“1”} \rightarrow (1\,0\,0 \cdots 0)^T$$

$$\text{“2”} \rightarrow (0\,1\,0 \cdots 0)^T$$

ベクトルの次元は学習に用いる文字の種類数になるのですが、そのまま0～9までの数字および "+" の11文字になるのではなく、空白 "␣" も含めた12文字を扱うことになります。この空白文字を用いるのが後者のパディングです。

理論的には RNN Encoder-Decoder は可変長の入力および出力を扱うことができるのですが、実装を考えた場合、可変長のベクトル（配列）を扱っていくのは処理が煩雑になってしまいます。そこで、各ベクトルの長さを擬似的に揃えるために、文字の「穴埋め」を行った上でモデルの入出力に用いるという処理を行います。例えば今回の問題では、"123+456" といった3桁どうしの足し算ならば問題ないのですが、"12+34" といった場合には、"12+34␣␣" と、最後に空白を2文字付け加え▶4、最大の文字長7に合わせた上で1-of-K表現に変換します。同様に、出力は500+500以上は文字長が4になるので、これに合わせることになります。パディングは、実装では下記のような関数で表すことができます。

```
def padding(chars, maxlen):
    return chars + ' ' * (maxlen - len(chars))
```

これを用いると、先ほどの question は

```
input_digits = digits * 2 + 1

question = '{}+{}'.format(a, b)
question = padding(question, input_digits)
```

で表されることになります。また、質問と答えのペアを生成する全体のコードは下記となります。

```
digits = 3  # 最大の桁数
input_digits = digits * 2 + 1  # 例: 123+456
output_digits = digits + 1  # 500+500 = 1000 以上で4桁になる

added = set()
questions = []
answers = []

while len(questions) < N:
    a, b = n(), n()  # 適当な数を2つ生成

    pair = tuple(sorted((a, b)))
    if pair in added:
        continue

    question = '{}+{}'.format(a, b)
    question = padding(question, input_digits)  # 足りない桁を穴埋め
    answer = str(a + b)
    answer = padding(answer, output_digits)  # 足りない桁を穴埋め

    added.add(pair)
    questions.append(question)
```

▶4　ここでは文字列の最後に空白文字を付け加えていますが、文字列の最初に空白文字を付け加える場合もあります。

```
    answers.append(answer)
```

今回は全データ数 N を 20,000 としています。これらに対し、one-hot エンコーディングを行う必要があります。まずは各文字がベクトルのどの次元に対応するのかを定義しておきます。

```
chars = '0123456789+ '
char_indices = dict((c, i) for i, c in enumerate(chars))
indices_char = dict((i, c) for i, c in enumerate(chars))
```

char_indices が文字からベクトルの次元、indices_char がベクトルの次元から文字への対応をそれぞれ表しています。これを用いると、実際にモデルに与えるデータは、

```
X = np.zeros((len(questions), input_digits, len(chars)), dtype=np.integer)
Y = np.zeros((len(questions), digits + 1, len(chars)), dtype=np.integer)

for i in range(N):
    for t, char in enumerate(questions[i]):
        X[i, t, char_indices[char]] = 1
    for t, char in enumerate(answers[i]):
        Y[i, t, char_indices[char]] = 1

X_train, X_validation, Y_train, Y_validation = \
    train_test_split(X, Y, train_size=N_train)
```

と定義できます。

6

6.2.2.3 ● TensorFlow による実装

具体的に RNN Encoder-Decoder の実装について考えていきましょう。まずは inference() の中身についてです。エンコーダもデコーダも、今回はともに LSTM を用いることにします。すると、エンコーダは通常の LSTM の実装と変わらないので、

```
def inference(x, n_batch, input_digits=None, n_hidden=None):
    # Encoder
    encoder = rnn.BasicLSTMCell(n_hidden, forget_bias=1.0)
    state = encoder.zero_state(n_batch, tf.float32)
    encoder_outputs = []
    encoder_states = []

    with tf.variable_scope('Encoder'):
        for t in range(input_digits):
            if t > 0:
```

```
            tf.get_variable_scope().reuse_variables()
        (output, state) = encoder(x[:, t, :], state)
        encoder_outputs.append(output)
        encoder_states.append(state)
```

と表すことができます。これに対し、デコーダはLSTMの初期状態がエンコーダの最後の状態となるので、まず

```
def inference(x, y, n_batch, input_digits=None, n_hidden=None):
    # Encoder
    # ...
    # Decoder
    decoder = rnn.BasicLSTMCell(n_hidden, forget_bias=1.0)
    state = encoder_states[-1]
    decoder_outputs = [encoder_outputs[-1]]
```

と定義できます。また、デコーダへの入力は直前のステップの出力なので、各ステップの状態は下記のように表すことができます。

```
def inference(x, y, n_batch,
              input_digits=None, output_digits=None, n_hidden=None):
    # ...
    with tf.variable_scope('Decoder'):
        for t in range(1, output_digits):
            if t > 1:
                tf.get_variable_scope().reuse_variables()
            (output, state) = decoder(y[:, t-1, :], state)
            decoder_outputs.append(output)
```

これにより、decoder_outputs が各ステップにおけるLSTMからの出力を保持していることになるので、モデルの出力シーケンスを得るには、この decoder_outputs 内のそれぞれの要素に対して活性化処理を行う必要があります。最終的なモデルの出力は下記のとおりです。

```
def inference(x, y, n_batch,
              input_digits=None, output_digits=None,
              n_hidden=None, n_out=None):
    # ...
    V = weight_variable([n_hidden, n_out])
    c = bias_variable([n_out])

    output = tf.reshape(tf.concat(decoder_outputs, axis=1),
                        [-1, output_digits, n_hidden])
```

```
    linear = tf.einsum('ijk,kl->ijl', output, V) + c
    return tf.nn.softmax(linear)
```

output = tf.reshape(...) の部分は、decoder_outputs を (データ数, シーケンス長, 隠れ層の次元数) に合わせるための処理です。tf.einsum() はどの要素に対して tf.matmul() を行うかを指定できるものです▶5。output がこれまで見てきたモデルのように (データ数, 隠れ層の次元数) の形をしていれば tf.matmul() を用いればよいのですが、今回は3階のテンソルとの積を考えなければなりません。そこで、tf.einsum('ijk,kl->ijl') によって、j の場所にあたるシーケンス長のところを残して計算するという指定をしています▶6。これが線形活性の処理となるので、最後に tf.nn.softmax() を行えば、モデルの出力のシーケンス予測が得られます。

loss() や training() はこれまでと同じで、

```
def loss(y, t):
    cross_entropy = \
        tf.reduce_mean(-tf.reduce_sum(
                       t * tf.log(tf.clip_by_value(y, 1e-10, 1.0)),
                       reduction_indices=[1]))
    return cross_entropy


def training(loss):
    optimizer = \
        tf.train.AdamOptimizer(learning_rate=0.001, beta1=0.9, beta2=0.999)
    train_step = optimizer.minimize(loss)
    return train_step
```

となります。accuracy() については少し注意が必要で、これまでは

```
def accuracy(y, t):
    correct_prediction = tf.equal(tf.argmax(y, 1), tf.argmax(t, 1))
    accuracy = tf.reduce_mean(tf.cast(correct_prediction, tf.float32))
    return accuracy
```

でしたが、今回は y も t もシーケンス長の次元が追加されたので、tf.argmax() のところを

▶5 厳密には、tf.einsum() は**アインシュタインの縮約記法** (Einstein summation convention) を表したもので、tf.matmul() だけでなく、転置 tf.transpose() や対角成分の和 tf.trace() など、さまざまなテンソルの演算表現が可能です。

▶6 tf.matmul() はブロードキャストが行われるため、実はここでは tf.matmul(output, V) + c としても同じ結果が得られます。ただし、3階以上のテンソル計算では tf.einsum() を用いるほうが実装と式の対応が分かりやすくなるため、tf.einsum() による実装をしています。

6

```
correct_prediction = tf.equal(tf.argmax(y, -1), tf.argmax(t, -1))
```

というように、axis を変える必要があります。

以上により、これまでどおり

```
n_in = len(chars)  # 12
n_hidden = 128
n_out = len(chars)  # 12

x = tf.placeholder(tf.float32, shape=[None, input_digits, n_in])
t = tf.placeholder(tf.float32, shape=[None, output_digits, n_out])
n_batch = tf.placeholder(tf.int32)

y = inference(x, t, n_batch,
              input_digits=input_digits,
              output_digits=output_digits,
              n_hidden=n_hidden, n_out=n_out)
loss = loss(y, t)
train_step = training(loss)

acc = accuracy(y, t)
```

とそれぞれ定義した上で、

```
for epoch in range(epochs):
    X_, Y_ = shuffle(X_train, Y_train)

    for i in range(n_batches):
        start = i * batch_size
        end = start + batch_size

        sess.run(train_step, feed_dict={
            x: X_[start:end],
            t: Y_[start:end],
            n_batch: batch_size
        })
```

とすれば学習は進むのですが、実際に検証データで予測精度を測りたい、あるいは未知のデータを用いて予測をしたい場合、このままだと困ったことになります。デコーダの各ステップにおける出力を求める処理は

```
(output, state) = decoder(y[:, t-1, :], state)
```

と記述していますが、この y[:, t-1, :] は正解データの一部を用いていることになるので、検証データや未知のデータに対しては純粋なモデルの出力を代わりに用いる必要があります。すなわち、学習以外では、

```
linear = tf.matmul(decoder_outputs[-1], V) + c
out = tf.nn.softmax(linear)
out = tf.one_hot(tf.argmax(out, -1), depth=output_digits)

(output, state) = decoder(out, state)
```

という処理を行うことになります。よって、デコーダの処理は下記のように表されます。

```
def inference(x, y, n_batch, is_training,
              input_digits=None, output_digits=None,
              n_hidden=None, n_out=None):
    # ...
    # Decoder
    decoder = rnn.BasicLSTMCell(n_hidden, forget_bias=1.0)
    state = encoder_states[-1]
    decoder_outputs = [encoder_outputs[-1]]

    # 出力層の重みとバイアスを事前に定義
    V = weight_variable([n_hidden, n_out])
    c = bias_variable([n_out])
    outputs = []

    with tf.variable_scope('Decoder'):
        for t in range(1, output_digits):
            if t > 1:
                tf.get_variable_scope().reuse_variables()

            if is_training is True:
                (output, state) = decoder(y[:, t-1, :], state)
            else:
                # 直前の出力を入力に用いる
                linear = tf.matmul(decoder_outputs[-1], V) + c
                out = tf.nn.softmax(linear)
                outputs.append(out)
                out = tf.one_hot(tf.argmax(out, -1), depth=output_digits)
                (output, state) = decoder(out, state)

            decoder_outputs.append(output)
```

また、モデル全体の出力を表す実装はそのままでも問題ないのですが、学習以外ではすでに各ステップでソフトマックス関数の計算を行っているので、ここも

6

```
def inference(x, y, n_batch, is_training,
              input_digits=None, output_digits=None,
              n_hidden=None, n_out=None):
    # ...
    if is_training is True:
        output = tf.reshape(tf.concat(decoder_outputs, axis=1),
                            [-1, output_digits, n_hidden])

        linear = tf.einsum('ijk,kl->ijl', output, V) + c
        return tf.nn.softmax(linear)
    else:
        # 最後の出力を求める
        linear = tf.matmul(decoder_outputs[-1], V) + c
        out = tf.nn.softmax(linear)
        outputs.append(out)

        output = tf.reshape(tf.concat(outputs, axis=1),
                            [-1, output_digits, n_out])
        return output
```

と分岐させておくと、二重に計算するのを避けることができます。これで学習以外も考慮したモデルの実装ができました▶7。

よって、最終的にモデルの設定は、

```
x = tf.placeholder(tf.float32, shape=[None, input_digits, n_in])
t = tf.placeholder(tf.float32, shape=[None, output_digits, n_out])
n_batch = tf.placeholder(tf.int32)
is_training = tf.placeholder(tf.bool)

y = inference(x, t, n_batch, is_training,
              input_digits=input_digits,
              output_digits=output_digits,
              n_hidden=n_hidden, n_out=n_out)
# ...
```

と表されることになり、モデルの学習は、

```
for epoch in range(epochs):
    X_, Y_ = shuffle(X_train, Y_train)

    for i in range(n_batches):
```

▶7 TensorFlow では、バージョン 1.0 では `tf.contrib.legacy_seq2seq()` として API が提供されていますが、"legacy" と名前に付いているように、これは 1.1 では廃止される予定なので、ここでは用いていません。

```
        start = i * batch_size
        end = start + batch_size

        sess.run(train_step, feed_dict={
            x: X_[start:end],
            t: Y_[start:end],
            n_batch: batch_size,
            is_training: True
        })

    val_loss = loss.eval(session=sess, feed_dict={
        x: X_validation,
        t: Y_validation,
        n_batch: N_validation,
        is_training: False
    })
    val_acc = acc.eval(session=sess, feed_dict={
        x: X_validation,
        t: Y_validation,
        n_batch: N_validation,
        is_training: False
    })
```

となります。val_loss や val_acc において Y_validation を与えていますが、これはあくまでも loss() および accuracy() 内の計算で必要なだけであり、inference() では用いられないことに注意してください。以上より、実際に学習・予測を行ってみると、**図 6.7** のような結果が得られ、各文字の意味を学びとれていることが分かります。

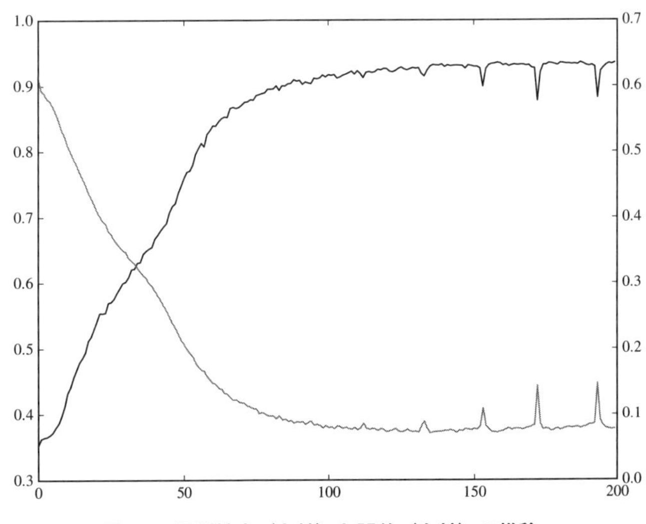

図 6.7 予測精度（左軸）と誤差（右軸）の推移

試しに、各エポックで、検証データからランダムに10問をピックアップして、Q&A形式で出力してみます。出力用のコードは下記になります。

```
for epoch in range(epochs):
    # 学習のコード
    # ...
    # 検証データからランダムに問題を選んで答え合わせ
    for i in range(10):
        index = np.random.randint(0, N_validation)
        question = X_validation[np.array([index])]
        answer = Y_validation[np.array([index])]
        prediction = y.eval(session=sess, feed_dict={
            x: question,
            # t: answer,
            n_batch: 1,
            is_training: False
        })
        question = question.argmax(axis=-1)
        answer = answer.argmax(axis=-1)
        prediction = np.argmax(prediction, -1)

        q = ''.join(indices_char[i] for i in question[0])
        a = ''.join(indices_char[i] for i in answer[0])
        p = ''.join(indices_char[i] for i in prediction[0])

        print('-' * 10)
        print('Q:  ', q)
        print('A:  ', p)
        print('T/F:', end=' ')
        if a == p:
            print('T')
        else:
            print('F')
```

すると、最初の50エポックほどではまだまだ正答率は低く、誤りが目立ちます。

```
----------
Q:   1+773
A:   774
T/F: T
----------
Q:   430+16
A:   457
T/F: F
----------
Q:   8+665
```

```
A:   663
T/F: F
----------
Q:   6+944
A:   950
T/F: T
----------
Q:   34+13
A:   57
T/F: F
----------
Q:   70+75
A:   144
T/F: F
----------
Q:   952+966
A:   1849
T/F: F
----------
Q:   0+2
A:   2
T/F: T
----------
Q:   945+0
A:   946
T/F: F
----------
Q:   3+606
A:   609
T/F: T
----------
```

一方、エポック数が200になると、ほとんど間違えることなく足し算の計算を行えていることが確認できます。

```
----------
Q:   871+1
A:   872
T/F: T
----------
Q:   91+323
A:   414
T/F: T
----------
Q:   891+51
A:   952
```

```
T/F: F
----------
Q:   52+354
A:   406
T/F: T
----------
Q:   9+276
A:   285
T/F: T
----------
Q:   640+74
A:   714
T/F: T
----------
Q:   592+7
A:   599
T/F: T
----------
Q:   6+820
A:   826
T/F: T
----------
Q:   35+90
A:   125
T/F: T
----------
Q:   24+654
A:   678
T/F: T
----------
```

6.2.2.4 Kerasによる実装

TensorFlowでは is_training を用いて学習かテスト（検証）かによって処理を分けていましたが、Kerasではこれまでと同じような記述でRNN Encoder-Decoderを実装できます▶8。モデルの設定を見てみましょう。

```
model = Sequential()

# Encoder
model.add(LSTM(n_hidden, input_shape=(input_digits, n_in)))
```

▶8 同様の実装例がKerasのGitHubリポジトリにまとめられているので、こちらも参考にしてください。
https://github.com/fchollet/keras/blob/master/examples/addition_rnn.py

```
# Decoder
model.add(RepeatVector(output_digits))
model.add(LSTM(n_hidden, return_sequences=True))

model.add(TimeDistributed(Dense(n_out)))
model.add(Activation('softmax'))
model.compile(loss='categorical_crossentropy',
              optimizer=Adam(lr=0.001, beta_1=0.9, beta_2=0.999),
              metrics=['accuracy'])
```

記述はこれだけです。ただし、事前に

```
from keras.layers.core import RepeatVector
from keras.layers.wrappers import TimeDistributed
```

のように `RepeatVector` および `TimeDistributed` をインポートしておく必要があります。`RepeatVector(output_digits)` は、出力の最大シーケンス長分だけ入力を繰り返す処理を行い、`TimeDistributed(Dense(n_out))` は時系列に沿って層を結合する処理を担っています。TensorFlow では出力のシーケンスを実現するのに `tf.concat()` や `tf.einsum()` などを用いて処理しましたが、Keras ではこれらを使うことで、シーケンスであることをほぼ意識することなく他の層も定義できます▶9。

6

6.3 Attention

6.3.1 時間の重み

6.2 節で考えた RNN Encoder-Decoder は一定の性能を誇るモデルであるものの、よくよく考えると、不要な処理を行っている点があります。**図 6.6** を見ても分かるように、入力シーケンスが持つ「文脈」情報は、エンコーダとデコーダの境界部分である（固定長の）ベクトル $\boldsymbol{c}$ にすべて集約されていることになります。しかし、本来は各時刻によって過去のどの時刻を重視すべきなのかは異なるはずなので、入力シーケンスがもつ情報をこの 1 つのベクトルに集約する必然性はまったくありません。時間の重みを考慮し、各時刻によって動的に変わるベクトルを考えることができれば、よりよいモデルが得られるはずです。

▶9　厳密には理論部分で考えたモデルと今回の Keras の実装とではモデルの形が異なります。例えば Keras では、各ステップにおけるエンコーダの出力がデコーダの入力に与えられていることになります。ただしこれはモデルの構成を考えると、伝播の仕方は変わるものの、学習の進み方には影響が出ないことが分かるでしょう。

こうした考えをもとに用いられるようになったのが Attention という仕組みです。もともとは文献 [4] にて RNN Encoder-Decoder の改良版として提案された手法ですが▶10、その後も「時間の重みを考慮する」という土台は共通しつつも、いくつか異なるモデルが生み出され、RNN Encoder-Decoder 以外にも応用されています。ここではまず、文献 [4] のモデルについて見てみましょう。図 6.8 がモデルの概要図になります。

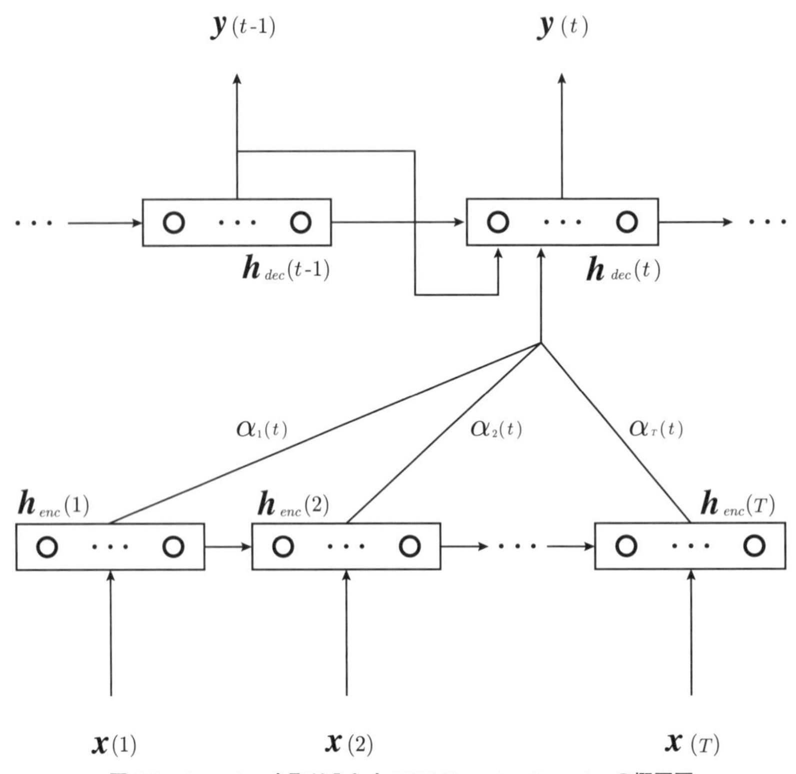

図 6.8 Attention を取り入れた RNN Encoder-Decoder の概要図

入力シーケンスを受け取るエンコーダはこれまでと同じ構造をしていますが▶11、デコーダが各時刻でエンコーダの出力を受け取るように変わっています。これを式で考えると、もともと、デコーダは式 (6.6) で見たとおり、

$$\boldsymbol{h}_{dec}(t) = f(\boldsymbol{h}_{dec}(t-1), \boldsymbol{y}(t-1), \boldsymbol{c}) \tag{6.10}$$

▶10 文献 [4] では、Attention という言葉は使われていません。

▶11 文献 [4] では、精度を高めるためエンコーダに Bidirectional RNN を用いています。

で表されましたが、Attention ではこの $\boldsymbol{c}$ が時刻 t によって異なるベクトルになる、すなわち $\boldsymbol{c} = \boldsymbol{c}(t)$ になるため、

$$\boldsymbol{h}_{dec}(t) = f(\boldsymbol{h}_{dec}(t-1),\ \boldsymbol{y}(t-1),\ \boldsymbol{c}(t)) \tag{6.11}$$

と表されることになります。この $\boldsymbol{c}(t)$ が時間の重みを考慮している式になっている必要がありますが、シンプルに考えると、これは下記の形になるはずです。

$$\boldsymbol{c}(t) = \sum_{\tau=1}^{T} \alpha_\tau(t) \boldsymbol{h}_{enc}(\tau) \tag{6.12}$$

この $\alpha_\tau(t)$ が各エンコーダの値をどれだけデコーダに伝えるかの割合（= 重み）を表しています。$\alpha_\tau(t)$ は割合を表す、すなわち和が 1 になるので、

$$w_\tau(t) := f(\boldsymbol{h}_{dec}(t-1),\ \boldsymbol{h}_{enc}(\tau)) \tag{6.13}$$

なる $w_\tau(t)$ を用いて、

$$\alpha_\tau(t) = \frac{\exp(w_\tau(t))}{\displaystyle\sum_{\rho=1}^{T} \exp(w_\rho(t))} = \mathrm{softmax}\,(w_\tau(t)) \tag{6.14}$$

と表されることになります。この $w_\tau(t)$ が最適化すべき（正規化する前の）重みを表しており、関数 f の各入力 $\boldsymbol{h}_{dec}(t-1), \boldsymbol{h}_{enc}(\tau)$ および全体にかかる重みをそれぞれ $W_a, U_a, \boldsymbol{v}_a$ とすると、$w_\tau(t)$ を

$$w_\tau(t) = f(\boldsymbol{h}_{dec}(t-1),\ \boldsymbol{h}_{enc}(\tau)) \tag{6.15}$$

$$= \boldsymbol{v}_a^T \tanh\,(W_a\,\boldsymbol{h}_{dec}(t-1) + U_a\,\boldsymbol{h}_{enc}(\tau)) \tag{6.16}$$

とすれば、各式の勾配が計算できるので、これまでどおり確率的勾配降下法が適用できることになります。Attention という名前が付いているものの、あくまでも時間の重みをどうモデルに反映させればよいか、という考えを素直に定式化したにすぎません。

6.3.2 LSTMにおけるAttention

図6.8で表されるモデルでは、ネットワークの層間のつながりを変えることで時間の重みを反映させていますが、では、隠れ層内の各セル内のつながりを変えることで同じような仕組みを作ることはできないでしょうか。例えばある1つのLSTMブロックの出力 $h(t)$ に着目すると、$h(t) = f(h(t-1), x(t))$ と表されますが、この式もよくよく考えると、直前の時刻 $t-1$ にこれまでの時系列情報がすべて集約されているという、RNN Encoder-Decoderと同様の形になっていることが分かります。セル自体が時間の重みを考慮できるようにすれば、さまざまなモデルにAttentionを組み込むことができるはずです。実はこれもネットワークの層間のAttentionを考えたときと同様のアプローチで実現することができ、例えば文献**[5]**では、(覗き穴結合のない)LSTMにAttentionを導入したモデルを提案しています。従来のLSTMからどこを変えればよいのかを見ていくことにしましょう。

第5章で考えたとおり、時刻 t におけるLSTMの入力ゲート・出力ゲート・忘却ゲートおよび入力を活性化した値をそれぞれ $\boldsymbol{i}(t), \boldsymbol{o}(t), \boldsymbol{f}(t), \boldsymbol{a}(t)$ とおくと、それぞれをまとめた式は(簡略化して書くと)下記のようになり、

$$\begin{pmatrix} \boldsymbol{i}(t) \\ \boldsymbol{o}(t) \\ \boldsymbol{f}(t) \\ \boldsymbol{a}(t) \end{pmatrix} = \begin{bmatrix} \sigma \\ \sigma \\ \sigma \\ \tanh \end{bmatrix} \cdot \begin{pmatrix} W_i & U_i & \boldsymbol{b}_i \\ W_o & U_o & \boldsymbol{b}_o \\ W_f & U_f & \boldsymbol{b}_f \\ W_a & U_a & \boldsymbol{b}_a \end{pmatrix} \begin{pmatrix} \boldsymbol{x}(t) \\ \boldsymbol{h}(t-1) \\ 1 \end{pmatrix} \tag{6.17}$$

また、CECの値 $\boldsymbol{c}(t)$ はこれらを用いて

$$\boldsymbol{c}(t) = \boldsymbol{i}(t) \odot \boldsymbol{a}(t) + \boldsymbol{f}(t) \odot \boldsymbol{c}(t-1) \tag{6.18}$$

と表されました。この式(6.17)および(6.18)に含まれる $\boldsymbol{h}(t-1), \boldsymbol{c}(t-1)$ をそれぞれ時間の重みを考慮した項 $\tilde{\boldsymbol{h}}(t), \tilde{\boldsymbol{c}}(t)$ に変えることになります。これを実現するには、式(6.12)と同様に考えて素直に重み付けをすると、

$$\begin{pmatrix} \tilde{\boldsymbol{h}}(t) \\ \tilde{\boldsymbol{c}}(t) \end{pmatrix} = \sum_{\tau=1}^{t-1} \alpha_\tau(t) \begin{pmatrix} \boldsymbol{h}(\tau) \\ \boldsymbol{c}(\tau) \end{pmatrix} \tag{6.19}$$

なる過去の時間 τ に対する重みの割合を表す $\alpha_\tau(t)$ を導入すればよいでしょう。ただし、この $\alpha_\tau(t)$ は式(6.14)同様、

$$\alpha_\tau(t) = \mathrm{softmax}\left(w_\tau(t)\right) \tag{6.20}$$

という形で表されます。一方、$w_\tau(t)$ は、今回は $\boldsymbol{x}(t), \tilde{\boldsymbol{h}}(t-1), \boldsymbol{h}(\tau)$ の 3 つの値に依存するので、

$$w_\tau(t) \;:=\; g\left(\boldsymbol{x}(t),\ \tilde{\boldsymbol{h}}(t-1),\ \boldsymbol{h}(\tau)\right) \tag{6.21}$$

$$= \boldsymbol{v}^T \tanh\left(W_x\,\boldsymbol{x}(t) + W_{\tilde{h}}\,\tilde{\boldsymbol{h}}(t-1) + W_h\,\boldsymbol{h}(\tau)\right) \tag{6.22}$$

となります。これにより、

$$\begin{pmatrix} \boldsymbol{i}(t) \\ \boldsymbol{o}(t) \\ \boldsymbol{f}(t) \\ \boldsymbol{a}(t) \end{pmatrix} = \begin{bmatrix} \sigma \\ \sigma \\ \sigma \\ \tanh \end{bmatrix} \cdot \begin{pmatrix} W_i & U_i & \boldsymbol{b}_i \\ W_o & U_o & \boldsymbol{b}_o \\ W_f & U_f & \boldsymbol{b}_f \\ W_a & U_a & \boldsymbol{b}_a \end{pmatrix} \begin{pmatrix} \boldsymbol{x}(t) \\ \tilde{\boldsymbol{h}}(t) \\ 1 \end{pmatrix} \tag{6.23}$$

$$\boldsymbol{c}(t) = \boldsymbol{i}(t) \odot \boldsymbol{a}(t) + \boldsymbol{f}(t) \odot \tilde{\boldsymbol{c}}(t) \tag{6.24}$$

とすれば、LSTM に Attention を導入できたことになります。

TensorFlow では、ここで考えた仕組みが `AttentionCellWrapper()` で実装されており、例えば足し算の学習において、エンコーダは

```
encoder = rnn.BasicLSTMCell(n_hidden, forget_bias=1.0)
```

と実装されましたが、これをさらに

```
encoder = rnn.AttentionCellWrapper(encoder,
                                   input_digits,
                                   state_is_tuple=True)
```

というように `AttentionCellWrapper()` で囲うことで Attention に対応させることができます。デコーダについても同様です。

6.4 Memory Networks

6.4.1 記憶の外部化

これまで見てきたLSTMやGRUといったリカレントニューラルネットワークの手法は、いずれもセルの内部に時系列の情報を保持し、その保持された情報をもとに予測を行うモデルでした。しかし、これらの手法はアルゴリズム上(非常に)長期の時間を学習するには莫大な時間がかかってしまい、また過去の情報が1つのベクトルに集約されるために、適切に記憶できないという問題に直面することがありました。Attentionなどの仕組みを導入することによって、過去のどの時間が関係あるのかを学習できるようになりはしたものの、パラメータの数が増えることにより学習にはより多くの時間がかかってしまうため、結局、記憶できる時間長には限界があることに変わりはありません。

この問題を解決するために考えられたのがMemory Networks(以下、MemN)です。リカレントニューラルネットワークは、学習の過程で時間依存性の情報をネットワーク内に保持する、すなわちセルの内部に記憶を保持するという仕組みとなっているため、学習における構造的な問題を抱えていました。一方MemNでは、この記憶を外部に切り出すことによって学習を効率よく行えるようにしています。外部に記憶を持つネットワークは、ほぼ同時期に文献[6]と[7]で最初に提案されました。適用している問題の違いにより若干モデルの形に違いはあるものの、基本的な構造は図6.9のように描くことができます。事前に外部記憶を構築しておき、その記憶に対しての読み書きを適切に行えるようにすれば、どんな入力が与えられても正しく出力ができるはずです。つまり、MemNは外部記憶に対してどのように読み書きをすればよいのかを学習する手法であると言えます。人間も何か物事を考える際は、あらかじめ脳内にある記憶と照らし合わせて解を導いているはずなので、MemNはより人間の脳に近い形になっていると言えるかもしれません。

記憶の読み書きを制御する部分には通常のフィードフォワードのネットワークを用いることができ、リカレントニューラルネットワークに比べ計算量を大幅に減らすことができます。LSTMを用いることで精度の向上につながることが文献[7]で述べられていますが、単純なMemN自体はリカレントニューラルネットワークではないことに注意してください。

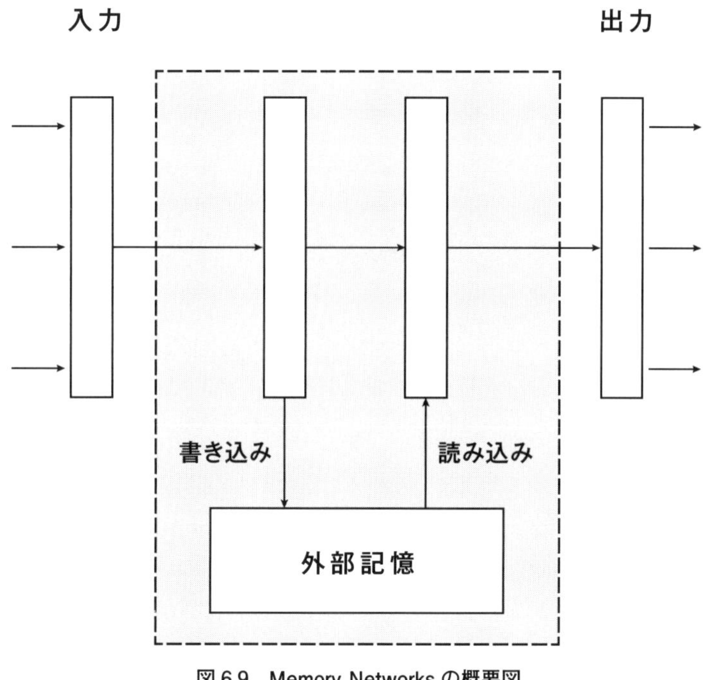

図 6.9 Memory Networks の概要図

6.4.2 Q&A 問題への適用

6.4.2.1 ● bAbi タスク

定式化を行う前に、MemN がどのような問題に対して適用できるのかを把握するため、**bAbi** タスク[12] を考えてみましょう。これは Facebook AI Research が公開しているデータセットで、Q&A を中心としたテキスト形式のデータがまとめられています。足し算の学習では、

```
Q. 123+456
A. 579
```

という 1 問 1 答でしたが、bAbi では、

```
Mary moved to the bathroom.
John went to the hallway.
Q. Where is Mary?
A. bathroom
```

▶ 12 http://fb.ai/babi

というように、いくつかの文章から成り立つストーリーを読んだ上で質問が投げかけられ、それに対して答えるというタスクになっています。上記は最も単純なタスクですが、下記のような長文を読み込むタスクもあります▶13。

```
Sandra travelled to the office.
Sandra went to the bathroom.
Mary went to the bedroom.
Daniel moved to the hallway.
John went to the garden.
John travelled to the office.
Daniel journeyed to the bedroom.
Daniel travelled to the hallway.
John went to the bedroom.
John travelled to the office.
Q. Where is Daniel?
A. hallway
```

もちろん、ストーリーベースの問題でも時系列データであることには変わりないので、通常のLSTMでも学習を行うことはできるはずなのですが、ストーリーが長くなると学習が進みづらくなります。一方、MemNではストーリーが長くなっても効率よく学習を行うことができます。

6.4.2.2 ●モデル化

bAbiタスクに対してどのようにMemNをモデル化すればよいのか、文献[8]で提案されているモデルをベースに考えていきます。モデルの概要は図6.10のとおりです。図6.9と見た目は異なるものの、ストーリーをもとに外部記憶を構築し、質問文と記憶を照らし合わせて出力（回答）を行うという点では、両者は同じ仕組みになっていると言えます。ただし、こちらはストーリーが入力用と出力用の2つの外部記憶に分解されている部分が特徴的であると言えるかもしれません。

▶13 ここで考えているのはいずれも事実が述べられたストーリーから答えを考えるというタスクになっていますが、bAbiではこれ以外にも数をかぞえる問題だったり、推論をする問題だったりと計20のタスクが用意されています。本書で扱っているのはタスク1になります。

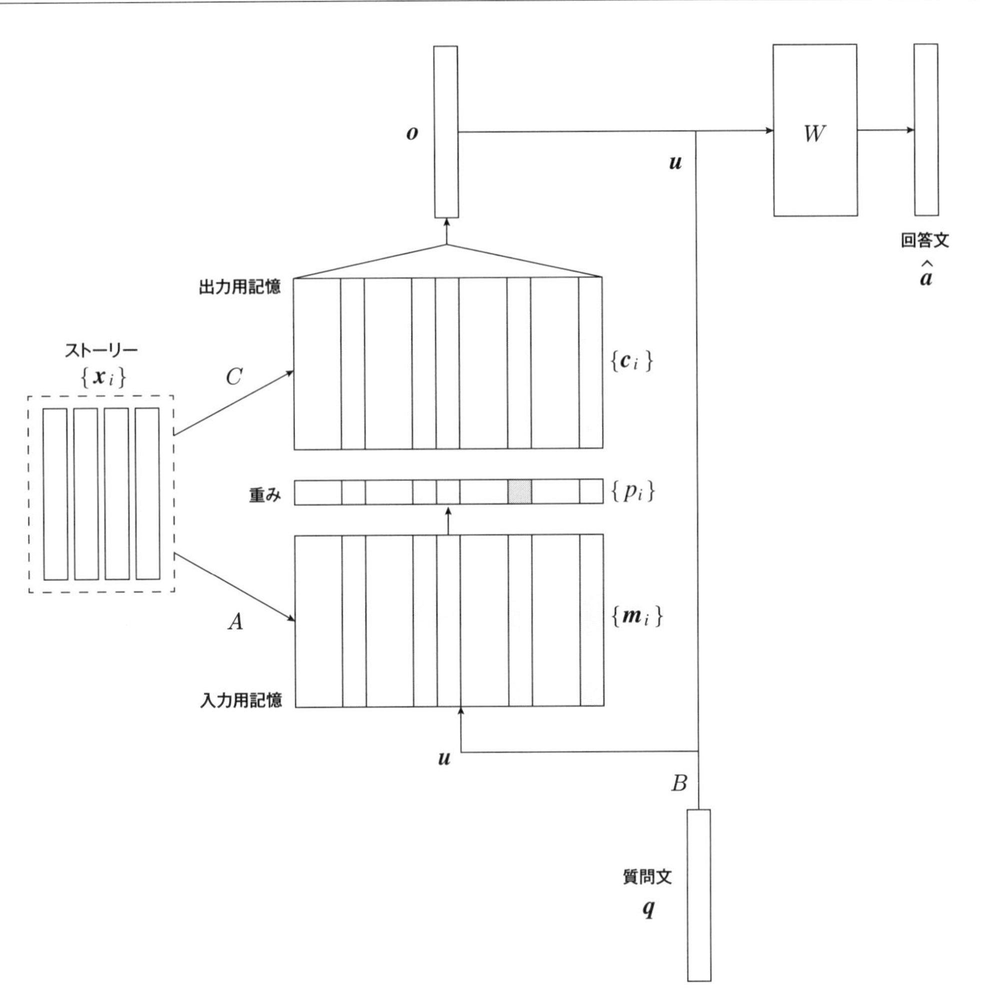

図 6.10 Memory Networks [8] の概要図

詳細について見ていきましょう。まずストーリーを外部記憶に保持する部分ですが、ここではいずれも **Word Embedding** と呼ばれる手法が用いられます。これは記号として単純に処理された(= one-hot エンコーディングされた) 単語ベクトルを、単語の意味を考慮したベクトルに写像することを表します。one-hot エンコーディングでは要素が 1 の成分が隣り合うベクトル間に何の関連もありませんでしたが、各成分が 0, 1 以外の浮動小数点数をとるベクトルへ写像することによって、意味の近い単語は同じような値をとるといった表現が可能になります。Word Embedding を応用した有名な例に **word2vec**[14] がありますが、word2vec を用いると、例えば `vector('パリ') - vector('フランス') + vector('日本') = vector('東京')` というように、単語ベクトル間の

▶ 14 https://code.google.com/archive/p/word2vec/

計算も行えるようになります。最も単純な Word Embedding として考えられる手法は one-hot エンコーディングされたベクトルに対して重み行列を掛け合わることなので、いわゆるニューラルネットワークの層として表現できます。この重みを学習により最適化すればよいことになります。今回のモデルでは、各ストーリー $\boldsymbol{x}_i$ は Word Embedding 用の重み行列 A および C を用いてそれぞれ入力用記憶 $\boldsymbol{m}_i$、出力用記憶 $\boldsymbol{c}_i$ に伝播されます。これにより、ストーリーを記憶としてどのように保持しておけばよいのかが学習を通じて最適化されることになります。

ストーリーに対して Word Embedding を用いたので、入力である質問文 $\boldsymbol{q}$ にも同様に Word Embedding を用いる必要があります。ここで用いる重み行列を B とし、伝播後のベクトルを $\boldsymbol{u}$ とします。すると、この $\boldsymbol{u}$ を入力用の外部記憶 $\{\boldsymbol{m}_i\}$ と照らし合わせれば、該当する記憶が引き出せることになります。各記憶に対する適合度合いは $\boldsymbol{u}^T\boldsymbol{m}_i$ で求められるので、

$$p_i := \mathrm{softmax}\left(\boldsymbol{u}^T\boldsymbol{m}_i\right) \tag{6.25}$$

なる p_i を求めれば、適合度合いを確率で表すことができます。これをさらに出力用の外部記憶 $\{\boldsymbol{c}_i\}$ と照らし合わせることで、記憶からの出力 $\boldsymbol{o}$ を得ることができます。式で表すと

$$\boldsymbol{o} := \sum_i p_i\boldsymbol{c}_i \tag{6.26}$$

となります。ここで得られた $\boldsymbol{o}$ はまだ Embedding 表現のベクトル形式であるため、これを最終的な回答文の形式にするために、下記の式により予測の回答 $\hat{\boldsymbol{a}}$ を求めます。

$$\hat{\boldsymbol{a}} = \mathrm{softmax}\left(W(\boldsymbol{o}+\boldsymbol{u})\right) \tag{6.27}$$

以上がモデル全体の流れとなります。式を見ると、いずれも微分可能であり、式 (6.27) はソフトマックス関数であることより、これまで見てきた手法同様、交差エントロピー誤差関数を用いて確率的勾配降下法が適用できることが分かります。

6.4.3 実装

それでは、**図 6.10** で表されるモデルについて実装を考えてみましょう。Keras では実装例が GitHub で公開されている▶15 ので、この実装例をベースに、データの前処理や TensorFlow での

▶15 https://github.com/fchollet/keras/blob/master/examples/babi_memnn.py

実装方法を見ていくことにします。

6.4.3.1 ●データの準備

bAbi のデータは https://s3.amazonaws.com/text-datasets/babi_tasks_1-20_v1-2.tar.gz にて公開されているので、ここからダウンロードしましょう▶16▶17。ファイルは tar 形式なので、ダウンロードしたパスに対して、

```
import tarfile

tar = tarfile.open(path)
```

と指定し、ファイルオブジェクトを取得します。今回用いるタスク1の訓練データおよびテストデータは

- tasks_1-20_v1-2/en-10k/qa1_single-supporting-fact_train.txt
- tasks_1-20_v1-2/en-10k/qa1_single-supporting-fact_test.txt

に含まれているので、

```
challenge = 'tasks_1-20_v1-2/en-10k/qa1_single-supporting-fact_{}.txt'
train_stories = get_stories(tar.extractfile(challenge.format('train')))
test_stories = get_stories(tar.extractfile(challenge.format('test')))
```

とすると、実装が短くまとまります。ここで定義している get_stories() は、各タスクをストーリー・質問文・回答文の形式にまとめる関数です。もともとのファイルの中身は、下記のように一連のストーリーの随所に質問文が差し込まれている形式となっていますが、

```
[b'1 Mary moved to the bathroom.\n',
b'2 John went to the hallway.\n',
b'3 Where is Mary? \tbathroom\t1\n',
b'4 Daniel went back to the hallway.\n',
b'5 Sandra moved to the garden.\n',
b'6 Where is Daniel? \thallway\t4\n', ...]
```

▶16 あるいは http://www.thespermwhale.com/jaseweston/babi/tasks_1-20_v1-2.tar.gz からもダウンロードできます。

▶17 実装の詳細はここでは省略しますが、utils.data に get_file() という関数を実装しています。これを使うと、ダウンロードまでを自動で行ってくれます。Keras では
`from keras.utils.data_utils import get_file`
で同様の API が提供されています。

get_stories() を通すことにより、1つの質問文に1つのストーリーが対応する形式に整えます。また同時に、足し算の学習で問題文を1文字ずつ分解して考えたように、ここでは文章を単語ごとに分割して保持するようにしています。

```
[(['Mary', 'moved', 'to', 'the', 'bathroom', '.',
'John', 'went', 'to', 'the', 'hallway', '.'],
['Where', 'is', 'Mary', '?'], 'bathroom'),
(['Mary', 'moved', 'to', 'the', 'bathroom', '.',
'John', 'went', 'to', 'the', 'hallway', '.',
'Daniel', 'went', 'back', 'to', 'the', 'hallway', '.',
'Sandra', 'moved', 'to', 'the', 'garden', '.'],
['Where', 'is', 'Daniel', '?'], 'hallway')]
```

ここで得られたデータの中身はまだ文字列なので、これを数値に置き換える処理が必要です。このとき、足し算の学習で考えたように、パディング処理も考えなければならないので、単語数やストーリーおよび質問文の最大長を求めておきます。

```
vocab = set()
for story, q, answer in train_stories + test_stories:
    vocab |= set(story + q + [answer])
vocab = sorted(vocab)
vocab_size = len(vocab) + 1  # パディング用に +1

story_maxlen = \
    max(map(len, (x for x, _, _ in train_stories + test_stories)))
question_maxlen = \
    max(map(len, (x for _, x, _ in train_stories + test_stories)))
```

これを用いると、

```
def vectorize_stories(data, word_indices, story_maxlen, question_maxlen):
    X = []
    Q = []
    A = []
    for story, question, answer in data:
        x = [word_indices[w] for w in story]
        q = [word_indices[w] for w in question]
        a = np.zeros(len(word_indices) + 1)  # パディング用に +1
        a[word_indices[answer]] = 1
        X.append(x)
        Q.append(q)
        A.append(a)
```

```
    return (padding(X, maxlen=story_maxlen),
            padding(Q, maxlen=question_maxlen), np.array(A))
```

に対して

```
word_indices = dict((c, i + 1) for i, c in enumerate(vocab))
inputs_train, questions_train, answers_train = \
    vectorize_stories(train_stories, word_indices,
                      story_maxlen, question_maxlen)

inputs_test, questions_test, answers_test = \
    vectorize_stories(test_stories, word_indices,
                      story_maxlen, question_maxlen)
```

とすることで、数値化された単語ベクトルを得ることができます。今回は、ストーリーのデータは1-of-K表現ではなく、単語のインデックスをそのまま要素に用いていることに注意してください。

6.4.3.2 ● TensorFlowによる実装

モデルの実装はこれまで同様、`inference()`、`loss()`、`training()`の3つの関数で構成されます。`inference()`から見ていきましょう。まずはEmbedding用の重み行列を定義しておきます。


```
def inference(vocab_size, embedding_dim, question_maxlen):
    # ...
    A = weight_variable([vocab_size, embedding_dim])
    B = weight_variable([vocab_size, embedding_dim])
    C = weight_variable([vocab_size, question_maxlen])
```

実際のEmbeddingの処理は、TensorFlowでは`tf.nn.embedding_lookup()`がAPIで提供されているので、これを用いて下記のようにストーリーおよび質問文をEmbeddingします。

```
def inference(x, q, vocab_size, embedding_dim, question_maxlen):
    #...
    m = tf.nn.embedding_lookup(A, x)
    u = tf.nn.embedding_lookup(B, q)
    c = tf.nn.embedding_lookup(C, x)
```

次に式(6.25)で表されるp_iですが、ここでは質問文`q`が単語列（時系列）となっているため、`tf.matmul()`の代わりに`tf.einsum()`を用います。

```
p = tf.nn.softmax(tf.einsum('ijk,ilk->ijl', m, u))
```

また、これに伴い式(6.26)における $\boldsymbol{o}$、および式(6.27)における $\boldsymbol{o}+\boldsymbol{u}$ の部分も下記のように少し式とは違う実装を行います。

```
o = tf.add(p, c)
o = tf.transpose(o, perm=[0, 2, 1])
ou = tf.concat([o, u], axis=-1)
```

ここで、式(6.27)のとおり重み行列 W を定義して通常のフィードフォワードニューラルネットワークにより学習を行うことが文献[8]では述べられていますが、同じくbAbiタスクで実験をしている文献[6]では、ここをLSTMにすることで精度の向上につなげています。そこで、今回も出力部分にはLSTMを用いることにします。出力部分の流れをまとめたのが図6.11になります。実装は下記となります。

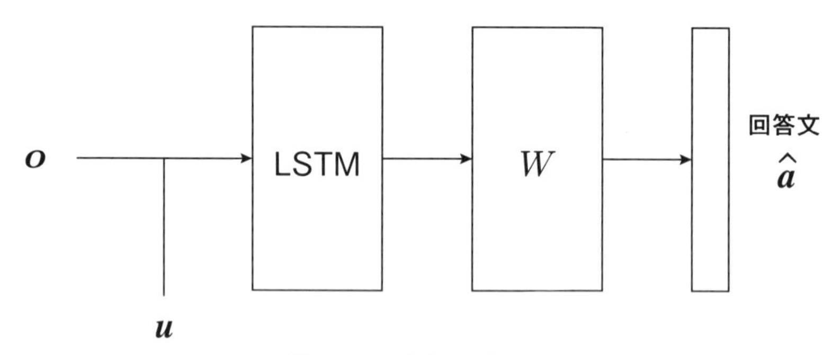

図6.11　出力部分の概要図

```
cell = tf.contrib.rnn.BasicLSTMCell(embedding_dim//2, forget_bias=1.0)
initial_state = cell.zero_state(n_batch, tf.float32)
state = initial_state
outputs = []
with tf.variable_scope('LSTM'):
    for t in range(question_maxlen):
        if t > 0:
            tf.get_variable_scope().reuse_variables()
        (cell_output, state) = cell(ou[:, t, :], state)
        outputs.append(cell_output)
output = outputs[-1]
W = weight_variable([embedding_dim//2, vocab_size], stddev=0.01)
a = tf.nn.softmax(tf.matmul(output, W))
```

以上をまとめると、最終的に inference() の実装は次のように書くことができます。

```
def inference(x, q, n_batch,
              vocab_size=None,
              embedding_dim=None,
              story_maxlen=None,
              question_maxlen=None):
    def weight_variable(shape, stddev=0.08):
        initial = tf.truncated_normal(shape, stddev=stddev)
        return tf.Variable(initial)

    def bias_variable(shape):
        initial = tf.zeros(shape, dtype=tf.float32)
        return tf.Variable(initial)

    A = weight_variable([vocab_size, embedding_dim])
    B = weight_variable([vocab_size, embedding_dim])
    C = weight_variable([vocab_size, question_maxlen])
    m = tf.nn.embedding_lookup(A, x)
    u = tf.nn.embedding_lookup(B, q)
    c = tf.nn.embedding_lookup(C, x)
    p = tf.nn.softmax(tf.einsum('ijk,ilk->ijl', m, u))
    o = tf.add(p, c)
    o = tf.transpose(o, perm=[0, 2, 1])
    ou = tf.concat([o, u], axis=-1)

    cell = tf.contrib.rnn.BasicLSTMCell(embedding_dim//2, forget_bias=1.0)
    initial_state = cell.zero_state(n_batch, tf.float32)
    state = initial_state
    outputs = []
    with tf.variable_scope('LSTM'):
        for t in range(question_maxlen):
            if t > 0:
                tf.get_variable_scope().reuse_variables()
            (cell_output, state) = cell(ou[:, t, :], state)
            outputs.append(cell_output)
    output = outputs[-1]
    W = weight_variable([embedding_dim//2, vocab_size], stddev=0.01)
    a = tf.nn.softmax(tf.matmul(output, W))

    return a
```

一方、loss() や training()、そして accuracy() は通常のニューラルネットワークと同じ実装で問題ありません。

```
def loss(y, t):
    cross_entropy = \
        tf.reduce_mean(-tf.reduce_sum(
```

```
                        t * tf.log(tf.clip_by_value(y, 1e-10, 1.0)),
                        reduction_indices=[1]))
    return cross_entropy


def training(loss):
    optimizer = \
        tf.train.AdamOptimizer(learning_rate=0.001, beta1=0.9, beta2=0.999)
    train_step = optimizer.minimize(loss)
    return train_step


def accuracy(y, t):
    correct_prediction = tf.equal(tf.argmax(y, 1), tf.argmax(t, 1))
    accuracy = tf.reduce_mean(tf.cast(correct_prediction, tf.float32))
    return accuracy
```

これでMemNの実装ができました。これまで同様、下記によりミニバッチを用いて学習を進めてみましょう。訓練データおよびテスト(検証)データはそれぞれ10,000個、1,000個となっています。

```
for epoch in range(epochs):
    inputs_train_, questions_train_, answers_train_ = \
        shuffle(inputs_train, questions_train, answers_train)

    for i in range(n_batches):
        start = i * batch_size
        end = start + batch_size

        sess.run(train_step, feed_dict={
            x: inputs_train_[start:end],
            q: questions_train_[start:end],
            a: answers_train_[start:end],
            n_batch: batch_size
        })

    # テストデータを用いた評価
    val_loss = loss.eval(session=sess, feed_dict={
        x: inputs_test,
        q: questions_test,
        a: answers_test,
        n_batch: len(inputs_test)
    })
    val_acc = acc.eval(session=sess, feed_dict={
        x: inputs_test,
        q: questions_test,
        a: answers_test,
```

```
        n_batch: len(inputs_test)
    })
```

上記を実行すると、結果は**図 6.11** のようになり、適切に学習が進んでいることが確認できます。手元の環境で実行する際は、1 エポックあたりの学習時間が非常に短くできていることにも注目してください。

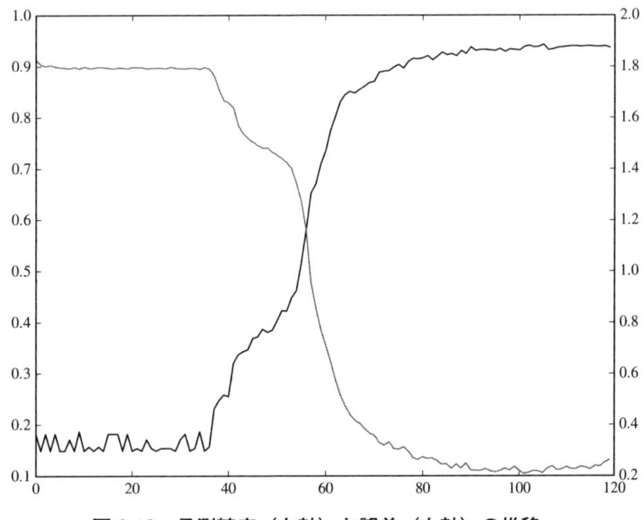

図 6.12　予測精度（左軸）と誤差（右軸）の推移

6.5 まとめ

本章では、リカレントニューラルネットワークの応用手法について学びました。LSTMやGRUはニューロンの構造を変えることで時間依存性を学習できるようにした手法ですが、本章で見てきたBidirectional RNNやRNN Encoder-Decoder、Attentionはいずれもネットワークの構造自体を変えることで、入出力がシーケンスの場合など、より効率的に学習ができるようにしています。また、これらの手法はいずれも学習の過程でネットワークやセルの内部に記憶を保持するというアプローチをとっているため、長期の時間依存性を学習する場合に計算量が多くなってしまうという問題がありましたが、これに対しMemory Networksは、記憶を外部に保持する仕組みを構築することにより学習にかかる時間を短縮させています。

本書を通じて、単純パーセプトロンにはじまり、多層パーセプトロン、ディープニューラルネットワーク、リカレントニューラルネットワークなど、多くの手法について学んできました。扱うデータの種類ごとに考えるべき課題も異なりましたが、その課題に合わせてネットワークもさまざまな形に変化させることで、学習が進められるようになりました。これまで見てきたように、ディープラーニングは1つ1つのテクニックの積み重ねであり、その根底にあるのは、「人間の脳をどう数式やアルゴリズムで表現できるか」です。ディープラーニングの研究は世界中で活発に行われており、毎日のように新しい手法が生み出されていますが、本書で学んできた土台となる理論さえきちんと理解していれば、今後どのような手法が出てこようとも、すぐに理解し、使いこなせるようになるでしょう。そして、自身で新たなモデルを考え出すこともちろんできるはずです。

第6章の参考文献

[1] K. Cho, B. Merrienboer, C. Gulcehre, F. Bougares, H. Schwenk, and Y. Bengio. Learning phrase representations using rnn encoder-decoder for statistical machine translation. *Proceedings of the Empiricial Methods in Natural Language Processing (EMNLP 2014)*, 2014.

[2] I. Sutskever, O. Vinyals, and Q. V. Le. Sequence to sequence learning with neural networks. *Advances in Neural Information Processing Systems (NIPS 2014)*, 2014.

[3] W. Zaremba, and I. Sutskever. Learning to execute. *arXiv preprint arXiv:1410.4615*, 2014.

[4] D. Bahdanau, K. Cho, and Y. Bengio. Neural machine translation by jointly learning to align and translate. *ICLR*, 2015.

[5] J. Cheng, L. Dong, and M. Lapata. Long short-term memory-networks for machine reading. *arXiv:1601.06733*, 2016.

[6] J. Weston, S. Chopra, and A. Bordes. Memory networks. *CoRR*, abs/1410.3916, 2014.

[7] A. Graves, G. Wayne, and I. Danihelka, Neural turing machines. *arXiv preprint arXiv:1410.5401*, 2014.

[8] S. Sukhbaatar, A. Szlam, J. Weston, and R. Fergus. End-to-end memory networks. *Proceedings of NIPS*, 2015.

付録

A.1 モデルの保存と読み込み

ディープラーニングのモデルは学習に非常に時間がかかる場合が多いです。大規模なデータセットを用いる場合、学習に数日あるいはそれ以上の時間がかかることも珍しくありません。同じ訓練データセットを用いる場合、学習の結果得られる重みなどのパラメータの値も（乱数が同じならば）同じになるはずなので、一度でもモデルの学習を行ったならば、その結果得られたパラメータの値はきちんと保存をしておき、新たな未知のデータに対しては、モデルの学習フェーズを極力なくして評価するべきです。すなわち、ディープラーニングでは、モデルの「保存」と「読み込み」の処理を考えておく必要があります。

TensorFlow も Keras も、モデルの保存・読み込みどちらも簡単に行うことができます。それぞれどのように処理を行うのか見ていきましょう。

A.1.1 TensorFlow における処理

簡単な例として、(2 クラス) ロジスティック回帰で OR ゲートの学習をしたモデルを保存し、その学習済モデルを用いて、今度は新たに学習することなく分類ができるかを見てみましょう。学習済のモデルはファイルとして保存されるので、まずは保存先のディレクトリを定義しておきます。

```
import os

MODEL_DIR = os.path.join(os.path.dirname(__file__), 'model')

if os.path.exists(MODEL_DIR) is False:
```

```
    os.mkdir(MODEL_DIR)
```

これで、ファイルのパスに対して model というディレクトリが生成されることになります。OR ゲートのデータは

```
X = np.array([[0, 0], [0, 1], [1, 0], [1, 1]])
Y = np.array([[0], [1], [1], [1]])
```

で定義しておきましょう。

モデルの定義は

```
w = tf.Variable(tf.zeros([2, 1]))
b = tf.Variable(tf.zeros([1]))

x = tf.placeholder(tf.float32, shape=[None, 2])
t = tf.placeholder(tf.float32, shape=[None, 1])
y = tf.nn.sigmoid(tf.matmul(x, w) + b)

cross_entropy = - tf.reduce_sum(t * tf.log(y) + (1 - t) * tf.log(1 - y))

train_step = tf.train.GradientDescentOptimizer(0.1).minimize(cross_entropy)

correct_prediction = tf.equal(tf.to_float(tf.greater(y, 0.5)), t)
accuracy = tf.reduce_mean(tf.cast(correct_prediction, tf.float32))
```

とシンプルに記述できますが、モデルの保存・読み込みを考える場合、モデルのパラメータを対応付けなければならないので、変数に名前を付けておく必要があります。ここではモデルのパラメータは w および b なので、それぞれに名前を付けると、

```
w = tf.Variable(tf.zeros([2, 1]), name='w')
b = tf.Variable(tf.zeros([1]), name='b')
```

となります。name= を付けるだけで、何も特別なことはありません。

モデルの保存・読み込みに関する処理を行う場合、tf.train.Saver() を実行する必要があります。具体的には、セッションの初期化時に以下のような記述をします。

```
init = tf.global_variables_initializer()
saver = tf.train.Saver()  # モデル保存用
sess = tf.Session()
sess.run(init)
```

これにより、学習後にモデルを保存する場合、

```
# 学習
for epoch in range(200):
    sess.run(train_step, feed_dict={
        x: X,
        t: Y
    })

# モデル保存
model_path = saver.save(sess, MODEL_DIR + '/model.ckpt')
print('Model saved to:', model_path)
```

とすることで、model.ckpt という学習済のモデルファイルが保存されることになります[1]。

この学習済モデルを読み込んで実験に用いる場合、モデルの定義（変数名）は同じにしなければなりません。

```
w = tf.Variable(tf.zeros([2, 1]), name='w')
b = tf.Variable(tf.zeros([1]), name='b')
```

モデルの読み込み時にも tf.train.Saver() を記述する必要がありますが、ここで注意すべきなのが、学習済モデルを用いる場合、変数の初期化は不要だということです。すなわち、tf.global_variables_initializer() を行う必要はありません。

```
# init = tf.global_variables_initializer()  # 初期化は不要
saver = tf.train.Saver()  # モデル読み込み用
sess = tf.Session()
# sess.run(init)
```

その代わりとして、保存していたモデルファイルから変数の値を設定することになります。モデルの読み込みは saver.restore() を用います。

```
saver.restore(sess, MODEL_DIR + '/model.ckpt')
```

これで、パラメータ w および b は学習済の値となっているはずなので、新たに学習することなくそのまま予測精度を見てみましょう。

▶1 拡張子の .ckpt は "checkpoint" の略です。

付

```
acc = accuracy.eval(session=sess, feed_dict={
    x: X,
    t: Y
})
print('accuracy:', acc)
```

この結果、

```
accuracy: 1.0
```

となり、適切にモデルを読み込むことができていたことが確認できます。以上より、モデルの保存・読み込みの流れは、下記のようにまとめることができます。

保存

1. モデルの変数に名前を付ける
2. tf.train.Saver() を実行
3. saver.save() でモデルを保存

読み込み

1. 保存時と同じ変数名を付ける
2. tf.train.Saver() を実行
3. saver.restore() でモデルを読み込み

モデルが複雑になっても、処理の流れは変わりません。例えばReLU + ドロップアウトの組み合わせのディープニューラルネットワークを考える場合、name= の設定は下記のようになります。

```
def inference(x, keep_prob, n_in, n_hiddens, n_out):
    def weight_variable(shape, name=None):
        initial = np.sqrt(2.0 / shape[0]) * tf.truncated_normal(shape)
        return tf.Variable(initial, name=name)

    def bias_variable(shape, name=None):
        initial = tf.zeros(shape)
        return tf.Variable(initial, name=name)

    # 入力層 - 隠れ層、隠れ層 - 隠れ層
    for i, n_hidden in enumerate(n_hiddens):
        if i == 0:
            input = x
```

```
            input_dim = n_in
        else:
            input = output
            input_dim = n_hiddens[i-1]

        W = weight_variable([input_dim, n_hidden],
                            name='W_{}'.format(i))
        b = bias_variable([n_hidden],
                          name='b_{}'.format(i))

        h = tf.nn.relu(tf.matmul(input, W) + b)
        output = tf.nn.dropout(h, keep_prob)

    # 隠れ層 - 出力層
    W_out = weight_variable([n_hiddens[-1], n_out], name='W_out')
    b_out = bias_variable([n_out], name='b_out')
    y = tf.nn.softmax(tf.matmul(output, W_out) + b_out)
    return y
```

また、先ほどの例では全学習が終わった後にモデルを保存しましたが、例えば手元の環境で実験を行っていた場合など、学習を中断しておきたいときがあるはずです。この場合、エポックごとにモデルを保存しておくと便利です。

```
for epoch in range(epochs):
    # 学習のコード
    # ...

    model_path = \
        saver.save(sess, MODEL_DIR + '/model_{}.ckpt'.format(epoch))
    print('Model saved to:', model_path)
```

例えば epoch = 10 で学習を中断した場合、

```
saver.restore(sess, MODEL_DIR + '/model_10.ckpt')

for epoch in range(11, epochs):
    # 学習のコード
    # ...
```

とすれば、中断したところから学習を再開することができます。

付

A.1.2 Kerasにおける処理

TensorFlowではモデルの保存をするのに新しく `saver = tf.train.Saver()` を定義する必要がありましたが、Kerasでは `model.save()` とするだけでモデルを保存できます。通常の学習と同じく、

```
model = Sequential([
    Dense(1, input_dim=2),
    Activation('sigmoid')
])

model.compile(loss='binary_crossentropy', optimizer=SGD(lr=0.1))

model.fit(X, Y, epochs=200, batch_size=1)
```

でモデルの設定および学習を行ったら、

```
model.save(MODEL_DIR + '/model.hdf5')
```

とすることで、学習済のモデルがHDF5 (hierarchical data format 5) というファイル形式で保存されます。

これに対し、モデルの読み込みは下記で行うことができます。

```
from keras.models import load_model

model = load_model(MODEL_DIR + '/model.hdf5')
```

TensorFlowでは変数名の設定を合わせる必要がありましたが、Kerasではモデルをそのまま保存・読み込みするので、変数名について考える必要はありません。

また、Kerasでエポックごとにモデルを保存したい場合、

```
for epoch in range(epochs):
    model.fit(X, Y, epochs=1)
    model.save('model_{}.hdf5'.format(epoch))
```

としても問題はないのですが、より便利な方法として、コールバック関数として提供されている `keras.callbacks.ModelCheckpoint()` を用いる方法が挙げられます。この場合、Early Stoppingを実装したときと同様、コールバックとして保存の処理を行うことになります。

```
from keras.callbacks import ModelCheckpoint

checkpoint = ModelCheckpoint(
    filepath=os.path.join(
        MODEL_DIR,
        'model_{epoch:02d}.hdf5'),
    save_best_only=True)
```

を定義しておき、

```
model.fit(X_train, Y_train, epochs=epochs,
          batch_size=batch_size,
          validation_data=(X_validation, Y_validation),
          callbacks=[checkpoint])
```

のように、callbacks=[checkpoint] と指定しておけば、エポックごとにモデルが保存されます。また、保存するファイル名には誤差の値などを含めることができ、例えば

```
checkpoint = ModelCheckpoint(
    filepath=os.path.join(
        MODEL_DIR,
        'model_{epoch:02d}_vloss{val_loss:.2f}.hdf5'),
    save_best_only=True)
```

と _vloss{val_loss:.2f} を指定しておくと、ファイル名を model_00_vloss0.56.hdf5 などとすることができます。

A.2 TensorBoard

TensorFlowでは、ブラウザ上でモデルの構成や学習の進み具合・結果を可視化し、確認することができる**TensorBoard**という機能が提供されています。**図A.1**が、TensorBoardを用いたモデルの可視化の例です。既存のコードをTensorBoardに対応させるには若干の修正が必要になりますが、難しいことはなく、とても簡単に行えます。可視化によってモデルのイメージがつきやすくなるといったメリットが考えられるので、どのようにコードを変えればよいのか見ていきましょう。

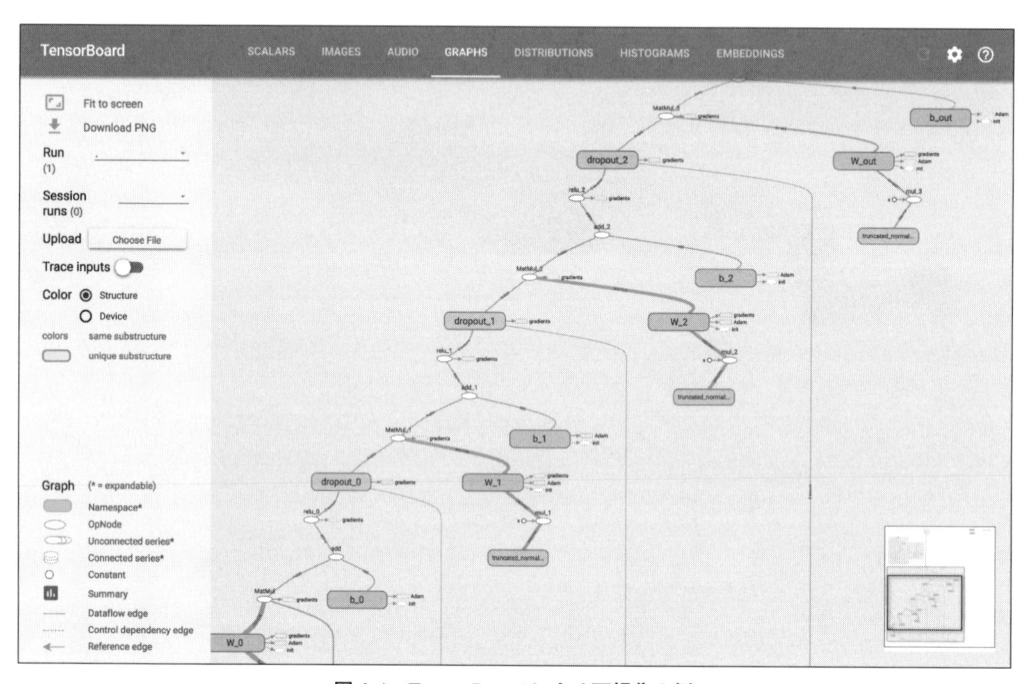

図A.1　TensorBoardによる可視化の例

例として、まずは一番単純な(2クラス)ロジスティック回帰のモデルを考えることにします。モデルの設定部分の実装は以下のように書くことができます。

```
w = tf.Variable(tf.zeros([2, 1]))
b = tf.Variable(tf.zeros([1]))

x = tf.placeholder(tf.float32, shape=[None, 2])
t = tf.placeholder(tf.float32, shape=[None, 1])
y = tf.nn.sigmoid(tf.matmul(x, w) + b)

cross_entropy = - tf.reduce_sum(t * tf.log(y) + (1 - t) * tf.log(1 - y))
```

```
train_step = tf.train.GradientDescentOptimizer(0.1).minimize(cross_entropy)

correct_prediction = tf.equal(tf.to_float(tf.greater(y, 0.5)), t)
accuracy = tf.reduce_mean(tf.cast(correct_prediction, tf.float32))
```

モデルの設定の後、セッションを初期化し学習を行うのが TensorFlow の流れでした。この初期化の処理にあたる実装は

```
init = tf.global_variables_initializer()
sess = tf.Session()
sess.run(init)
```

のように記述しましたが、既存のコードを TensorBoard に対応させるには、これを下記のように変更します。

```
init = tf.global_variables_initializer()
sess = tf.Session()
tf.summary.FileWriter(LOG_DIR, sess.graph)  # TensorBoardに対応
sess.run(init)
```

追加されたのは `tf.summary.FileWriter()` の部分だけです。`sess.run(init)` の前にこの 1 行を追加するだけで、TensorBoard に対応させることができるようになります。ただし、ここで用いている `LOG_DIR` はログファイル用のディレクトリのパスであり、事前に定義しておく必要があります。これは `tf.summary.FileWriter()` が書かれたプログラムを実行すると `LOG_DIR` にログファイルが生成され、TensorBoard はこのログファイルを読み込むことによってブラウザ上で可視化を行うためです。例えばファイルの先頭で

```
import os

LOG_DIR = os.path.join(os.path.dirname(__file__), 'log')

if os.path.exists(LOG_DIR) is False:
    os.mkdir(LOG_DIR)
```

としておけば問題ないでしょう。

プログラムを実行し終わったら、TensorBoardを起動してみましょう。コマンドラインから、下記のように tensorboard コマンドを打ちます。

```
$ tensorboard --logdir=/path/to/log
```

オプションの --logdir= では、プログラム内の LOG_DIR に相当するパスを指定する必要があります▶2。起動がうまくいくと、ポート番号6006でTensorBoardが立ち上がります。ブラウザ上で localhost:6006 にアクセスすると、TensorBoardの画面が表示されるはずです。ヘッダーメニューから "GRAPHS" を選ぶと、**図A.2**のようなモデル構成のグラフが表示されます。可視化は行えるようになったものの、さまざまな要素が並んでいて決して分かりやすいとは言えません。また、各 tf.Variable() に対応しているであろう Variable、Variable_1 も、この表示ではコード内のどの変数がどれに対応しているのか非常に読み取りづらいものになっています。この表示を分かりやすくするには、もう少しコードを修正する必要があります。

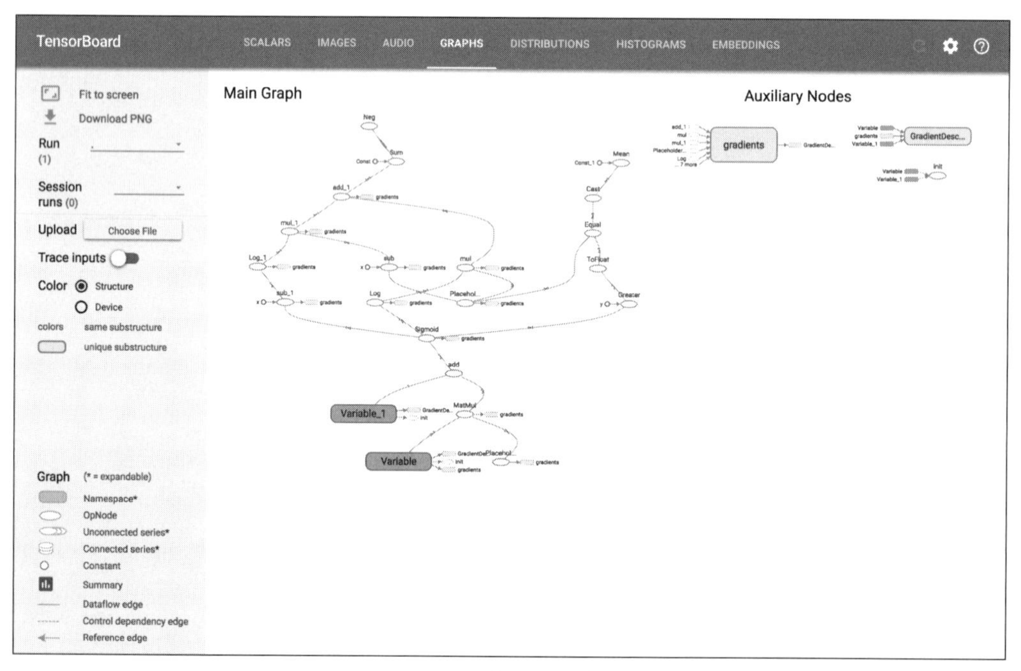

図A.2　単純な可視化

▶2　プログラム実行前にもともとログファイルが残っていた場合、TensorBoardのブラウザ上での表示がうまくいかない場合があるので、関係のないログファイルは事前に削除しておくようにしましょう。

まず、変数に名前を付けましょう。これはそれぞれの変数を定義するときに name= を指定することで実現できます。

```
w = tf.Variable(tf.zeros([2, 1]), name='w')
b = tf.Variable(tf.zeros([1]), name='b')

x = tf.placeholder(tf.float32, shape=[None, 2], name='x')
t = tf.placeholder(tf.float32, shape=[None, 1], name='t')
y = tf.nn.sigmoid(tf.matmul(x, w) + b, name='y')
```

また、モデルの誤差や精度など(いくつかの)計算処理によって値を求めるものに関しては、tf.name_scope() によってその処理を 1 つのまとまりとして可視化できます。具体的には、下記のようになります。

```
with tf.name_scope('loss'):
    cross_entropy = \
        - tf.reduce_sum(t * tf.log(y) + (1 - t) * tf.log(1 - y))

with tf.name_scope('train'):
    train_step = \
        tf.train.GradientDescentOptimizer(0.1).minimize(cross_entropy)

with tf.name_scope('accuracy'):
    correct_prediction = tf.equal(tf.to_float(tf.greater(y, 0.5)), t)
    accuracy = tf.reduce_mean(tf.cast(correct_prediction, tf.float32))
```


この結果、次ページの**図 A.3** のようなグラフが得られ、より整理された状態でモデルを可視化できます。ここで設定した loss や train などは、クリックするとその中身を展開して見ることができます。

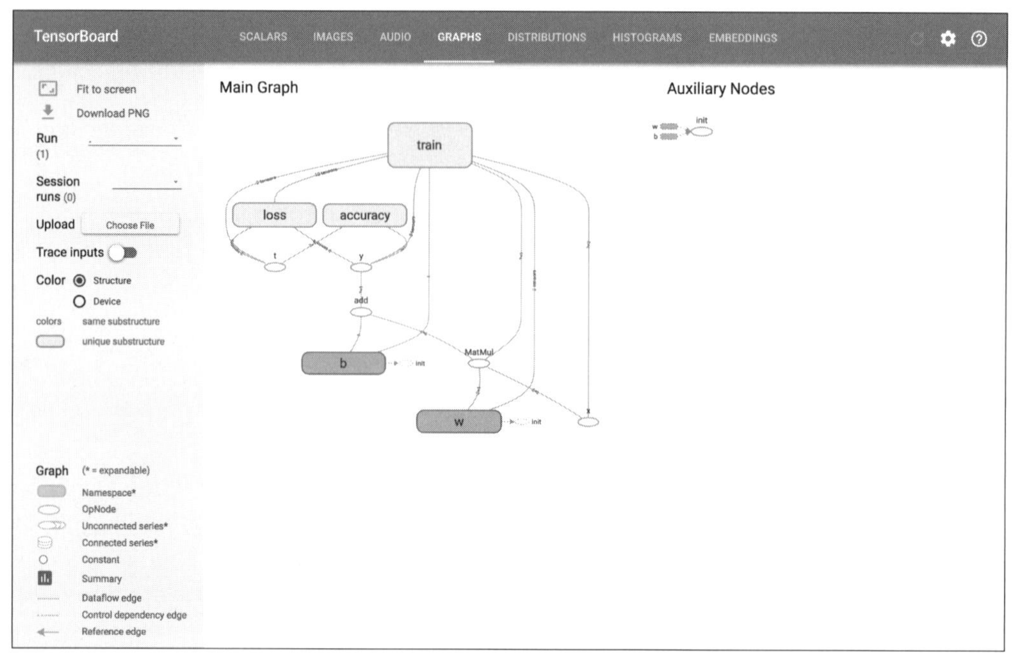

図 A.3　変数名・処理名を整理した可視化

また、TensorBoard では誤差の推移といった、学習の過程も可視化できます。この場合、

```
with tf.name_scope('loss'):
    cross_entropy = \
        - tf.reduce_sum(t * tf.log(y) + (1 - t) * tf.log(1 - y))
tf.summary.scalar('cross_entropy', cross_entropy)  # TensorBoard用に登録
```

というように、tf.summary.scalar() を用います。これに対し、セッションの初期化時は、

```
init = tf.global_variables_initializer()
sess = tf.Session()

file_writer = tf.summary.FileWriter(LOG_DIR, sess.graph)
summaries = tf.summary.merge_all()  # 登録した変数をひとまとめにする

sess.run(init)
```

と tf.summary.merge_all() を実行することにより、事前に定義していた変数がすべて summaries で処理できるようになります。ここでは、学習データは単純な OR ゲートとしましょう。

```
X = np.array([[0, 0], [0, 1], [1, 0], [1, 1]])
Y = np.array([[0], [1], [1], [1]])
```

このとき、モデルの学習と合わせて誤差を TensorBoard に記録していく場合は、実装は下記のようになります。

```
for epoch in range(200):
    sess.run(train_step, feed_dict={
        x: X,
        t: Y
    })

    summary, loss = sess.run([summaries, cross_entropy], feed_dict={
        x: X,
        t: Y
    })
    file_writer.add_summary(summary, epoch)  # TensorBoardに記録
```

loss = cross_entropy.eval() の代わりに、summary, loss = sess.run([summaries, cross_entropy], ...) とすることによって、TensorBoard に summary を記録します。この結果をブラウザ上で確認してみましょう。ヘッダーメニューの［SCALARS］を見ると、**図 A.4** のように誤差の推移が可視化できていることが確認できます。

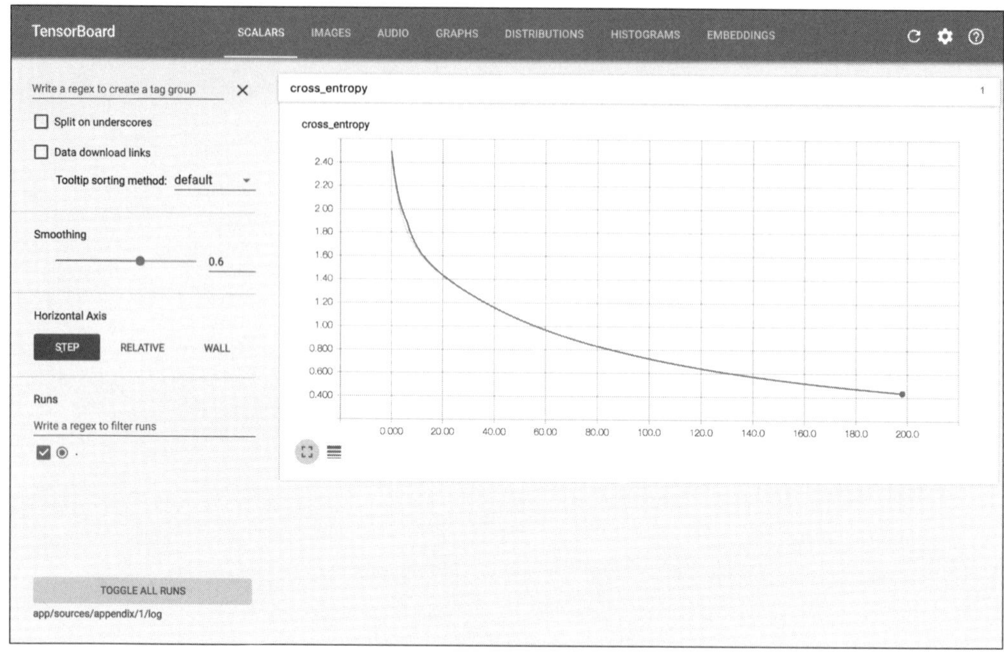

図 A.4　誤差の推移の可視化

モデルが複雑になっても処理の仕方は同じです。302 ページの**図 A.1** は隠れ層が 3 つのモデルを可視化したものでしたが、これは inference() を下記のように定義しています。

```
def inference(x, keep_prob, n_in, n_hiddens, n_out):
    def weight_variable(shape, name=None):
        initial = np.sqrt(2.0 / shape[0]) * tf.truncated_normal(shape)
        return tf.Variable(initial, name=name)

    def bias_variable(shape, name=None):
        initial = tf.zeros(shape)
        return tf.Variable(initial, name=name)

    with tf.name_scope('inference'):
        # 入力層 - 隠れ層、隠れ層 - 隠れ層
        for i, n_hidden in enumerate(n_hiddens):
            if i == 0:
                input = x
                input_dim = n_in
            else:
                input = output
                input_dim = n_hiddens[i-1]

            W = weight_variable([input_dim, n_hidden],
```

```
                                  name='W_{}'.format(i))
            b = bias_variable([n_hidden],
                              name='b_{}'.format(i))

            h = tf.nn.relu(tf.matmul(input, W) + b,
                           name='relu_{}'.format(i))
            output = tf.nn.dropout(h, keep_prob,
                                   name='dropout_{}'.format(i))

        # 隠れ層 - 出力層
        W_out = weight_variable([n_hiddens[-1], n_out], name='W_out')
        b_out = bias_variable([n_out], name='b_out')
        y = tf.nn.softmax(tf.matmul(output, W_out) + b_out, name='y')
    return y
```

各変数の name= が動的になっていますが、必要な処理に変わりはありません▶3。

A.3 tf.contrib.learn

同じモデルを実装するにしても、TensorFlow と Keras とでは書き方が大きく異なりました。TensorFlow では数式に沿って実装をすることが多いのに対し、Keras ではエイリアス名を設定していくだけでモデルを記述できるのが特徴です。一方、TensorFlow でも tf.contrib.learn によって、より Keras に近い記述が可能な API を利用できます。数式ベースで実装していくよりも手法によっては柔軟性が失われるものの、通常のニューラルネットワークならこちらでも十分に実用的なモデルを設定できます。MNIST のデータを用いて、簡単な実装例を見てみましょう。

tf.contrib.learn を用いる場合、1-of-K 表現にする必要はありません。なので、データの正規化に関する記述を除くと、訓練データ・テストデータの設定に関する実装は

```
X = mnist.data.astype(np.float32)
y = mnist.target.astype(int)

X_train, X_test, y_train, y_test = \
    train_test_split(X, y, train_size=N_train)
```

となります。これに対し、モデルの設定は次のようになります。

付

▶3 全体のコードは https://github.com/yusugomori/deeplearning-tensorflow-keras/blob/master/appendix/2/01_tensorboard_adam.py に載せています。

```
n_in = 784
n_hiddens = [200, 200, 200]
n_out = 10

feature_columns = \
    [tf.contrib.layers.real_valued_column('', dimension=n_in)]

model = \
    tf.contrib.learn.DNNClassifier(
        feature_columns=feature_columns,
        hidden_units=n_hiddens,
        n_classes=n_out)
```

そして、モデルの学習は

```
model.fit(x=X_train,
          y=y_train,
          steps=300,
          batch_size=250)
```

となります。`model.fit()` と記述することで学習できるなど、Keras とほぼ同様の実装であることが分かります。また、予測精度を得るには

```
accuracy = model.evaluate(x=X_test,
                          y=y_test)['accuracy']
print('accuracy:', accuracy)
```

とすればよく、数式ベースで実装するのと比較して実装がシンプルにまとまることが分かります。ただし、`tf.contrib.learn` は TensorFlow のバージョンアップによって仕様が大きく変わることもあり、また数式ベースの実装と比べ柔軟性に欠ける部分もあるので、あくまでもちょっとした実験をする際の確認用に使うにとどめておくのがよいかもしれません。

索引

● W

● X

● あ行

● か行

● さ行

● た行

● な行

● は行

● ま行

● や行

● ら行

● わ

[著者プロフィール]

巣籠悠輔（すごもり ゆうすけ）

Gunosy、READYFOR 創業メンバー、電通・Google NY 支社に勤務後、株式会社情報医療の創業に参加。医療分野での人工知能活用を目指す。東京大学招聘講師。著書に『Deep Learning Java プログラミング 深層学習の理論と実装』（インプレス刊、Packet Publishing：Java Deep Learning Essentials）がある。

[STAFF]

カバーデザイン　アピア・ツウ
制作　株式会社クイープ
編集担当　山口正樹

詳解（ショウカイ） ディープラーニング
TensorFlow（テンソルフロー）・Keras（ケラス）による時系列（ジケイレツ）データ処理（ショリ）

2017年5月25日　初版第1刷発行

著　者　巣籠悠輔
発行者　滝口直樹
発行所　株式会社 マイナビ出版
〒101-0003 東京都千代田区一ツ橋2-6-3 一ツ橋ビル 2F
TEL：0480-38-6872（注文専用ダイヤル）
03-3556-2731（販売）
03-3556-2736（編集）
E-mail：pc-books@mynavi.jp
URL：http://book.mynavi.jp
印刷・製本　シナノ印刷株式会社

ISBN978-4-8399-6251-7